普通高等教育"十一五"国家级规划教材辅助教材

《物理光学与应用光学(第四版)》

学习指导

石顺祥　马琳　王学恩　编著

西安电子科技大学出版社

内 容 简 介

本书是与石顺祥教授等编著的普通高等教育"十一五"国家级规划教材《物理光学与应用光学(第四版)》配套的教学参考书。

本书根据"物理光学与应用光学"课程的教学大纲,提出了学习《物理光学与应用光学(第四版)》的基本要求,指出了重点和难点;对《物理光学与应用光学(第四版)》的基本概念和公式进行了归纳、精述;精选并讲解了典型例题;对教材中的部分习题给出了解答。

本书可作为工科高等院校光电子技术、电子科学与技术、光学工程、光电信息科学与工程等专业的"物理光学与应用光学""物理光学""光学"等专业基础课程的教学参考书,也可作为其他相近专业师生和科技人员学习的参考书。

图书在版编目(CIP)数据

《物理光学与应用光学(第四版)》学习指导/石顺祥,马琳,王学恩编著.
—西安:西安电子科技大学出版社,2022.8(2024.12 重印)
ISBN 978 - 7 - 5606 - 6598 - 6

Ⅰ. ①物… Ⅱ. ①石… ②马… ③王… Ⅲ. ①物理光学-高等学校-教学参考资料
②应用光学-高等学校-教学参考资料 Ⅳ. ①O436 ②O439

中国版本图书馆 CIP 数据核字(2022)第 147380 号

责任编辑 李惠萍
出版发行 西安电子科技大学出版社(西安市太白南路2号)
电 话 (029)88202421 88201467 邮 编 710071
网 址 www.xduph.com 电子邮箱 xdupfxb001@163.com
经 销 新华书店
印刷单位 陕西天意印务有限责任公司
版 次 2022 年 8 月第 1 版 2024 年 12 月第 2 次印刷
开 本 787 毫米×1092 毫米 1/16 印张 13.75
字 数 322 千字
定 价 36.00 元
ISBN 978 - 7 - 5606 - 6598 - 6
XDUP 6900001 - 2
＊＊＊如有印装问题可调换＊＊＊

前　言

21世纪，人们进入了一个崭新的时代——信息时代。信息时代鲜明的时代特征是，支撑这个时代的重要基础产业，如能源、交通、材料、信息等都已或将得到高度发展，能充分满足社会发展和人民生活的多方面需求。

与信息产业相应的信息科学的基础是电子学与电子技术，以及光子学与光子技术。众所周知，电子学与电子技术是20世纪发展起来的科学技术，现已处于高度发展的水平，广泛地应用于社会各个领域，并且已渗透到家庭生活之中，目前正由微电子学与微电子技术向纳米电子学与纳米电子技术、分子电子学与分子电子技术发展。光子学与光子技术可以认为是从1960年激光器诞生开始出现的一个新型的科学与技术，目前正处于成长与发展时期。光子学的概念是在1970年由荷兰科学家Poldervaat首先提出的，我国著名科学家龚祖同、钱学森在20世纪70年代就已指出，"光子学是一门与电子学平行的科学"。作为光子学与光子技术发展过程中的一个阶段，光电子学与光电子技术正日新月异地迅猛发展。

一般认为，光电子学与光电子技术是光学与电子学的结合。光电子学与光电子技术作为高新科学技术的产生和发展始于激光器的诞生，它是伴随着物理学、电子学、材料学等诸多学科发展起来的，它的快速发展和遍及各个领域的广泛应用，不断地向其他学科领域渗透，又推动着其他学科的发展。

从科学内涵来看，光电子学与光电子技术主要是研究光与物质的相互作用。理论上，对于光与物质的相互作用通常采用极化理论处理，具体有三种理论研究体系：经典理论体系、半经典理论体系和全量子理论体系。在经典理论体系中，视介质由经典粒子组成，采用经典（牛顿）力学描述介质的极化作用；认为光是经典电磁波场，采用麦克斯韦理论描述光辐射特性。在半经典理论体系中，视介质由具有量子性的粒子组成，采用量子力学描述介质的极化作用；认为光是经典电磁波场，采用麦克斯韦理论描述光辐射特性。在全量子理论体系中，视介质由具有量子性的粒子组成，采用量子力学描述介质的极化作用；认为光是量子化场，采用量子光学描述光辐射特性。对于目前的实际应用，利用经典理论、半经典理论已能够较好地处理所遇到的大部分光电子学与光电子技术问题。

随着激光器的诞生、激光技术的发展，光电子学与光电子技术作为高新技术在科学技术和国民经济中起着越来越重要的作用，并与电子学和电子技术平行发展。从光电子学与光电子技术的研究对象来看，其主要研究内容是光，特别是相干光的产生、传输、控制、探测及各种应用。而从目前大部分的实际应用来看，利用光的电磁理论均可较好地解决光传输的实际问题。正因为此，目前国内大多数工科高等院校设立的与光电子学和光电子技术相关的电子科学与技术、光信息科学与技术、光电子技术、光学等专业，都是以光的电磁理论为基本教学理论体系，并以此为基础，制订教学大纲，设置相关课程。其中，"物理光学与应用光学"或"物理光学""应用光学""光学"是最主要的专业基础课程。

普通高等教育"十一五"国家级规划教材《物理光学与应用光学(第四版)》，是在2000年出版的高等学校电子信息类部级重点规划教材《物理光学与应用光学》的基础上，经过多次改版重新编写而成的，是作者长期在西安电子科技大学从事光电子技术专业的教学和科研工作的基础上，适应光电子技术的发展，为电子科学与技术、光信息科学与技术、光电子技术等专业的专业基础课"物理光学与应用光学"编写的教材。这本教材以光的电磁理论为理论教学体系，其特点是：

(1) 内容均直接从光的电磁理论出发，主要研究光在各向同性介质、各向异性介质和介质界面上的传播特性，以及光波传播的控制特性；

(2) 研究的是光波在介质中传播的线性光学现象，着重于光的干涉、衍射、偏振等波动性，它们均满足光的独立传播原理和线性叠加原理；

(3) 在讨论光在介质中传播的物理特性的基础上，将光在各种光学系统中的传输视为光线成像，并将其作为光的波动性的特例进行分析，这些构成了这本教材的应用光学内容；

(4) 为适应光电子技术，特别是激光技术的实际应用，这本教材特别强调了光波的相干特性；

(5) 为了反映光电子技术的发展，这本教材增加了傅里叶光学、微光学和近场光学等基础内容。

这本教材在编写过程中，注意到相关专业学生已学过电磁学或电磁场理论等先导课程，已具有电磁场理论的基本知识，直接从麦克斯韦基本方程出发进行讨论，既避免了内容的重复性，又保持了整体内容的连续性。这本教材在撰写中特别注意研究内容的系统性、逻辑性、严谨性和概念的准确性，便于实施教学。

这本教材出版后，受到我国高校广大教师和学生的欢迎，特别是受到光电信息类、光学工程类专业师生的厚爱，已被许多学校选为"物理光学与应用光学""物理光学"或"光学"等课程的教材或参考书。为了加深读者对这本教材内容的理解，我们同步编写了与《物理光学与应用光学(第四版)》配套的教学参考书，本书是在《〈物理光学与应用光学(第二版)〉学习指导书》和《〈物理光学与应用光学(第三版)〉学习指导书》基础上编写的。为适应光学学科的发展，我们对第二版、第三版学习指导书的使用情况进行了分析和研究，并根据教学大纲的要求以及相应《物理光学与应用光学(第四版)》的编写内容，对第二版、第三版学习指导书进行了精修，主要是对应用光学部分内容进行了修订。

希望本书的出版，能对《物理光学与应用光学(第四版)》的教学和读者的学习有益。

根据编写教学参考书的指导思想，本书内容包含四部分：

(1) 根据相关专业的教学大纲，对《物理光学与应用光学(第四版)》教材各章内容提出了基本要求，以及重点和难点；

(2) 根据基本要求，对《物理光学与应用光学(第四版)》教材各章内容进行了归纳，精述了基本概念和基本公式；

(3) 根据各章的基本要求，精选并求解了若干典型例题；

（4）对《物理光学与应用光学(第四版)》教材各章的部分习题进行了选解或全解。

特别要指出的是，本书给出的典型例题和习题选解并非标准答案，它只是该题的一种解法，除此之外，可能还有更好的求解方法，本书只是抛砖引玉，以期大家共同探讨。

为了使用方便，本书中的公式、符号及引用的图表，未加特殊说明，均采用《物理光学与应用光学(第四版)》教材中的形式。

本书由马琳执笔编写第 1~6 章内容，王学恩执笔编写第 7~10 章内容，全书由石顺祥统稿。在编写过程中，得到了西安电子科技大学激光教研室老师和研究生的热情帮助，本书责任编辑对本书内容特别是习题解答进行了仔细甄核，在此谨向他们表示诚挚的感谢。

由于编者水平有限，书中难免存在一些不足，殷切期望广大读者批评指正。

编　者

2022 年 4 月

目　　录

第 1 章　光在各向同性介质中的传播特性

本章根据光的电磁场理论，讨论了光波的基本属性，重点讨论光在各向同性介质中的传播特性，光波在介质界面上的反射和折射特性。这是全书讨论内容的基础。

1.1　基 本 要 求

1. 基本要求

（1）熟练掌握平面光波的基本属性：能量、速度、偏振；

（2）熟练掌握平面光波在界面上的反射定律、折射定律、菲涅耳公式、反射率和透射率，掌握平面光波反射和折射的相位、偏振特性和全反射特性；

（3）了解光波在金属表面上的反射和折射特性。

2. 重点、难点

（1）重点：平面光波的基本属性，平面光波在各向同性介质中的反射和折射特性。

（2）难点：平面光波反射和折射的偏振特性，全反射特性。

1.2　基本概念和公式

众所周知，麦克斯韦建立的经典电磁理论，把光学现象与电磁现象联系了起来，指出光波是一种光频电磁波，从而产生了描述光学波动现象的基本理论——光的电磁理论。任何光波电场和磁场的传播特性，均可在时空域和时空频率域中描述。本章基于光的电磁理论讨论了光波在各向同性介质中的传播特性；通过求解波动方程，得到了平面光波、球面光波、柱面光波及高斯光波等几种特殊形式光波的电场表示式，任意复杂的光波电场都可以看成这些特殊光波电场的线性叠加；较详细地讨论了平面光波的横波特性和偏振特性、能量和能量密度（或坡印廷矢量）、光波相速度和能量传播速度特性；详细讨论了描述平面光波在介质界面上传播方向的反射定律和折射定律以及描述入射光、反射光和折射光间的振幅、强度和相位关系，重点讨论了不同介质界面上的偏振特性和全反射现象。这些内容构成了众多光电子技术应用的理论基础。

1. 光波的基本属性

1) 麦克斯韦方程组

光的经典电磁理论认为,光是一种光频电磁波,采用 E 和 H 描述其时空电磁场,为了包含电磁场对物质的作用,还应引入电位移矢量 D 和磁感应矢量(强度) B。如果描述的光波场在无穷大、均匀、各向同性介质中,并限定所讨论的光电磁波区域远离辐射源、不存在自由电荷(ρ)和传导电流(J),则光电磁场矢量满足如下麦克斯韦方程组:

$$\nabla \cdot D = 0$$
$$\nabla \cdot B = 0$$
$$\nabla \times E = -\frac{\partial B}{\partial t}$$
$$\nabla \times H = \frac{\partial D}{\partial t}$$

2) 物质方程

光波在各向同性介质中传播时,应满足如下物质方程(本构方程):

$$D = \varepsilon E$$
$$B = \mu H$$
$$J = \sigma E$$

式中, $\varepsilon = \varepsilon_0 \varepsilon_r$,为介质的介电常数,描述介质的电学性质,其中, ε_0 是真空中的介电常数, ε_r 是相对介电常数; $\mu = \mu_0 \mu_r$,为介质磁导率,描述介质的磁学性质,其中, μ_0 是真空中的磁导率, μ_r 是相对磁导率; σ 为电导率,描述介质的导电特性。通常,我们只研究介质的电学特性,如果介质是均匀各向同性的,则介电常数为一常量 ε ,电位移矢量 D 与电场矢量 E 同方向;如果介质是非均匀的,则介电常数为空间位置的函数 $\varepsilon(r)$,这种情况在本书第 6 章中简单讨论;如果介质是均匀各向异性的,则介电常数是一常数张量 ε ,在一般情况下,电位移矢量 D 与电场矢量 E 方向不同,这种情况是本书第 4 章所讨论的内容。

3) 波动方程

基于麦克斯韦方程组和物质方程,光波在各向同性介质中传播时所满足的波动方程为

$$\begin{cases} \nabla^2 E - \mu\varepsilon \dfrac{\partial^2 E}{\partial t^2} = 0 \\ \nabla^2 H - \mu\varepsilon \dfrac{\partial^2 H}{\partial t^2} = 0 \end{cases}$$

凡是能够在介质中传播的电磁波一定满足该方程,反之,若某光波场不满足该方程,则这个光波场一定不存在。

4) 光波

光波的频率极高,为方便起见,通常采用波长表征。光波的光谱范围为 1 mm～10 nm,包含红外线、可见光和紫外线。真空中可见光的波长范围为 380～780 nm,正常视力的人眼对波长为 550 nm 的绿光最敏感。

光波在真空中的传播速度大小为

$$c = \frac{1}{\sqrt{\mu_0 \varepsilon_0}} = 2.997\ 924\ 58 \times 10^8 \text{ m/s} \approx 3 \times 10^8 \text{ m/s}$$

光波在介质中的传播速度 v 取决于介质的光学性质,其大小可表示为

$$v = \frac{c}{n}$$

式中，n 是光波在该介质中的折射率，且 $n = \sqrt{\mu_r \varepsilon_r}$。实际上，这个速度指的是光波的相速度，其方向为光波的波矢方向。

除铁磁性介质外，大多数介质的磁性都很弱，可以认为 $\mu_r \approx 1$。因此，介质折射率可表示为

$$n = \sqrt{\varepsilon_r}$$

对于一般的介质，ε_r 或 n 都是频率的函数，具体的函数关系取决于介质的色散特性。

5）光矢量

在通常应用的情况下，光波对介质的磁作用远小于电作用，所以常将光波中的电场矢量 E 称为光矢量，将光电场 E 的振动称为光振动，讨论光波的传播特性时，常常只考虑其光电场特性。

6）特殊光波

求解光波在无穷大、均匀、各向同性介质中传播的波动方程，可以得到几种特殊形式的光波：平面光波、球面光波、柱面光波及高斯光束，任何一种复杂的光波都可视为这些特殊光波的线性叠加。

（1）平面光波。沿着任一波矢 k 方向传播的单色平面光波电场的表示式为

$$E = E_0 \cos(\omega t - k \cdot r + \varphi_0)$$

若单色平面光波沿 z 方向传播，则

$$E = E_0 \cos(\omega t - kz + \varphi_0)$$

这种单色平面光波是一个在时间、空间上无限延伸的正弦简谐光波，其时间周期性用周期 T、频率 ν、圆频率 ω 表征，且有 $\nu = 1/T$，$\omega = 2\pi/T$；空间周期性用空间周期 λ（波长）、空间频率 $1/\lambda$、空间圆频率 k 表征，有 $k = 2\pi/\lambda$。单色平面光波的时间周期性与空间周期性相关，可由 $\nu = v/\lambda$ 联系。

为了理论运算的方便，常将沿着波矢 k 方向传播的单色平面光波电场表示为复数形式：

$$E = E_0 e^{-i(\omega t - k \cdot r + \varphi_0)} = \widetilde{E} e^{-i\omega t}$$

式中，$\widetilde{E}$ 称为光场的复振幅。

应当指出的是：① 光场除了采用上述形式外，还可采用 $E = E_0 e^{i(\omega t - k \cdot r + \varphi_0)}$ 的形式，两种不同形式得到的结果形式可能不同，但其物理结论相同；② 光场的复数表示仅有数学意义，对于这种复数形式量的线性运算，只有取实部才有物理意义。

（2）球面光波。由点光源产生的单色球面光波电场的复数表示形式为

$$E = \frac{A_1}{r} e^{-i(\omega t - kr + \varphi_0)} = \widetilde{E} e^{-i\omega t}$$

式中，A_1 为离开点光源单位距离处的振幅；球面光波矢径 r 的计算起点为光波的源点。可见，球面波的振幅随 r 成反比例变化。如果 k 与 r 方向一致，则是发散球面波，相反，则为会聚球面波。

（3）柱面光波。由线光源产生的单色柱面光波电场的复数表示形式为

$$E = \frac{A_1}{\sqrt{r}} e^{-i(\omega t - kr + \varphi_0)} = \tilde{E} e^{-i\omega t}$$

式中，A_1 是离开线光源单位距离处光波电场的振幅。柱面光波电场的振幅与 $\sqrt{r}$ 成反比。

（4）高斯光束。基模高斯光束是以 z 轴为柱对称的光波，它也是波动方程的一种特解，是大体朝着 z 轴方向传播、等相位面的曲率半径不断变化、振幅在横截面内为高斯分布的特殊光波。

基模高斯光束的标量波光场表示式为

$$E_{00}(r, z, t) = \frac{E_0}{w(z)} e^{-\frac{r^2}{w^2(z)}} e^{i\left[k\left(z + \frac{r^2}{2R(z)}\right) - \arctan\frac{z}{f}\right]} e^{-i\omega t}$$

式中，E_0 为常数，其余符号的意义为

$$r^2 = x^2 + y^2$$

$$k = \frac{2\pi}{\lambda}$$

$$w(z) = w_0 \sqrt{1 + \left(\frac{z}{f}\right)^2}$$

$$R(z) = z + \frac{f^2}{z}$$

$$f = \frac{\pi w_0^2}{\lambda}$$

$w(z)$ 为与传播轴线相交于 z 点的高斯光束等相位面上的光斑半径；$w_0 = w(z=0)$ 为基模高斯光束的束腰半径；f 为高斯光束的共焦参数或瑞利长度；$R(z)$ 为与传播轴线相交于 z 点的高斯光束等相位面的曲率半径。

7）光波的能量密度、能流密度

光波是一种携带能量在空间传播的电磁波，光波能量密度为

$$w = \frac{1}{2}(\boldsymbol{E} \cdot \boldsymbol{D} + \boldsymbol{H} \cdot \boldsymbol{B})$$

光波能流密度（或称为坡印廷矢量）为

$$\boldsymbol{S} = \boldsymbol{E} \times \boldsymbol{H}$$

$\boldsymbol{S}$ 描述了电磁能量的传播，其大小表示单位时间内、通过垂直于传播方向上的单位面积的能量，方向为能量传播的方向。在实际应用中，都是利用能流密度的时间平均 $\langle S \rangle$ 来表征光波的能量传播，并称其值 $\langle S \rangle$ 为光强，以 I 表示。对于单色平面光波，光强为

$$I = \langle S \rangle = \frac{1}{2} \frac{n}{\mu_0 c} E_0^2 = \frac{1}{2} \sqrt{\frac{\varepsilon}{\mu_0}} E_0^2 = \alpha E_0^2$$

式中，$\alpha = \frac{n}{2\mu_0 c} = \frac{\sqrt{\varepsilon/\mu_0}}{2}$，是比例系数，光强的单位为 W/m^2。由此可见，光强与电场强度振幅的平方成正比。在同一种介质中，常常只关心光强的相对值，而将比例系数省略，把光强表示为

$$I = \langle E^2 \rangle = E_0^2$$

当单色平面光波场采用复数形式表示时，光波能量密度的时间平均值为

$$\langle w \rangle = \mathrm{Re}\left[\frac{1}{4}(\boldsymbol{E} \cdot \boldsymbol{D}^* + \boldsymbol{H} \cdot \boldsymbol{B}^*)\right]$$

光波能流密度的时间平均值为

$$\langle \boldsymbol{S} \rangle = \mathrm{Re}\left(\frac{1}{2}\boldsymbol{E} \times \boldsymbol{H}^*\right)$$

上式中，通常定义

$$\boldsymbol{S} = \frac{1}{2}\boldsymbol{E} \times \boldsymbol{H}^*$$

为复坡印廷矢量。

2. 平面光波的传播特性

1) 平面光波的横波特性

平面光波在各向同性介质中传播时，其电场矢量 $\boldsymbol{E}$ 和磁场矢量 $\boldsymbol{H}$ 均垂直于波矢 $\boldsymbol{k}$ 方向（波阵面法线方向）。因此，平面光波是横电磁波（TEM 波）。

2) 平面光波的偏振特性

平面光波的偏振特性是指光矢量相对于传播方向的不对称性。

(1) 平面光波的偏振态。对于一个单色平面光波，根据空间任一点光电场 $\boldsymbol{E}$ 的振动矢量末端在不同时刻的轨迹，可以将其分为线偏振光、圆偏振光和椭圆偏振光。

① 线偏振光。线偏振光是指平面光波在垂直于传播方向的某一平面内，其光矢量只改变大小、不改变方向，末端的轨迹是一直线。由于在同一时刻，线偏振光传播方向上各点的光矢量都在同一平面内，所以又叫平面偏振光。通常，将光振动方向与光波传播方向构成的平面称为线偏振光的振动面。

② 圆偏振光。圆偏振光在垂直于传播方向的某一平面内，光矢量以 ω 角速度旋转，其大小不变，末端轨迹描绘出一个圆。

③ 椭圆偏振光。椭圆偏振光在垂直于传播方向的某一平面内，光矢量的大小和方向都在改变，其末端轨迹是一个椭圆。

(2) 偏振光的表示。

① 三角函数表示法。任一线偏振光都可以看成振动方向相互垂直、相位相同或相反、振幅比一定的两个线偏振光的合成，可表示为

$$\boldsymbol{E} = \boldsymbol{i}E_x + \boldsymbol{j}E_y$$

$$\frac{E_y}{E_x} = \frac{E_{0y}}{E_{0x}}\mathrm{e}^{-im\pi} \qquad m = 0, \pm 1, \pm 2, \cdots$$

当 m 为零或偶数时，光场振动方向在 Ⅰ、Ⅲ 象限内；当 m 为奇数时，光场振动方向在 Ⅱ、Ⅳ 象限内。

沿 z 轴方向传播的圆偏振光，可以看作 x 和 y 方向等振幅、相位差为 $\pm\pi/2$ 奇数倍的两线偏振光的合成：

$$\boldsymbol{E} = \boldsymbol{i}E_x + \boldsymbol{j}E_y$$

$$\frac{E_y}{E_x} = \mathrm{e}^{\mp im\frac{\pi}{2}} = \mp im \qquad m = 1, 3, 5, \cdots$$

式中，如果 $\pi/2$ 前取负号，即 y 方向的振动相位超前于 x 方向振动，则逆着光传播的方向观察时，光矢量沿顺时针方向旋转，称为右旋圆偏振光；如果 $\pi/2$ 前取正号，即 y 方向的

振动相位落后于 x 方向振动,则逆着光传播的方向观察时,光矢量沿逆时针方向旋转,称为左旋圆偏振光。

沿 z 轴方向传播的椭圆偏振光,可以看作在 x、y 方向振动的、具有一定相位差且振幅不相等的两线偏振光的合成。合成光波光矢量末端的轨迹方程为

$$\left(\frac{E_x}{E_{0x}}\right)^2 + \left(\frac{E_y}{E_{0y}}\right)^2 - 2\left(\frac{E_x}{E_{0x}}\right)\left(\frac{E_y}{E_{0y}}\right)\cos\varphi = \sin^2\varphi$$

式中,$\varphi = \varphi_y - \varphi_x$。

椭圆的长、短半轴和取向与二分量的振幅和相位差有关,其旋向取决于 φ:当 $(2m+1)\pi > \varphi > 2m\pi$,即 y 方向振动的相位超前于 x 方向振动时,逆着光传播的方向观察,为右旋椭圆偏振光;当 $2m\pi > \varphi > (2m-1)\pi$ 时,y 方向振动的相位落后于 x 方向振动,逆着光传播的方向看,为左旋椭圆偏振光。

② 琼斯矩阵表示法。偏振光的琼斯矩阵表示法是利用琼斯矢量来表示平面光波的偏振状态,琼斯矢量是用平面光波复振幅表示成的列矢量,即

$$\boldsymbol{J} = \begin{bmatrix} E_x \\ E_y \end{bmatrix} = \begin{bmatrix} E_{0x}\mathrm{e}^{-\mathrm{i}\varphi_x} \\ E_{0y}\mathrm{e}^{-\mathrm{i}\varphi_y} \end{bmatrix}$$

琼斯矢量包含有光电场矢量的振幅和相位的全部信息,因此,它可唯一地确定光波的状态。应当指出的是,琼斯矢量是一个复矢量,其元素是复数,因此,$\boldsymbol{J}$ 不是实际物理空间的矢量,而只是抽象数学空间中的矢量。例如,为了得到真实光电场的 x 分量,必须进行 $E_x(t) = \mathrm{Re}[J_x\mathrm{e}^{-\mathrm{i}\omega t}] = \mathrm{Re}[E_{0x}\mathrm{e}^{-\mathrm{i}(\omega t + \varphi_x)}]$ 运算。

如果我们只关心光波的偏振状态,考虑到光强 $I = E_x^2 + E_y^2$,可以采用标准归一化琼斯矢量表示偏振光。标准归一化琼斯矢量系用琼斯矢量的每一个分量除以 $\sqrt{I}$ 得到,满足如下归一化条件:

$$\boldsymbol{J}^* \cdot \boldsymbol{J} = 1$$

例如,x 方向振动的线偏振光、y 方向振动的线偏振光、45°方向振动的线偏振光、振动方向与 x 轴成 θ 角的线偏振光、左旋圆偏振光、右旋圆偏振光的标准归一化琼斯矢量形式分别为

$$\begin{bmatrix} 1 \\ 0 \end{bmatrix},\ \begin{bmatrix} 0 \\ 1 \end{bmatrix},\ \frac{\sqrt{2}}{2}\begin{bmatrix} 1 \\ 1 \end{bmatrix},\ \begin{bmatrix} \cos\theta \\ \sin\theta \end{bmatrix},\ \frac{\sqrt{2}}{2}\begin{bmatrix} 1 \\ \mathrm{i} \end{bmatrix},\ \frac{\sqrt{2}}{2}\begin{bmatrix} 1 \\ -\mathrm{i} \end{bmatrix}$$

一般偏振光的标准归一化琼斯矢量的矩阵可以查阅相关琼斯矩阵表得到。

互为正交的两个偏振光,满足如下关系:

$$\boldsymbol{J}_1 \cdot \boldsymbol{J}_2^* = \begin{bmatrix} E_{1x} & E_{1y} \end{bmatrix}\begin{bmatrix} E_{2x}^* \\ E_{2y}^* \end{bmatrix} = 0$$

偏振光 $\boldsymbol{E}_\mathrm{i}$ 通过几个偏振元件后的偏振状态,可以采用如下琼斯矩阵运算表示:

$$\begin{bmatrix} E_{\mathrm{t}x} \\ E_{\mathrm{t}y} \end{bmatrix} = \begin{bmatrix} a_n & b_n \\ c_n & d_n \end{bmatrix}\cdots\begin{bmatrix} a_2 & b_2 \\ c_2 & d_2 \end{bmatrix}\begin{bmatrix} a_1 & b_1 \\ c_1 & d_1 \end{bmatrix}\begin{bmatrix} E_{\mathrm{i}x} \\ E_{\mathrm{i}y} \end{bmatrix}$$

式中,$\begin{bmatrix} a_n & b_n \\ c_n & d_n \end{bmatrix}$ 为表示光学元件偏振特性的琼斯矩阵,可由光学手册查到。

应当强调指出,上述偏振光偏振状态的结论是针对本书所采用 $\boldsymbol{E} = \boldsymbol{E}_0\mathrm{e}^{-\mathrm{i}(\omega t - \boldsymbol{k}\cdot\boldsymbol{r} + \phi_0)}$ 光电场表示式及逆光传播方向判别左右旋向的规定得到的,对于采用 $\boldsymbol{E} = \boldsymbol{E}_0\mathrm{e}^{\mathrm{i}(\omega t - \boldsymbol{k}\cdot\boldsymbol{r} + \phi_0)}$ 光电场

表示式或顺光传播方向判别左右旋向，处理方法相同，但其结论可能相反。

　　3）一般光波的偏振态与偏振度

　　（1）一般光波的偏振态。

　　① 实际上，由普通光源发出的沿某一方向传播的光波都不是单一的平面波，而是由大量平面光波组合而成的。它们具有一切可能的振动方向，各个振动方向上的振幅在观察时间内的平均值相等，初相位独立无关，通常称这样的光束为完全非偏振光，或自然光。

　　② 如果由于外界的控制作用，使得各个振动方向上的振动强度不相等，就变成部分偏振光。

　　③ 如果光场矢量有确定不变的或有规则变化的振动方向，则称为完全偏振光。

　　部分偏振光可以看成是完全偏振光和自然光的混合，而完全偏振光可以是线偏振光、圆偏振光、椭圆偏振光。

　　（2）一般光波的偏振度。为了表征光波的偏振特性，引入偏振度 P，它表示在部分偏振光的总强度中，完全偏振光所占有的比例，即

$$P = \frac{I_L}{I_{总}}$$

偏振度还可以表示为

$$P = \frac{I_M - I_m}{I_M + I_m}$$

式中，I_M 和 I_m 分别为两个特殊（正交）方向上所对应的最大和最小光强。

　　对于完全非偏振光，$P=0$；完全偏振光，$P=1$；部分偏振光，$1>P>0$。P 值愈接近于 1，光的偏振程度愈高。

3. 光波场频谱

　　由光的电磁理论，光波场是时间和空间的函数，因此研究光波的传输特性可以在时间域和空间域中进行。根据傅里叶变换，许多关于光波传输特性问题的研究（例如光信息处理），还可以在时间频率域和空间频率域中进行，而且更方便，并引入时域频谱和空域频谱的概念。

　　1）时域频谱

　　（1）时域频谱。在一般情况下，若只考虑光波场在时间域内的变化，则可以表示为时间的函数 $E(t)$。根据傅里叶变换，它可表示为

$$E(t) = F^{-1}[E(\nu)] = \int_{-\infty}^{\infty} E(\nu) e^{-i2\pi\nu t} d\nu$$

式中，$E(\nu)$ 随 ν 的变化称为 $E(t)$ 的（时域）频谱分布，或简称为（时域）频谱。该式表明，一个随时间变化的光波场振动 $E(t)$，可以视为许多单频（单色）成分简谐振荡的叠加，各成分相应的振幅为

$$E(\nu) = F[E(t)] = \int_{-\infty}^{\infty} E(t) e^{i2\pi\nu t} dt$$

该 $E(\nu)$ 为复数，它就是 ν 频率分量的复振幅

$$E(\nu) = |E(\nu)| e^{i\varphi(\nu)}$$

式中，$|E(\nu)|$ 为复振幅模（大小）；$\varphi(\nu)$ 为辐角。光波场的功率谱为 $|E(\nu)|^2$。因此，一个时域光波场 $E(t)$ 的传输特性可以在频率域内通过它的频谱成分的传输特性描述。

(2) 准单色光波。实际上,理想的单色光波是不存在的,任何光源能够得到的均是包含有许多频率分量的复色光波,其频率分量愈少,愈接近于单色光波。对于一个实际的表观频率为 ν_0 的脉冲光波,若其振幅随时间的变化比振荡本身缓慢得多,则该光波的频率分量就集中在 ν_0 附近的一个很窄的频谱宽度 $\Delta\nu$ 内,可认为是中心频率为 ν_0 的准单色光波,其电场振动表示式为

$$E(t) = E_0(t) \mathrm{e}^{-\mathrm{i}2\pi\nu_0 t}$$

对于一个表观频率为 ν_0、振幅为高斯函数的准单色光波,有

$$E(t) = A \mathrm{e}^{\frac{-4(t-t_0)^2}{\Delta t^2}} \mathrm{e}^{-\mathrm{i}(2\pi\nu_0 t + \varphi_0)}$$

在 $t = t_0$ 时,振幅最大,且为 A;当 $|t - t_0| = \Delta t/2$ 时,振幅降为 A/e,参数 Δt 表征了该准单色波持续振荡的有效时间。这种高斯型准单色光波的频谱分布为

$$E(\nu) = \frac{1}{2}\sqrt{\pi}\,\Delta t A \mathrm{e}^{-\frac{\pi^2 \Delta t^2 (\nu-\nu_0)^2}{4}} \mathrm{e}^{-\mathrm{i}[2\pi(\nu_0-\nu)t_0 + \varphi_0]}$$

相应的功率谱为

$$|E(\nu)|^2 = \frac{1}{4}\pi\Delta t^2 A^2 \mathrm{e}^{-\frac{\pi^2 \Delta t^2 (\nu-\nu_0)^2}{2}}$$

频谱宽度定义为最大强度 $1/\mathrm{e}$ 处所对应的两个频率 ν_2 和 ν_1 之差 $\Delta\nu$,即

$$\Delta\nu = \nu_2 - \nu_1 = \frac{2\sqrt{2}}{\pi\Delta t}$$

它表征了高斯型准单色光波的单色性程度。

2) 空域频谱

(1) 空间频率。沿任意空间方向 k 传播的单色平面光波电场的表示式为

$$E = E_0 \mathrm{e}^{-\mathrm{i}(\omega t - k \cdot r + \varphi_0)} = E_0 \mathrm{e}^{-\mathrm{i}(\omega t - k_x x - k_y y - k_z z + \varphi_0)}$$

因为 k 与描述光波空间周期性的波长 λ 的关系为

$$k = \frac{2\pi}{\lambda}$$

且 k 分量可利用方向余弦表示为

$$k_x = k\cos\alpha, \quad k_y = k\cos\beta, \quad k_z = k\cos\gamma$$

所以,通过定义空间频率(空间呈正弦或余弦变化的光场,在其某一方向上单位距离内所包含的空间周期数)

$$f_x = \frac{\cos\alpha}{\lambda}, \quad f_y = \frac{\cos\beta}{\lambda}, \quad f_z = \frac{\cos\gamma}{\lambda}$$

可将该平面光波表示为

$$E = E_0 \mathrm{e}^{-\mathrm{i}[\omega t - 2\pi(f_x x + f_y y + f_z z) + \varphi_0]}$$

在任意 $z = z_0$ 的 xy 平面上,其复振幅可表示为

$$\widetilde{E} = E_0 \mathrm{e}^{\mathrm{i}k_z z_0} \mathrm{e}^{\mathrm{i}(k_x x + k_y y)} = \widetilde{E}_0 \mathrm{e}^{\mathrm{i}(k_x x + k_y y)} = \widetilde{E}_0 \mathrm{e}^{\mathrm{i}2\pi(f_x x + f_y y)}$$

式中,

$$\widetilde{E}_0 = E_0 \mathrm{e}^{\mathrm{i}k_z z_0}$$

当研究任意垂直于 z 轴的一个平面上单色光波的复振幅分布时,每一组空间频率 (f_x, f_y) 值对应于一个沿一定方向传播的单色平面光波。

（2）空域频谱。在任一 xy 平面上复振幅分布为 $\widetilde{E}(x,y)$ 的单色光波，可以根据二维傅里叶变换，将 $\widetilde{E}(x,y)$ 分解成无数个形式为 $\exp[\mathrm{i}2\pi(f_xx+f_yy)]$ 的基元函数的线性组合，即

$$\widetilde{E}(x,y) = \mathrm{F}^{-1}[\widetilde{E}(f_x,f_y)] = \iint_{-\infty}^{\infty} \widetilde{E}(f_x,f_y)\mathrm{e}^{\mathrm{i}2\pi(f_xx,f_yy)}\mathrm{d}f_x\,\mathrm{d}f_y$$

式中，基元函数 $\exp[\mathrm{i}2\pi(f_xx+f_yy)]$ 为传播方向由空间频率 (f_x,f_y) 决定的平面光波，所占比例的大小由 $\widetilde{E}(f_x,f_y)$ 决定。通常，称 $\widetilde{E}(f_x,f_y)$ 随 (f_x,f_y) 的变化分布为 $\widetilde{E}(x,y)$ 的空间频率谱，简称为空间频谱（或角谱）。

于是，可以将任意单色光波场的复振幅视为沿空间不同方向传播的单色平面光波的叠加，其每一个平面光波分量与一组空间频率 (f_x,f_y) 相对应，即有

$$\widetilde{E}(x,y,z) = \iint_{-\infty}^{\infty} \widetilde{E}_z(f_x,f_y)\mathrm{e}^{\mathrm{i}2\pi(f_xx,f_yy)}\mathrm{d}f_x\,\mathrm{d}f_y$$

因此，一个空间域光波场 $E(x,y,z)$ 的传输特性可以在空间频率域内通过它的空间频谱成分的传输特性描述。

4. 光波的速度

光波的速度表征了光波在空间中传播的快慢。光波速度有描述光波相位状态传播快慢的相速度和描述光波能量传播快慢的能量传播速度。若光波在各向同性介质中传播，则其相速度也即是能量传播速度；若光波在各向异性介质中传播，则其相速度和能量传播速度不同，相关特性在第 4 章中会详细讨论。

1）单色光波速度

（1）相速度。相速度 v（或表示为 v_p）是单色光波所特有的一种速度，它指的是等相位面的传播速度。对于单色平面光波，其相速度为

$$v = \frac{\omega}{k}\boldsymbol{k}_0 = \frac{c}{n}\boldsymbol{k}_0$$

式中，n 为表征光在介质中传播快慢特性的介质折射率，通常它是光频率的函数 $n(\omega)$，称为色散特性。

（2）光线速度。光线速度 v_r 指的是单色平面光波的能量传播速度。在各向同性介质中，光线速度等于相速度。

2）复色光波的群速度

复色光波的群速度 v_g 表征的是复色光波等振幅面的传播速度，也称为包络速度，其大小为

$$v_g = \frac{\mathrm{d}\omega}{\mathrm{d}k}$$

考虑到介质的色散效应，v_g 与 v 的关系为

$$v_g = \frac{\mathrm{d}(kv)}{\mathrm{d}k} = v + k\frac{\mathrm{d}v}{\mathrm{d}k}$$

$$v_g = v - \lambda\frac{\mathrm{d}v}{\mathrm{d}\lambda}$$

$$v_g = v\left(1 + \frac{\lambda}{n}\frac{\mathrm{d}n}{\mathrm{d}\lambda}\right)$$

特别要强调指出,群速度是对复色光而言的,只有在该复色光的频谱宽度 $\Delta\nu$ 很窄,介质的色散很小的条件下,群速度才有意义。在这种情况下,它表征的就是光波能量的传播速度。在无色散介质 $\left(\dfrac{\mathrm{d}n}{\mathrm{d}\lambda}=0\right)$ 中,复色光波的群速度等于相速度。

5. 介质界面的反射和折射

1) 反射定律和折射定律

光由一种介质入射到另一种介质时,在界面上将产生反射和折射。若两种介质为均匀、透明、各向同性介质,并且分界面为无穷大的平面,则入射、反射和折射光均为在入射面内、具有相同频率的平面光波。

介质界面上的反射定律和折射定律分别表示为

$$n_i \sin\theta_i = n_r \sin\theta_r$$

$$n_i \sin\theta_i = n_t \sin\theta_t$$

它们给出了入射、反射和折射光传播方向间的关系。对于各向同性介质,反射角等于入射角。

2) 反射系数和透射系数

反射系数和透射系数表征了反射光和折射光相对于入射光光场复振幅的关系,其定义式为

$$r_m = \frac{E_{0rm}}{E_{0im}}, \quad t_m = \frac{E_{0tm}}{E_{0im}} \qquad m = s, p$$

相应于 s 分量和 p 分量的反射系数和透射系数表示式为菲涅耳公式:

$$r_s = \frac{E_{0rs}}{E_{0is}} = -\frac{\sin(\theta_1 - \theta_2)}{\sin(\theta_1 + \theta_2)} = \frac{n_1 \cos\theta_1 - n_2 \cos\theta_2}{n_1 \cos\theta_1 + n_2 \cos\theta_2} = -\frac{\tan\theta_1 - \tan\theta_2}{\tan\theta_1 + \tan\theta_2}$$

$$r_p = \frac{E_{0rp}}{E_{0ip}} = \frac{\tan(\theta_1 - \theta_2)}{\tan(\theta_1 + \theta_2)} = \frac{n_2 \cos\theta_1 - n_1 \cos\theta_2}{n_2 \cos\theta_1 + n_1 \cos\theta_2} = \frac{\sin 2\theta_1 - \sin 2\theta_2}{\sin 2\theta_1 + \sin 2\theta_2}$$

$$t_s = \frac{E_{0ts}}{E_{0is}} = \frac{2 \cos\theta_1 \sin\theta_2}{\sin(\theta_1 + \theta_2)} = \frac{2n_1 \cos\theta_1}{n_1 \cos\theta_1 + n_2 \cos\theta_2}$$

$$t_p = \frac{E_{0tp}}{E_{0ip}} = \frac{2 \cos\theta_1 \sin\theta_2}{\sin(\theta_1 + \theta_2)\cos(\theta_1 - \theta_2)} = \frac{2n_1 \cos\theta_1}{n_2 \cos\theta_1 + n_1 \cos\theta_2}$$

3) 反射率和透射率

反射率和透射率分别定义为单位时间、单位面积上的反射光和折射光相对于入射光的能量比例,其 s 分量和 p 分量表示式分别为

$$R_s = \frac{W_{rs}}{W_{is}} = r_s^2 = \frac{\sin^2(\theta_1 - \theta_2)}{\sin^2(\theta_1 + \theta_2)}$$

$$R_p = \frac{W_{rp}}{W_{ip}} = r_p^2 = \frac{\tan^2(\theta_1 - \theta_2)}{\tan^2(\theta_1 + \theta_2)}$$

$$T_s = \frac{W_{ts}}{W_{is}} = \frac{n_2 \cos\theta_2}{n_1 \cos\theta_1} t_s^2 = \frac{\sin 2\theta_1 \sin 2\theta_2}{\sin^2(\theta_1 + \theta_2)}$$

$$T_p = \frac{W_{tp}}{W_{ip}} = \frac{n_2 \cos\theta_2}{n_1 \cos\theta_1} t_p^2 = \frac{\sin 2\theta_1 \sin 2\theta_2}{\sin^2(\theta_1 + \theta_2)\cos^2(\theta_1 - \theta_2)}$$

自然光的反射率和透射率分别为

$$R_n = \frac{W_r}{W_i} = \frac{1}{2}(R_s + R_p)$$

$$T_n = \frac{W_t}{W_i} = \frac{1}{2}(T_s + T_p)$$

垂直入射时的反射系数和透射系数、反射率和透射率分别为

$$r_p = -r_s = \frac{n_2 - n_1}{n_2 + n_1}, \quad t_p = t_s = \frac{2n_1}{n_2 + n_1}$$

$$R_p = R_s = \left(\frac{n_2 - n_1}{n_2 + n_1}\right)^2, \quad T_p = T_s = \frac{4n_1 n_2}{(n_2 + n_1)^2}$$

4）自然光入射时的反射光和折射光的偏振度

由于介质界面对 s 分量和 p 分量的反射系数、透射系数不同，所以反射光和折射光相对于入射光的偏振状态将发生变化。

反射光的偏振度：

$$P_r = \left|\frac{I_{rp} - I_{rs}}{I_{rp} + I_{rs}}\right| = \left|\frac{R_p - R_s}{R_p + R_s}\right|$$

折射光的偏振度：

$$P_t = \left|\frac{I_{tp} - I_{ts}}{I_{tp} + I_{ts}}\right| = \left|\frac{T_p - T_s}{T_p + T_s}\right|$$

5）布儒斯特角

在介质界面上，相应于 p 分量反射系数 r_p 为零的入射角 θ_1，称为布儒斯特角 θ_B，且有 $\theta_B = \arctan \frac{n_2}{n_1}$。当光以布儒斯特角入射时，

① 入射角与相应的折射角互为余角，即 $\theta_B + \theta_2 = 90°$；

② 反射光的传播方向与折射光的传播方向垂直；

③ 反射光是线偏振光，该反射光中不存在 p 分量，仅有 s 分量，其振动方向垂直入射面。

6）半波损失

① 一束光波从光疏介质向光密介质（$n_1 < n_2$）接近正入射或掠入射时，其反射光相对入射光有半波损失，即反射光振动相位相对入射光振动发生了 π 的相位突变。

② 一束光波从光密介质向光疏介质（$n_1 > n_2$）入射时，其反射光与入射光之间没有半波损失。

③ 不管光波是从光密介质还是从光疏介质入射界面，其折射光与入射光之间均没有半波损失。

7）全反射

光由光密介质射向光疏介质（$n_1 > n_2$）时，如果入射角 θ_1 大于临界角 θ_C，则光能量将在界面上发生全反射，没有透射。光的全反射是光纤传输及许多光电子技术应用的理论基础。

（1）全反射的反射光。

① 临界角 θ_C。光由光密介质射向光疏介质时，对应折射角 $\theta_2 = 90°$ 的入射角为临界角 θ_C，其正弦表示式为

$$\sin\theta_C = \frac{n_2}{n_1}$$

② 反射光相位。光波在界面上发生全反射时，反射光强等于入射光强，而反射光中的

s 分量和 p 分量的相位变化不同,其相位差 $\Delta\varphi$ 为

$$\Delta\varphi = \varphi_{rs} - \varphi_{rp} = 2\arctan\frac{\cos\theta_1\sqrt{\sin^2\theta_1 - n^2}}{\sin^2\theta_1}$$

因此,在 $n(=n_2/n_1)$ 一定的情况下,适当地控制入射角 θ_1,即可改变 $\Delta\varphi$,从而改变反射光的偏振状态。

(2)衰逝波(倏逝波)。当光由光密介质射向光疏介质发生全反射时,在第二个介质中存在一个衰逝波。该衰逝波是沿着界面方向传播的非均匀波,沿着界面法线方向的平均能流为零,其振幅沿界面法线方向指数衰减,光场表示式为

$$E_{\mathrm{t}} = E_{0\mathrm{t}}\mathrm{e}^{-k_\mathrm{t}'z\sqrt{\sin^2\theta_1 - n^2}/n}\mathrm{e}^{-\mathrm{i}(\omega t - k_\mathrm{t}'x\sin\theta_1/n)}$$

衰逝波在第二个介质中的穿透深度约为波长量级。

进一步的研究表明,发生全反射时,光由第一个介质进入第二个介质的能量入口处与返回能量的出口处之间,相隔约半个波长。所以,当以有限宽度的光束入射时,反射光在界面上有一个横向位移,称为古斯-哈恩斯位移,它是造成全反射时反射光相位跃变的原因。

8)光在金属中的传播

金属与各向同性介质的主要差别是其电导率 σ 不等于零,且因电导率与焦耳热损耗有关,将导致光在金属中传播时产生损耗衰减,以至于几乎不透明。

金属中光波所满足的波动方程为

$$\nabla^2\boldsymbol{E} - \mu\varepsilon\alpha\frac{\partial^2\boldsymbol{E}}{\partial t^2} = 0$$

式中

$$\alpha = 1 + \mathrm{i}\frac{\sigma}{\varepsilon\omega}$$

与各向同性介质波动方程的差别在于,以复数值 $\mu\varepsilon\alpha$ 代替了 $\mu\varepsilon$。因此,金属中传播的单色平面光波电场表示式为

$$E = E_0\mathrm{e}^{-\mathrm{i}(\omega t - \tilde{k}k_0\cdot\boldsymbol{r})} = E_0\mathrm{e}^{-\frac{\omega}{c}n''(k_0\cdot\boldsymbol{r})}\mathrm{e}^{-\mathrm{i}\left[\omega t - \frac{\omega}{c}n'(k_0\cdot\boldsymbol{r})\right]}$$

式中,$\tilde{k}$ 为"复波数";n' 是光在金属中传播时的折射率;n'' 是描述光在金属中传播时衰减特性的量。n' 和 n'' 都是光频率 ω 的函数。这种单色平面光波是一个衰减的平面波。

9)左手材料的负折射现象

左手材料是指介电常数 ε 和磁导率 μ 都是负值的介质。尽管到目前为止,左手材料尚未在自然界中发现,均需通过人工合成,但其优异独特的光学特性已引起了人们极大的关注。

由于光的电磁理论是描述宏观电磁现象的普遍理论,介质的 ε 和 μ 均取负值时的麦克斯韦方程组仍然成立。根据光的电磁理论,ε 和 μ 均为负值的非常规材料,光波的 $\boldsymbol{E}$、$\boldsymbol{H}$ 和 $\boldsymbol{k}$ 三者方向构成左手螺旋关系,故称为左手材料。在左手材料中,坡印延矢量为 $\boldsymbol{S} = \boldsymbol{E}\times\boldsymbol{H}$,因此平面光波波矢 $\boldsymbol{k}$ 与坡印延矢量 $\boldsymbol{S}$ 反向,其相速度 v_p 方向与群速度 v_g 方向相反。

当光由空气入射左手材料时,将发生负折射现象,即入射光和折射光出现在分界面法线的同一侧,正因如此,左手材料又称为负折射(NIR)材料。

1.3　典　型　例　题

例题 1-1　写出在 xOy 平面内、沿与 y 轴夹角为 θ 的 $\boldsymbol{r}$ 方向传播的平面光波场的复振幅。

解：本题要求具体写出平面光波场的复振幅 $E_0 \mathrm{e}^{\mathrm{i}c(\boldsymbol{k}\cdot\boldsymbol{r}-\varphi_0)}$ 表示式。

据已知条件，该平面光波波矢的三个分量分别为

$$k_x = k\,\sin\theta,\ k_y = k\,\cos\theta,\ k_z = 0$$

光波复振幅的相位分布形式为

$$\varphi(r) = \boldsymbol{k}\cdot\boldsymbol{r} - \varphi_0 = k(x\,\sin\theta + y\,\cos\theta) - \varphi_0$$

其中 φ_0 为原点处的初始相位。设光场振幅为 E_0，其复振幅为

$$\widetilde{E}(r) = E_0 \mathrm{e}^{\mathrm{i}\left[k(x\,\sin\theta + y\,\cos\theta) - \varphi_0\right]}$$

例题 1-2　一个线偏振光在玻璃中传播时，光场表示式为

$$\boldsymbol{E} = 10^2 \cos\left[0.8\pi \times 10^{15} \times \left(\frac{z}{0.64c} - t\right)\right]\boldsymbol{i}$$

求该光的频率、波长，玻璃的折射率。

解：本题是依据所给的光场表示式，写出其光波参量和介质的折射率。将题示光场表示式与如下标准形式比较：

$$\boldsymbol{E} = \boldsymbol{E}_0 \cos\left[\omega\left(\frac{z}{v} - t\right)\right]$$

光的频率为

$$\nu = \frac{\omega}{2\pi} = \frac{0.8\pi \times 10^{15}}{2\pi} = 0.4 \times 10^{15}\ \mathrm{Hz}$$

光在玻璃中传播的速度为

$$v = 0.64c$$

光在真空中传播时的波长为

$$\lambda_0 = \frac{2\pi}{k_0} = \frac{2\pi c}{\omega} = \frac{2\pi \times 3 \times 10^8}{0.8\pi \times 10^{15}}\mathrm{m} = 0.75\ \mu\mathrm{m}$$

光在玻璃中传播时的波长为

$$\lambda = \frac{2\pi}{k} = \frac{2\pi v}{\omega} = \frac{2\pi \times 0.64 \times 3 \times 10^8}{0.8\pi \times 10^{15}}\mathrm{m} = 0.48\ \mu\mathrm{m}$$

玻璃的折射率为

$$n = \frac{c}{v} = \frac{c}{0.64c} = 1.5625$$

例题 1-3　证明群速度可以表示为

$$v_g = \frac{c}{n + \omega(\mathrm{d}n/\mathrm{d}\omega)}$$

证明：本题属于相速度和群速度求解的问题。

根据群速度与相速度的关系

$$v_g = \frac{\mathrm{d}\omega}{\mathrm{d}k} = \frac{\mathrm{d}(kv)}{\mathrm{d}k} = v + k\frac{\mathrm{d}v}{\mathrm{d}k}$$

及

$$\frac{\mathrm{d}v}{\mathrm{d}k} = \frac{\mathrm{d}v}{\mathrm{d}\omega} \cdot \frac{\mathrm{d}\omega}{\mathrm{d}k} = v_g\frac{\mathrm{d}v}{\mathrm{d}\omega}$$

由于 $v = \dfrac{c}{n}$,所以有

$$\frac{\mathrm{d}v}{\mathrm{d}\omega} = \frac{\mathrm{d}v}{\mathrm{d}n} \cdot \frac{\mathrm{d}n}{\mathrm{d}\omega} = -\frac{c}{n^2}\frac{\mathrm{d}n}{\mathrm{d}\omega}$$

因此

$$v_g = v - \frac{v_g ck}{n^2} \cdot \frac{\mathrm{d}n}{\mathrm{d}\omega} = \frac{v}{1 + \left(\dfrac{ck}{n^2}\right)\left(\dfrac{\mathrm{d}n}{\mathrm{d}\omega}\right)} = \frac{c}{n + \omega\left(\dfrac{\mathrm{d}n}{\mathrm{d}\omega}\right)}$$

例题 1 - 4 振幅为 A,波长为 $\dfrac{4}{5} \times 10^4$ nm 的单色平面光波的方向余弦为 $\cos\alpha = \dfrac{4}{5}$,$\cos\beta = \dfrac{1}{5}$,$\cos\gamma = \dfrac{2\sqrt{2}}{5}$,试求它在 xy 平面上的复振幅及空间频率。

解: 由空间频率公式得

$$f_x = \frac{\cos\alpha}{\lambda} = \frac{\dfrac{4}{5}}{\dfrac{4}{5} \times 10^4} = 1 \times 10^{-4} \ \text{nm}^{-1}$$

$$f_y = \frac{\cos\beta}{\lambda} = \frac{\dfrac{1}{5}}{\dfrac{4}{5} \times 10^4} = 0.25 \times 10^{-4} \ \text{nm}^{-1}$$

则在 xy 平面上的复振幅为

$$\widetilde{A} = A\mathrm{e}^{\mathrm{i}2\pi(x + 0.25y) \times 10^{-4}}$$

例题 1 - 5 试确定下列各组光波场表示式所代表的偏振态:

(1) $E_x = E_0 \sin(\omega t - kz)$, $E_y = E_0 \sin\left(\dfrac{\pi}{2} + \omega t - kz\right)$

(2) $E_x = E_0 \cos(\omega t - kz)$, $E_y = E_0 \cos\left(\omega t - kz + \dfrac{5}{4}\pi\right)$

解: 本题属于两个频率相同、振动方向相互垂直的单色波的叠加问题,其合光强与二叠加波的相位差无关,偏振状态由二叠加波的相位差和振幅比决定。

(1) 方法一:三角函数表示法。

将光场表示成余弦形式:

$$E_x = E_0 \sin(\omega t - kz) = E_0 \cos\left(\omega t - kz - \frac{\pi}{2}\right)$$

$$E_y = E_0 \sin\left(\frac{\pi}{2} + \omega t - kz\right) = E_0 \cos(\omega t - kz)$$

可见两光场分量的振幅相等,相位差为 $\varphi = \varphi_y - \varphi_x = \dfrac{\pi}{2}$,且 $2m\pi < \varphi < (2m+1)\pi$,即 y 分量超前 x 分量,逆着光传播的方向观察时,该光是右旋圆偏振光。

方法二：琼斯矩阵表示法。

光电场的复数表示形式为

$$E_x = E_0 \, \mathrm{e}^{-\mathrm{i}(\omega t - kz - \pi/2)}, \quad E_y = E_0 \, \mathrm{e}^{-\mathrm{i}(\omega t - kz)}$$

其琼斯矢量为

$$\begin{bmatrix} E_0 \, \mathrm{e}^{\mathrm{i}\pi/2} \\ E_0 \end{bmatrix} = E_0 \, \mathrm{e}^{\mathrm{i}\pi/2} \begin{bmatrix} 1 \\ -i \end{bmatrix}$$

逆着光波传播方向观察，该光是右旋圆偏振光。

（2）该题光波为椭圆偏振光，需确定其椭圆形状。

将题设两正交分量方程消去时间 t，合成后得到空间方程为

$$\frac{E_x^2}{E_0^2} + \frac{E_y^2}{E_0^2} - 2\frac{E_x E_y}{E_0^2}\cos\varphi = \sin^2\varphi$$

式中，$\varphi = \varphi_y - \varphi_x = \dfrac{5\pi}{4}$。因 $(2m-1)\pi < \varphi < 2m\pi$，逆着光传播的方向观察时，该光是左旋椭圆偏振光。

若设椭圆的长轴与 x 轴的夹角为 ψ，则根据教材第 26 页（1.1-129）式，该椭圆有

$$\tan 2\psi = \frac{2E_0 E_0}{E_0^2 - E_0^2}\cos\left(\frac{5\pi}{4}\right) = \infty$$

即椭圆的长轴与 x 轴的夹角为

$$\psi = 135°$$

例题 1-6　一束右旋圆偏振光的光强为 I_0，由空气垂直入射到折射率为 1.5 的玻璃上，求反射光的偏振态和光强。

解： 本题属于光波在介质界面上的反射和折射问题，涉及的是反射光、折射光的振幅、光强和偏振态。这类问题处理的思路是根据题意运用菲涅耳公式。

迎着光传播方向观察的右旋圆偏振入射光的光场分量可表示为

$$E_{\mathrm{ip}} = E_0 \cos(\omega t), \quad E_{\mathrm{is}} = E_0 \cos\left(\omega t + \frac{\pi}{2}\right)$$

其中，$E_0^2 = \dfrac{1}{2}I_0$，s 分量超前 p 分量 $\dfrac{\pi}{2}$，即 $\Delta\varphi_{\mathrm{i}} = (\varphi_{\mathrm{s}} - \varphi_{\mathrm{p}}) = \dfrac{\pi}{2}$。对应于光场的复数表示式，其复振幅分量为

$$\widetilde{E}_{\mathrm{ip}} = E_0, \quad \widetilde{E}_{\mathrm{is}} = E_0 \, \mathrm{e}^{-\mathrm{i}\frac{\pi}{2}}$$

根据题意，该光由空气垂直入射到玻璃上，$n_1 = 1$，$n_2 = 1.5$，相应于 p 分量和 s 分量的反射系数为 $r_{\mathrm{p}} = -r_{\mathrm{s}} = \dfrac{n_2 - n_1}{n_2 + n_1} = 0.2$。由此可得反射光的复振幅分量为

$$\widetilde{E}_{\mathrm{rp}} = r_{\mathrm{p}}\widetilde{E}_{\mathrm{ip}} = 0.2E_0$$

$$\widetilde{E}_{\mathrm{rs}} = r_{\mathrm{s}}\widetilde{E}_{\mathrm{is}} = 0.2E_0 \, \mathrm{e}^{\mathrm{i}\frac{\pi}{2}}$$

相应的反射光场分量表示式为

$$E_{\mathrm{rp}} = 0.2E_0 \cos(\omega t)$$

$$E_{\mathrm{rs}} = 0.2E_0 \cos\left(\omega t - \frac{\pi}{2}\right)$$

故有

$$\Delta\varphi_r = (\varphi_s - \varphi_p) = -\frac{\pi}{2}$$

迎着反射光传播方向观察时,反射光为左旋圆偏振光,光强为

$$I = 0.04E_0^2 + 0.04E_0^2 = 0.04I_0$$

例题 1-7 一束自然光以 $20°$ 角入射到空气—玻璃($n=1.52$)的分界面上,求反射光和折射光的偏振度。

解:由折射定律 $n_1\sin\theta_1 = n_2\sin\theta_2$,得 $\theta_2 = \arcsin\left(\frac{n_1}{n_2}\sin\theta_1\right) = 13°$

$$R_s = r_s^2 = \frac{\sin^2(\theta_1 - \theta_2)}{\sin^2(\theta_1 + \theta_2)} = \frac{0.014\,85}{0.2966} = 0.05$$

$$R_p = r_p^2 = \frac{\tan^2(\theta_1 - \theta_2)}{\tan^2(\theta_1 + \theta_2)} = \frac{0.0151}{0.4217} = 0.0358$$

$$T_s = 1 - R_s = 0.95$$

$$T_p = 1 - R_p = 0.9642$$

入射光为自然光时的反射光和透射光的偏振度分别为

$$P_r = \left|\frac{R_s - R_p}{R_s + R_p}\right| = 0.166$$

$$P_t = \left|\frac{T_s - T_p}{T_s + T_p}\right| = 0.0074$$

例题 1-8 一束自然光从空气垂直入射到玻璃表面,试计算玻璃表面的反射率 R_0。若光束以 $45°$ 角入射,其反射率 $R_{45°}$ 等于多少?由此说明反射率与哪些因素有关。(设玻璃折射率为 1.52。)

解:垂直入射时,

$$R_0 = \left(\frac{n_2 - n_1}{n_2 + n_1}\right)^2 = \left(\frac{1.52 - 1}{1.52 + 1}\right)^2 = 4.3\%$$

入射角为 $45°$ 时,

$$R_{45°} = \frac{1}{2}(R_s + R_p)$$

由 $n_1\sin\theta_1 = n_2\sin\theta_2$,得 $\theta_2 = \arcsin\left(\frac{n_1}{n_2}\sin\theta_1\right) = 27.7°$

$$R_s = r_s^2 = \frac{\sin^2(\theta_1 - \theta_2)}{\sin^2(\theta_1 + \theta_2)} = \frac{0.0884}{0.9116} = 0.097$$

$$R_p = r_p^2 = \frac{\tan^2(\theta_1 - \theta_2)}{\tan^2(\theta_1 + \theta_2)} = \frac{0.097}{10.308} = 0.000\,93$$

$$R_{45°} = \frac{1}{2}(R_s + R_p) = 5.3\%$$

反射率与入射角和折射率有关。又因为折射率与波长有关,所以反射率还会随波长作微小变化。

例题 1-9 一电矢量振动方向与入射面成 $45°$ 的线偏振光,以 $70°$ 的角度斜入射到空气—玻璃界面上,空气和玻璃的折射率分别为 $n_1=1$ 和 $n_2=1.52$。试确定相应于这种情形反射光的电矢量与入射面的角度为多少。

解:本题属于光波在介质界面上的反射和折射问题,涉及的是反射光偏振态的变化,

可根据题意运用菲涅耳公式求解。

根据题意，$\theta_1 = 70°$时，由折射定律确定折射角θ_2：

$$\theta_2 = \arcsin\left(\frac{n_1 \sin\theta_1}{n_2}\right) = \arcsin\left(\frac{\sin70°}{1.52}\right) = 38.19°$$

由菲涅耳公式求出反射系数：

$$r_s = -\frac{\sin(\theta_1 - \theta_2)}{\sin(\theta_1 + \theta_2)} = -\frac{\sin31.81°}{\sin108.19°} = -0.5547$$

$$r_p = \frac{\tan(\theta_1 - \theta_2)}{\tan(\theta_1 + \theta_2)} = \frac{\tan31.81°}{\tan108.19°} = -0.2038$$

因入射光电矢量的振动方向与入射面成45°角，故其垂直于入射面分量的振幅E_{i0s}等于平行于入射面分量的振幅E_{i0p}。但在反射光中，由于$r_s \neq r_p$，所以反射光的两个分量E_{r0s}和E_{r0p}并不相等，它们分别为

$$E_{r0s} = r_s E_{i0s} = -0.5547 E_{i0s}$$

和

$$E_{r0p} = r_p E_{i0p} = -0.2038 E_{i0p}$$

因此，合振幅与入射面的夹角α由下式决定：

$$\tan\alpha = \frac{E_{r0s}}{E_{r0p}} = \frac{-0.5547}{-0.2038} = 2.7218, \quad \alpha = 69.83°$$

反射光的电矢量取向如例题1-9解图(a)所示。

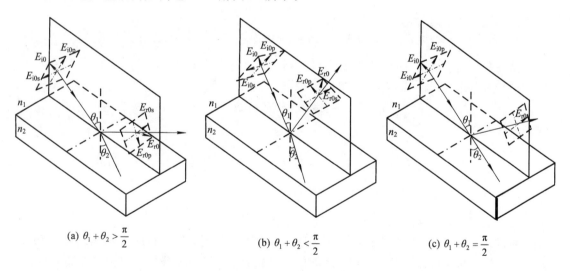

(a) $\theta_1 + \theta_2 > \dfrac{\pi}{2}$ 　　　　(b) $\theta_1 + \theta_2 < \dfrac{\pi}{2}$ 　　　　(c) $\theta_1 + \theta_2 = \dfrac{\pi}{2}$

例题 1-9 解图($n_1 < n_2$)

进一步分析可见，反射光电矢量取向(偏振状态)的变化，取决于介质的折射率和入射角。如本题所示，当$\theta_1 + \theta_2 > \dfrac{\pi}{2}$时，反射光矢量振动方向与入射面的夹角$\alpha$正；当$\theta_1 + \theta_2 < \dfrac{\pi}{2}$时，因为$r_p$为正，反射光矢量振动方向与入射面的夹角$\alpha$为负(如例题1-9解图(b)所示)；当$\theta_1 + \theta_2 = \dfrac{\pi}{2}$时，$r_p = 0$，$\alpha = 90°$，这时反射光矢量振动方向垂直于入射面(如例题1-9解图(c)所示)。

例题 1-10 浦耳弗里许(Pulfrich)折射计的原理如例题 1-10 图所示。会聚光照明载有待测介质的折射面 AB，然后用望远镜从棱镜的另一侧 AC 进行测量。由于 $n_g > n$，所以在棱镜中没有折射角大于 θ_C 的光线(θ_C 是棱镜—待测介质界面全反射的临界角)，由望远镜观察到的视场将是半明半暗的，中间分界线与折射角为 θ_C 的光线相应。

(1) 试证明 n 与 n_g、θ 的关系为 $n = \sqrt{n_g^2 - \sin^2\theta}$。

(2) 棱镜的折射率 $n_g = 1.6$，对某种被测介质测出 $\theta = 30°$，问该介质的折射率等于多少。

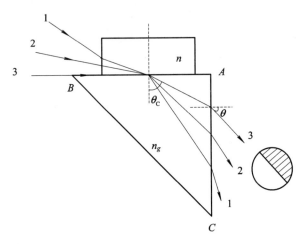

例题 1-10 图

解： 本题属于全反射的应用问题。可以利用全反射定律求解。

(1) 图中光线 3 在 AB 面上折射时，有

$$n \sin 90° = n_g \sin\theta_C$$

因此

$$n = n_g \sin\theta_C = n_g \sqrt{1 - \cos^2\theta_C} = n_g \sqrt{1 - \frac{\sin^2\theta}{n_g^2}} = \sqrt{n_g^2 - \sin^2\theta}$$

(2) 因为 $n_g = 1.6$，$\theta = 30°$，所以被测折射率为

$$n = \sqrt{1.6^2 - \sin^2 30°} = \sqrt{2.56 - 0.25} = 1.52$$

例题 1-11 一线偏振光在红宝石—空气界面上全反射，红宝石的折射率 $n_1 = 1.769$。试问，该线偏振光以多大角度入射，才能使反射光的 s 分量与 p 分量间的相位差等于 45°。

解： 本题属于界面全反射问题。

光在介质界面上发生全反射时，反射光中的 s 分量与 p 分量间的相位差 $\Delta\varphi$ 由下式决定：

$$\tan\frac{\Delta\varphi}{2} = \frac{\cos\theta_1 \sqrt{\sin^2\theta_1 - n^2}}{\sin^2\theta_1}$$

式中，$n = n_2/n_1$。将上式两边取平方，得到

$$C^2 = \frac{(1 - \sin^2\theta_1)(\sin^2\theta_1 - n^2)}{\sin^4\theta_1}$$

式中，$C = \tan\dfrac{\Delta\varphi}{2} = \tan 22.5°$。整理后得

$$(1 + C^2)\sin^4\theta_1 - (n^2 + 1)\sin^2\theta_1 + n^2 = 0$$

将 C 和 $n = \dfrac{1}{1.769}$ 值代入上式，求解方程可得

$$\theta_1 = 61.6° \quad 或 \quad 36.4°$$

1.4　习 题 选 解

1-1　计算由下式表示的平面波电矢量的振动方向、传播方向、相位速度、振幅、频率、波长。

$$\boldsymbol{E} = (-2\boldsymbol{i} + 2\sqrt{3}\,\boldsymbol{j})\,\mathrm{e}^{\mathrm{i}(\sqrt{3}x + y + 6\times10^8 t)}$$

解：振动方向：$-2\boldsymbol{i} + 2\sqrt{3}\,\boldsymbol{j}$，即 $-\boldsymbol{i} + \sqrt{3}\,\boldsymbol{j}$，归一化后为 $-\dfrac{1}{2}\boldsymbol{i} + \dfrac{\sqrt{3}}{2}\boldsymbol{j}$；

传播方向：$\boldsymbol{k} = -(\sqrt{3}\,\boldsymbol{i} + \boldsymbol{j})$，归一化后为 $\boldsymbol{k}_0 = -\left(\dfrac{\sqrt{3}}{2}\boldsymbol{i} + \dfrac{1}{2}\boldsymbol{j}\right)$；

相位速度的大小：$v = \dfrac{\omega}{k} = 3\times10^8$ m/s，方向为 $\boldsymbol{k}_0$；

振幅：$E_0 = \sqrt{2^2 + (2\sqrt{3})^2} = 4$ V/m；

频率：$f = \dfrac{\omega}{2\pi} = \dfrac{6\times10^8}{2\pi} = \dfrac{3}{\pi}\times10^8$ Hz；

波长：$\lambda = \dfrac{2\pi}{k} = \dfrac{2\pi}{2} = \pi$　m。

1-4　两束振动方向相同、振幅为 A、波长同为 400 nm 的平面光波照射在 xy 平面上，它们的传播方向与 xz 平面平行，与 z 轴的夹角分别为 10° 和 −10°，求 xy 平面上的光场复振幅分布及空间频率。

解：如题 1-4 解图所示，两列波波矢量的方向余弦分别为

$$\cos\alpha_1 = \cos 80°,\ \cos\beta_1 = 0,\ \cos\gamma_1 = \cos 10°$$
$$\cos\alpha_2 = \cos 100°,\ \cos\beta_2 = 0,\ \cos\gamma_2 = \cos(-10°)$$

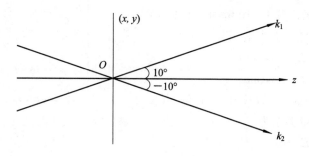

题 1-4 解图

则其在 xy 平面上的复振幅分别为

$$\widetilde{E}_1(x,\,y) = A\,\exp\!\left(\mathrm{i}\,\frac{2\pi}{\lambda}x\,\cos80^\circ\right) = A\,\exp\!\left(\mathrm{i}\,\frac{2\pi}{\lambda}x\,\sin10^\circ\right)$$

$$\widetilde{E}_2(x,\,y) = A\,\exp\!\left(\mathrm{i}\,\frac{2\pi}{\lambda}x\,\cos100^\circ\right) = A\,\exp\!\left(-\,\mathrm{i}\,\frac{2\pi}{\lambda}x\,\sin10^\circ\right)$$

在 xy 平面上的合光场复振幅为

$$\widetilde{E}(x,\,y) = \widetilde{E}_1(x,\,y) + \widetilde{E}_2(x,\,y) = A\,\exp\!\left(\mathrm{i}\,\frac{2\pi}{\lambda}x\,\sin10^\circ\right) + A\,\exp\!\left(-\,\mathrm{i}\,\frac{2\pi}{\lambda}x\,\sin10^\circ\right)$$

$$= 2A\,\cos(8.7\times10^2\pi x)$$

因此,沿 x 方向的空间频率为

$$f_x = \frac{8.7\times10^2}{2} = 435\ \mathrm{mm}^{-1}$$

沿 y 方向的空间频率为

$$f_y = 0\ \mathrm{mm}^{-1}$$

1-6 已知单色平面光波的频率为 $\nu = 10^{14}$ Hz,在 $z=0$ 平面上相位线性增加的情况如题 1-6 图所示。求 f_x,f_y,f_z。

解: 题 1-6 图中给出了空间周期,根据图中数据可得

$$f_x = \frac{1}{8\times10^{-3}} = 125\ \mathrm{mm}^{-1}$$

$$f_y = -\frac{1}{5\times10^{-3}} = -200\ \mathrm{mm}^{-1}$$

$$f_z = \sqrt{\left(\frac{1}{\lambda}\right)^2 - f_x^2 - f_y^2}$$

$$= \sqrt{\left(\frac{\nu}{c}\right)^2 - f_x^2 - f_y^2}$$

$$= 236\ \mathrm{mm}^{-1}$$

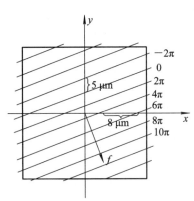

题 1-6 图

1-10 在椭圆偏振光中,设椭圆的长轴与 x 轴的夹角为 α,椭圆的长、短轴各为 $2a_1$、$2a_2$,E_x、E_y 的相位差为 φ。求证

$$\tan2\alpha = \frac{2E_{x0}E_{y0}}{E_{x0}^2 - E_{y0}^2}\cos\varphi$$

证: 根据题意画出题 1-10 解图。在该图的坐标系 xOy 中,椭圆偏振光电场分量为

$$\begin{cases} E_x = E_{x0}\,\cos(\omega t) \\ E_y = E_{y0}\,\cos(\omega t + \varphi) \end{cases}$$

由图可见,光电场矢量在 xOy 坐标系和 $x'Oy'$ 主轴坐标系中的分量关系为

$$\begin{cases} E_x = E_x'\,\cos\alpha - E_y'\,\sin\alpha \\ E_y = E_x'\,\sin\alpha + E_y'\,\cos\alpha \end{cases}$$

将该关系代入椭圆偏振光电矢量末端轨迹方程

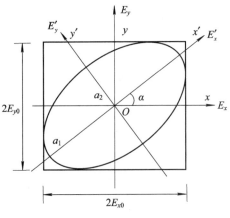

题 1-10 解图

$$\left(\frac{E_x}{E_{x0}}\right)^2 + \left(\frac{E_y}{E_{y0}}\right)^2 - 2\frac{E_x}{E_{x0}}\frac{E_y}{E_{y0}}\cos\varphi = \sin^2\varphi$$

中，可得

$$(E_x^{'2}\cos^2\alpha + E_y^{'2}\sin^2\alpha - 2E_x'E_y'\sin\alpha\cos\alpha)E_{y0}^2 +$$

$$(E_x^{'2}\sin^2\alpha + E_y^{'2}\cos^2\alpha + 2E_x'E_y'\sin\alpha\cos\alpha)E_{x0}^2 -$$

$$2(E_x^{'2}\sin\alpha\cos\alpha - E_y^{'2}\sin\alpha\cos\alpha + E_x'E_y'\cos^2\alpha - E_x'E_y'\sin^2\alpha)E_{x0}E_{y0}\cos\varphi$$

$$= E_{x0}^2 E_{y0}^2 \sin^2\varphi$$

并可简化为

$$E_x^{'2}(E_{y0}^2\cos^2\alpha + E_{x0}^2\sin^2\alpha - E_{x0}E_{y0}\sin2\alpha\cos\varphi) +$$

$$E_y^{'2}(E_{y0}^2\sin^2\alpha + E_{x0}^2\cos^2\alpha + E_{x0}E_{y0}\sin2\alpha\cos\varphi) +$$

$$E_x'E_y'\left[(E_{x0}^2 - E_{y0}^2)\sin2\alpha - 2E_{x0}E_{y0}\cos2\alpha\cos\varphi\right]$$

$$= E_{x0}^2 E_{y0}^2 \sin^2\varphi$$

式中，$(E_{x0}^2 - E_{y0}^2)\sin2\alpha - 2E_{x0}E_{y0}\cos2\alpha\cos\varphi = 0$ 时，方程中的交叉项为零，这时的 E_x' 和 E_y' 轴即为椭圆的长轴和短轴。

由 $(E_{x0}^2 - E_{y0}^2)\sin2\alpha - 2E_{x0}E_{y0}\cos2\alpha\cos\varphi = 0$，解得

$$\tan2\alpha = \frac{2E_{x0}E_{y0}}{E_{x0}^2 - E_{y0}^2}\cos\varphi$$

1-12　试计算下面两种色散规律的群速度（表示式中的 v 是相速度）：

(1) 电离层中的电磁波，$v = \sqrt{c^2 + b^2\lambda^2}$，其中 c 是真空中的光速，λ 是介质中的电磁波波长，b 是常数。

(2) 充满色散介质（$\varepsilon = \varepsilon(\omega)$，$\mu = \mu(\omega)$）的直波导管中的电磁波，$v = \dfrac{c\omega}{\sqrt{\omega^2\varepsilon\mu - c^2 a^2}}$，其中，$c$ 是真空中的光速，a 是与波导管截面有关的常数。

解：(1) $\qquad v_g = \dfrac{\mathrm{d}\omega}{\mathrm{d}k} = v - \lambda\dfrac{\mathrm{d}v}{\mathrm{d}\lambda} = v - \lambda\dfrac{2b^2\lambda}{2\sqrt{c^2 + b^2\lambda^2}} = v - \dfrac{b^2\lambda^2}{v} = \dfrac{c^2}{v}$

(2) $\qquad k = \dfrac{\omega}{v} = \dfrac{1}{c}\cdot\sqrt{\omega^2\varepsilon\mu - c^2 a^2}$

$$\frac{\mathrm{d}k}{\mathrm{d}\omega} = \frac{1}{c}\cdot\frac{1}{2}\cdot\frac{2\omega\varepsilon\mu + \omega^2\dfrac{\mathrm{d}(\varepsilon\mu)}{\mathrm{d}\omega}}{\sqrt{\omega^2\varepsilon\mu - c^2 a^2}}$$

$$v_g = \frac{\mathrm{d}\omega}{\mathrm{d}k} = \frac{2c\sqrt{\omega^2\varepsilon\mu - c^2 a^2}}{2\omega\varepsilon\mu + \omega^2\dfrac{\mathrm{d}(\varepsilon\mu)}{\mathrm{d}\omega}} = \frac{c^2}{\mu\varepsilon}\frac{1}{v\left[1 + \dfrac{\omega}{2\varepsilon\mu}\dfrac{\mathrm{d}(\varepsilon\mu)}{\mathrm{d}\omega}\right]}$$

1-15　一左旋圆偏振光以 50°角入射到空气—玻璃分界面上（题 1-15 图），试求反射光和透射光的偏振态。

解：将入射光分解到 s 方向及 p 方向，考虑到是左旋圆偏振光，所以 s 分量的振动落后 p 分量 $\dfrac{\pi}{2}$，

$$\begin{cases} E_s = E_0\cos\omega t \\ E_p = E_0\cos\left(\omega t + \dfrac{\pi}{2}\right) \end{cases}$$

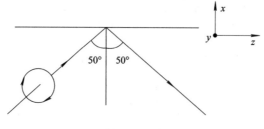

题 1 - 15 图

依照题意：入射光以 $50°$ 角度由空气入射到玻璃界面上，在这个角度上有透射光，根据菲涅耳公式：

$$r_s = \frac{E_{r0s}}{E_{i0s}} = -\frac{\sin(\theta_1 - \theta_2)}{\sin(\theta_1 + \theta_2)}$$

$$r_p = \frac{E_{r0p}}{E_{i0p}} = \frac{\tan(\theta_1 - \theta_2)}{\tan(\theta_1 + \theta_2)}$$

$$t_s = \frac{E_{t0s}}{E_{i0s}} = \frac{2\cos\theta_1 \sin\theta_2}{\sin(\theta_1 + \theta_2)}$$

$$t_p = \frac{E_{t0p}}{E_{i0p}} = \frac{2\cos\theta_1 \sin\theta_2}{\sin(\theta_1 + \theta_2)\cos(\theta_1 - \theta_2)}$$

反射光中，s 分量的振动反向，p 分量振动没有改变，即 s 分量的振动由落后 p 分量 $\frac{\pi}{2}$ 变为超前 p 分量 $\frac{\pi}{2}$，所以反射光由左旋光变为右旋光，而由于 s 分量和 p 分量的振幅反射系数不同，故反射光是右旋椭圆偏振光。

在透射光中，s 分量和 p 分量振动方向均没有改变，即 s 分量的振动仍是落后 p 分量 $\frac{\pi}{2}$，而由于 s 分量和 p 分量的透射系数不同，故透射光是左旋椭圆偏振光。

1 - 17 望远镜之物镜为一双胶合透镜(题 1 - 17 图)，其单透镜的折射率分别为 1.52 和 1.68，采用折射率为 1.60 的树脂胶合。问物镜胶合前后的反射光能损失分别为多少。

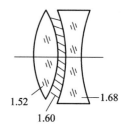

题 1 - 17 图

解：假设光束近似正入射通过 4 个反射面，则可根据垂直入射时 $R = \left(\frac{n_2 - n_1}{n_2 + n_1}\right)^2$、$T = 1 - R$ 进行求解。对于两种情况，通过 4 个界面时的反射率和透射率列表如下：

	胶 合 前				胶 合 后			
	1	2	3	4	1	2	3	4
n_1	1	1.52	1	1.68	1	1.52	1.60	1.68
n_2	1.52	1	1.68	1	1.52	1.60	1.68	1
R	0.042 58	0.042 58	0.064 38	0.064 38	0.042 58	0.000 66	0.000 59	0.064 38
T	0.957 42	0.957 42	0.935 62	0.935 62	0.957 42	0.999 34	0.999 41	0.935 62
$T_{总}$	0.957 42	0.916 65	0.857 64	0.802 42	0.957 42	0.956 79	0.956 22	0.894 66

由此可得，胶合前的反射光能损失约为 19.8%；胶合后的反射光能损失约为 10.5%。

1-19 如题 1-19 图所示，光线穿过平行平板，由 n_1 进入 n_2 界面的振幅反射系数为 r，透射系数为 t，由 n_2 进入 n_1 界面的振幅反射系数为 r'，透射系数为 t'。试证明：相应于平行和垂直于图面振动的光分量有：

① $r_\perp = -r'_\perp$；

② $r_/\!/ = -r'_/\!/$；

③ $t_\perp \cdot t'_\perp + r^2_\perp = 1$；

④ $t_/\!/ \cdot t'_/\!/ + r^2_/\!/ = 1$；

⑤ $1 + r_/\!/ \cdot r'_/\!/ = t_/\!/ \cdot t'_/\!/$。

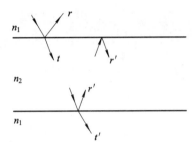

题 1-19 图

证： 由菲涅耳公式：

$$r_s = \frac{E_{r0s}}{E_{i0s}} = -\frac{\sin(\theta_1 - \theta_2)}{\sin(\theta_1 + \theta_2)}, \quad r_p = \frac{E_{r0p}}{E_{i0p}} = \frac{\tan(\theta_1 - \theta_2)}{\tan(\theta_1 + \theta_2)}$$

$$t_s = \frac{E_{t0s}}{E_{i0s}} = \frac{2\cos\theta_1 \sin\theta_2}{\sin(\theta_1 + \theta_2)}, \quad t_p = \frac{E_{t0p}}{E_{i0p}} = \frac{2\cos\theta_1 \sin\theta_2}{\sin(\theta_1 + \theta_2)\cos(\theta_1 - \theta_2)}$$

①、② 依据题意，介质平板处在同一种介质（n_1）中，由菲涅耳公式可以看出，不论从介质 1 到介质 2，还是由介质 2 到介质 1 的反射，其入射角和折射角调换位置后，振幅反射系数的大小不变，但要出现一个负号，所以有 $r_\perp = -r'_\perp$，$r_/\!/ = -r'_/\!/$。

③ 因

$$t_\perp \cdot t'_\perp = \frac{2\cos\theta_1 \sin\theta_2}{\sin(\theta_1 + \theta_2)} \cdot \frac{2\cos\theta_2 \sin\theta_1}{\sin(\theta_1 + \theta_2)} = \frac{\sin 2\theta_1 \sin 2\theta_2}{\sin^2(\theta_1 + \theta_2)}$$

$$r^2_\perp = \frac{\sin^2(\theta_1 - \theta_2)}{\sin^2(\theta_1 + \theta_2)} = \frac{(\sin\theta_1 \cos\theta_2 - \cos\theta_1 \sin\theta_2)^2}{\sin^2(\theta_1 + \theta_2)}$$

$$= \frac{(\sin\theta_1 \cos\theta_2 + \cos\theta_1 \sin\theta_2)^2 - 4\sin\theta_1 \cos\theta_2 \cos\theta_1 \sin\theta_2}{\sin^2(\theta_1 + \theta_2)}$$

$$= \frac{\sin^2(\theta_1 + \theta_2) - \sin 2\theta_1 \sin 2\theta_2}{\sin^2(\theta_1 + \theta_2)} = 1 - \frac{\sin 2\theta_1 \sin 2\theta_2}{\sin^2(\theta_1 + \theta_2)}$$

$$= 1 - t_\perp \cdot t'_\perp$$

所以

$$t_\perp \cdot t'_\perp + r^2_\perp = 1$$

④ 因

$$t_{/\!/} \cdot t'_{/\!/} = \frac{2\cos\theta_1 \sin\theta_2}{\sin(\theta_1+\theta_2)\cos(\theta_1-\theta_2)} \cdot \frac{2\cos\theta_2 \sin\theta_1}{\sin(\theta_1+\theta_2)\cos(\theta_2-\theta_1)}$$

$$= \frac{\sin2\theta_1 \sin2\theta_2}{\sin^2(\theta_1+\theta_2)\cos^2(\theta_1-\theta_2)}$$

$$r_{/\!/}^2 = \frac{\tan^2(\theta_1-\theta_2)}{\tan^2(\theta_1+\theta_2)} = \frac{\sin^2(\theta_1-\theta_2)\cos^2(\theta_1+\theta_2)}{\sin^2(\theta_1+\theta_2)\cos^2(\theta_1-\theta_2)}$$

$$1-r_{/\!/}^2 = \frac{\sin^2(\theta_1+\theta_2)\cos^2(\theta_1-\theta_2) - \sin^2(\theta_1-\theta_2)\cos^2(\theta_1+\theta_2)}{\sin^2(\theta_1+\theta_2)\cos^2(\theta_1-\theta_2)}$$

$$= \frac{4(\sin^2\theta_1 \sin\theta_2 \cos\theta_2 + \sin\theta_2 \cos^2\theta_1 \cos\theta_2)(\sin\theta_1 \cos^2\theta_2 \cos\theta_1 + \cos\theta_1 \sin\theta_1 \sin^2\theta_2)}{\sin^2(\theta_1+\theta_2)\cos^2(\theta_1-\theta_2)}$$

$$= \frac{4\sin\theta_2 \cos\theta_2 \sin\theta_1 \cos\theta_1}{\sin^2(\theta_1+\theta_2)\cos^2(\theta_1-\theta_2)} = \frac{\sin2\theta_2 \sin2\theta_1}{\sin^2(\theta_1+\theta_2)\cos^2(\theta_1-\theta_2)}$$

$$= t_{/\!/} \cdot t'_{/\!/}$$

所以

$$t_{/\!/} \cdot t'_{/\!/} + r_{/\!/}^2 = 1$$

⑤ 因为 $r_{/\!/} = -r'_{/\!/}$，所以

$$r_{/\!/} \cdot r'_{/\!/} = -r_{/\!/}^2 = t_{/\!/} \cdot t'_{/\!/} - 1$$

即得

$$1 + r_{/\!/} \cdot r'_{/\!/} = t_{/\!/} \cdot t'_{/\!/}$$

1-21 太阳光(自然光)以 60°角入射到窗玻璃($n=1.5$)上，试求太阳光的透射比。

解： 利用折射定律可求出太阳光入射到玻璃界面上的折射角为

$$\theta_2 = \arcsin \frac{n_1 \sin\theta_1}{n_2} = 35.26°$$

玻璃界面的反射系数为

$$r_s = -\frac{\sin(\theta_1-\theta_2)}{\sin(\theta_1+\theta_2)} = -0.420$$

$$r_p = \frac{\tan(\theta_1-\theta_2)}{\tan(\theta_1+\theta_2)} = -0.042$$

玻璃界面的反射率为

$$R_n = \frac{1}{2}(r_s^2 + r_p^2) = 0.089$$

$$T_n = 1 - R_n = 0.911$$

则玻璃板的透过率为

$$T = T_n^2 = 0.83$$

1-22 如题 1-22 图所示，光束垂直入射到 45°直角棱镜的一个侧面，并经斜面反射后由第二个侧面射出。若入射光强为 I_0，求从棱镜透过的出射光强 I。设棱镜的折射率为 1.52，且不考虑棱镜的吸收。

解： 光在左侧面正入射，

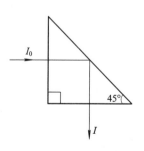

题 1-22 图

$$R_1 = \left(\frac{n_2 - n_1}{n_2 + n_1} \right)^2 = 0.043$$

光束在斜面上的入射角为 45°，对于玻璃—空气界面的全反射临界角为

$$\theta_C = \arcsin \frac{n_1}{n_2} = 41.14° < 45°$$

所以将发生全反射；在第二个侧面上，光线正入射，所以

$$R_2 = \left(\frac{n_1 - n_2}{n_1 + n_2} \right)^2 = 0.043$$

故从棱镜透过的出射光强 I 为

$$I = (1 - R_1)(1 - R_2) I_0 = 0.92 I_0$$

1-23　如题 1-23 图所示，用棱镜改变光束方向，并使光束垂直棱镜表面射出，入射光是平行于纸面振动的 He-Ne 激光（$\lambda = 0.6328\ \mu m$）。问入射角 φ_i 等于多少时透射最强。由此计算出该棱镜底角 α 应为多大（$n = 1.52$）？若入射光是垂直纸面振动的 He-Ne 激光，则能否满足反射损失小于 1% 的要求？

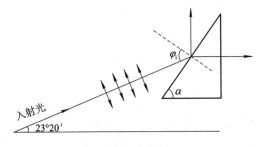

题 1-23 图

解：按题意，当入射光是平行于纸面振动的 p 分量光，并以布儒斯特角入射，即 $\varphi_i = \theta_B$ 时，无反射损失，全部折射进棱镜，并垂直棱镜表面射出，此时透射光最强。

进一步由图可见，在这种情况下的棱镜底角 α 就等于入射角 φ_i，因此，

$$\alpha = \varphi_i = \theta_B = \arctan n$$

可得

$$\alpha = 56.67°$$

考察图示装置，当棱镜底边保持水平，入射光线的水平夹角为 θ 时，有

$$\alpha + \varphi_i = 90° + \theta$$

当 $\theta = 23°20'$ 时，即可保证按题意要求透射光最强。

若入射光是垂直纸面振动的 s 分量光，并以布儒斯特角 θ_B 入射时，在第一个界面上的折射角 $\theta_2 = 90° - \theta_B$，反射率为

$$R_s = \left(-\frac{\sin(\theta_1 - \theta_2)}{\sin(\theta_1 + \theta_2)} \right)^2 = \left(\frac{\sin(56.67° - 33.33°)}{\sin(56.67° + 33.33°)} \right)^2 = 15.7\%$$

若 s 分量光垂直入射，反射率为

$$R_s = \left(\frac{n_2 - n_1}{n_2 + n_1} \right)^2 = \left(\frac{n - 1}{n + 1} \right)^2 = 4.3\%$$

所以，s 分量光垂直入射时不可能满足反射损失小于 1% 的要求。

1-24 如题 1-24 图所示，当光从空气斜入射到平行平面玻璃片上时，从上、下表面反射的光 R_1 和 R_2 之间相位关系如何？它们之间是否有附加的"半波程差"？对入射角大于和小于布儒斯特角的两种情况分别进行讨论。

解： 依照菲涅耳公式，

$$r_s = \frac{E_{r0s}}{E_{i0s}} = -\frac{\sin(\theta_1 - \theta_2)}{\sin(\theta_1 + \theta_2)}$$

$$r_p = \frac{E_{r0p}}{E_{i0p}} = \frac{\tan(\theta_1 - \theta_2)}{\tan(\theta_1 + \theta_2)}$$

$$t_s = \frac{E_{t0s}}{E_{i0s}} = \frac{2\cos\theta_1 \sin\theta_2}{\sin(\theta_1 + \theta_2)}$$

$$t_p = \frac{E_{t0p}}{E_{i0p}} = \frac{2\cos\theta_1 \sin\theta_2}{\sin(\theta_1 + \theta_2)\cos(\theta_1 - \theta_2)}$$

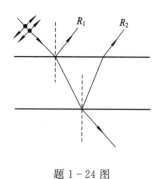

题 1-24 图

对 R_1 光线：

$$E_{r1s} = -\frac{\sin(\theta_1 - \theta_2)}{\sin(\theta_1 + \theta_2)} E_{i0s}$$

$$E_{r1p} = \frac{\tan(\theta_1 - \theta_2)}{\tan(\theta_1 + \theta_2)} E_{i0p}$$

对 R_2 光线：

$$E_{r2s} = \frac{2\cos\theta_1 \sin\theta_2}{\sin(\theta_1 + \theta_2)} \cdot \frac{-\sin(\theta_2 - \theta_1)}{\sin(\theta_1 + \theta_2)} \cdot \frac{2\cos\theta_2 \sin\theta_1}{\sin(\theta_1 + \theta_2)} E_{i0s}$$

$$E_{r2p} = \frac{2\cos\theta_1 \sin\theta_2}{\sin(\theta_1 + \theta_2)\cos(\theta_1 - \theta_2)} \cdot \frac{\tan(\theta_2 - \theta_1)}{\tan(\theta_1 + \theta_2)} \frac{2\cos\theta_2 \sin\theta_1}{\sin(\theta_1 + \theta_2)\cos(\theta_2 - \theta_1)} E_{i0p}$$

可以看出：R_1 和 R_2 两束反射光的 s 分量振幅反向，有附加的"半波程差"，与入射角大于或小于布儒斯特角无关。

对于 p 分量的反射光，在入射角小于布儒斯特角时，R_1 和 R_2 两束反射光的振幅反向；在入射角大于布儒斯特角时，R_1 和 R_2 两束反射光的振幅分别相对入射角小于布儒斯特角时的振幅转换方向，R_1 和 R_2 两束反射光的振幅之间，仍然反向。因此，R_1 和 R_2 两束反射光的 p 分量振幅反向，有附加的"半波程差"。

1-25 如题 1-25 图所示，玻璃块周围介质(水)的折射率为 1.33。若光束射向玻璃块的入射角为 45°，问玻璃块的折射率至少应为多大才能使透入光束发生全反射。

解： 由折射定律和全反射要求，相应于图中的临界角 θ_C 应满足

$$n_1 \sin 45° = n\sin(90° - \theta_C)$$

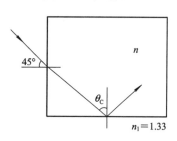

由临界角定义 $\sin\theta_C = \dfrac{n_1}{n}$，可得

$$n_1 \frac{\sqrt{2}}{2} = n\sqrt{1 - \left(\frac{n_1}{n}\right)^2}$$

即相应于临界角 θ_C 时的玻璃折射率为

题 1-25 图

$$n = \sqrt{\frac{3}{2}}\, n_1 = 1.63$$

故为使透入光束发生全反射，玻璃的折射率至少应为 1.63。

1-27　题 1-27 图所示的一根圆柱形光纤，纤芯折射率为 n_1，包层折射率为 n_2，且 $n_1 > n_2$。

（1）证明入射光的最大孔径角 $2u$（保证光在纤芯和包层界面发生全反射）满足关系式

$$\sin u = \sqrt{n_1^2 - n_2^2}$$

（2）若 $n_1 = 1.62$，$n_2 = 1.52$，求最大孔径角 $2u$。

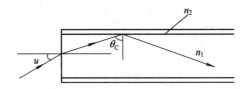

题 1-27 图

解：（1）相应于入射光的最大孔径角，在光纤端面上应用折射定律，可得

$$\sin u = n_1 \sin(90° - \theta_C) = n_1 \cos\theta_C$$

因为 $\sin\theta_C = \dfrac{n_2}{n_1}$，所以

$$\sin u = n_1 \sqrt{1 - \sin^2\theta_C} = n_1 \sqrt{1 - \left(\frac{n_2}{n_1}\right)^2} = \sqrt{n_1^2 - n_2^2}$$

（2）代入已知条件

$$\sin u = \sqrt{n_1^2 - n_2^2} = \sqrt{1.62^2 - 1.52^2} = 0.56$$

最大孔径角为

$$2u = 68.16°$$

1-28　题 1-28 图表示一弯曲圆柱形光纤，纤芯直径为 D，曲率半径为 R。

（1）证明入射光的最大孔径角 $2u$ 满足关系式

$$\sin u = \sqrt{n_1^2 - n_2^2 \left(1 + \frac{D}{2R}\right)^2}$$

（2）若 $n_1 = 1.62$，$n_2 = 1.52$，$D = 70 \ \mu m$，$R = 12 \ mm$，求最大孔径角 $2u$。

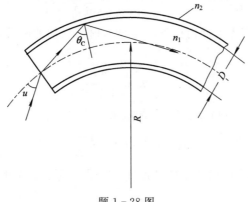

题 1-28 图

解:(1) 如题 1-28 图所示,在光纤内以临界角入射界面的光线,与端面以角入射的光线相应,由正弦定理有

$$\frac{R}{\sin\theta_C} = \frac{R+D/2}{\sin(90°+\theta_1)} = \frac{R+D/2}{\cos\theta_1}$$

因此

$$\cos\theta_1 = \frac{R+D/2}{R}\sin\theta_C = \left(1+\frac{D}{2R}\right)\sin\theta_C$$

故

$$\sin\theta_1 = \sqrt{1-\cos^2\theta_1} = \sqrt{1-\left(1+\frac{D}{2R}\right)^2\sin^2\theta_C}$$

因 $\sin\theta_C = \frac{n_2}{n_1}$,所以

$$\sin\theta_1 = \sqrt{1-\left(1+\frac{D}{2R}\right)^2\left(\frac{n_2}{n_1}\right)^2}$$

故有

$$\sin u = n_1\sin\theta_1 = \sqrt{n_1^2 - n_2^2\left(1+\frac{D}{2R}\right)^2}$$

(2) 代入已知条件,

$$\sin u = \sqrt{1.62^2 - 1.52^2\left(1+\frac{70\times10^{-6}}{2\times12\times10^{-3}}\right)^2} = 0.5482$$

最大孔径角为 $2u = 66.48°$。

1-29 若入射光是线偏振的,在全反射的情况下,入射角应为多大方能使在入射面内振动和垂直入射面振动的两反射光间的相位差为极大?这个极大值等于多少?

解:全反射时,两反射光间的相位差为

$$\Delta\varphi = \varphi_{rs} - \varphi_{rp} = 2\arctan\frac{\cos\theta_1\sqrt{\sin^2\theta_1 - n^2}}{\sin^2\theta_1}$$

其中,$n = \frac{n_2}{n_1}$,$n_2 < n_1$;θ_1 是入射角。根据求极值法则,对 $\tan\frac{\Delta\varphi}{2}$ 求微商,并令其为零,得

$$\frac{d}{d\theta_1}\left(\tan\frac{\Delta\varphi}{2}\right) = \frac{2n^2-(1+n^2)\sin^2\theta_1}{\sin^3\theta_1\sqrt{\sin^2\theta_1-n^2}} = 0$$

求解该方程,可以得到在入射面内振动和垂直入射面振动的两反射光间相位差为极大时,入射角应满足

$$\sin^2\theta_1 = \frac{2n^2}{1+n^2}$$

将其代入相位差表示式,可以得到相位差的极大值为

$$\Delta\varphi_m = 2\arctan\frac{1-n^2}{2n}$$

1-30 产生圆偏振光的穆尼菱体如题 1-30 图所示,试证明:如果菱体的折射率为 1.65,则顶角 A 约为 60°。

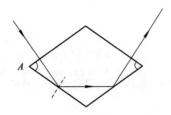

题 1 - 30 图

证：由图可见，顶角 A 等于光在晶体内表面上全反射的入射角。为产生圆偏振光，两次内表面全反射相移应为 $90°$，则每次全反射相移为

$$\Delta\varphi = \varphi_{rs} - \varphi_{rp} = 2\arctan\frac{\cos\theta_1\sqrt{\sin^2\theta_1 - n^2}}{\sin^2\theta_1} = 45°$$

将相对折射率 $n = 1/1.65 = 0.606$ 代入，即可解得 $\theta_1 = 59.86°$ 或 $\theta_1 = 40.35°$，根据实际光路，取 $\theta_1 = 60°$，只有在这个角度时，光线才能垂直于第二面出射，而且出射光基本上是圆偏振光。

1 - 33　铝在 $\lambda = 0.5\ \mu\mathrm{m}$ 时，$n' = 1.5$，$n'' = 3.2$，求光正入射时的反射率和反射光场的相位变化。

解：由教材第 48 页(1.3 - 28)式：

$$R = \frac{(n')^2 + (n'')^2 + 1 - 2n'}{(n')^2 + (n'')^2 + 1 + 2n'}$$

可计算得到光正入射时的反射率为

$$R = \frac{1.5^2 + 3.2^2 + 1 - 2\times 1.5}{1.5^2 + 3.2^2 + 1 + 2\times 1.5} = 0.636$$

由教材第 48 页(1.3 - 26)式可计算得到反射系数为

$$r_s = |r_s|\mathrm{e}^{\mathrm{i}\varphi_s} = -\frac{\tilde{n} - 1}{\tilde{n} + 1} = -\frac{n' + \mathrm{i}n'' - 1}{n' + \mathrm{i}n'' + 1} = -\frac{1.5 + \mathrm{i}3.2 - 1}{1.5 + \mathrm{i}3.2 + 1} = -0.697 - \mathrm{i}0.388$$

$$r_p = |r_p|\mathrm{e}^{\mathrm{i}\varphi_p} = \frac{\tilde{n} - 1}{\tilde{n} + 1} = \frac{n' + \mathrm{i}n'' - 1}{n' + \mathrm{i}n'' + 1} = \frac{1.5 + \mathrm{i}3.2 - 1}{1.5 + \mathrm{i}3.2 + 1} = 0.697 + \mathrm{i}0.388$$

因此，反射光场的相位变化为

$$\varphi = \varphi_s = \varphi_p = 29.10°$$

第2章 光的干涉

上一章讨论了光波的基本电磁场理论,后面将深入讨论光波的传播特性,重点讨论光的波动性质。这一章着重讨论光的干涉现象。光的干涉现象是光波动性的基本特征之一,也是许多光学仪器和测量技术的基础。

本章将从光的电磁理论出发,研究光的干涉效应,主要讨论产生光波干涉的基本条件,双光束干涉,多光束干涉,干涉效应的应用,特别研究光的相干性。

2.1 基 本 要 求

1. 基本要求

(1) 掌握光波产生干涉现象的条件;

(2) 熟练掌握双光束干涉、多光束干涉的特性;

(3) 掌握光学薄膜技术及其特性的处理方法;

(4) 掌握典型干涉仪和干涉滤光片的工作原理;

(5) 深刻理解光的相干性概念。

2. 重点、难点

(1) 重点:双光束干涉,多光束干涉。

(2) 难点:光的相干性。

2.2 基本概念和公式

光的干涉效应是线性光学范畴内的效应,是指两束或多束光在空间相遇时,在重叠区内相干叠加,形成空间各点强度稳定分布的现象。

本章首先讨论了产生光波干涉的基本条件,根据"一分为二"的方法,对实际的干涉装置,按分波面法(典型的干涉装置为杨氏双缝或双孔干涉实验)和分振幅法(典型的干涉装置为平行平板干涉)分类讨论,分析了双光束干涉和多光束干涉特性,重点讨论了平行平板的多光束干涉。进一步,基于平行平板的多光束干涉特性,较详细地讨论了光学薄膜、迈克尔逊干涉仪、法布里-珀罗干涉仪等光学元件、光学精密测量仪器应用。最后,在深入研究光源尺寸和单色性对光波干涉效应影响的基础上,特别研究了光电子技术实际应用中非常重要的光波相干属性，即光波场自身的时间、空间相关性，也即光的时间相干性和空间相干性，并由此讨论了光源的相干性。

1. 光波干涉的基本概念

两束或多束光在空间相遇时，在重叠区内能够产生相干叠加，并形成空间光强的稳定分布，表现出一系列明暗相间的稳定图样，这种现象称为光的干涉。

1）两束光波的相干叠加

若两列单色平面线偏振光

$$E_1 = E_{01} \cos(\omega_1 t - k_1 \cdot r + \varphi_{01})$$
$$E_2 = E_{02} \cos(\omega_2 t - k_2 \cdot r + \varphi_{02})$$

在空间某点相遇，E_1 与 E_2 振动方向间的夹角为 θ，则在该点处的总电场强度

$$E = E_1 + E_2$$

总光强为

$$I = I_1 + I_2 + 2\sqrt{I_1 I_2} \cos\theta \cos\varphi = I_1 + I_2 + 2I_{12}$$

式中，I_1、I_2 分别是两光束的光强；φ 是两光束在该点处的相位差，且

$$\varphi = (\omega_1 t - \omega_2 t) + (k_2 \cdot r - k_1 \cdot r) + (\varphi_{01} - \varphi_{02})$$
$$I_{12} = \sqrt{I_1 I_2} \cos\theta \cos\varphi$$

由此可见，两束光波相干叠加后的总强度并不等于这两列波的强度和，而是多了一项交叉项 I_{12}，它反映了这两束光的干涉效应，通常称为干涉项。

2）光波的干涉

（1）相干条件。两束光波能够产生干涉，即能够观察到稳定条纹分布的必要条件，通常称为相干条件：

① 两束光波的频率应当相同；

② 两束光波在相遇处的振动方向应当相同；

③ 两束光波在相遇处应有固定不变的相位差。

（2）干涉光光强分布。在能够观察到稳定的干涉条纹分布的情况下，干涉极大的条件是

$$\varphi = 2m\pi \qquad m = 0, \pm 1, \pm 2, \cdots$$

干涉光强极大值为

$$I_M = I_1 + I_2 + 2\sqrt{I_1 I_2} \cos\theta$$

若两束光波强度相等，$I_1 = I_2 = I_0$ 时，极大值为 $I_M = 2I_0(1 + \cos\theta)$；干涉极小的条件是

$$\varphi = (2m + 1)\pi \qquad m = 0, \pm 1, \pm 2, \cdots$$

干涉光强极小值为

$$I_m = I_1 + I_2 - 2\sqrt{I_1 I_2} \cos\theta$$

若两束光波强度相等，$I_1 = I_2 = I_0$ 时，干涉光强极小值为 $I_m = 2I_0(1 - \cos\theta)$。

3）干涉条纹可见度（对比度）

两束平面波干涉的结果是在一直流量上加入了一余弦变化量，对于条纹间距确定的干涉条纹而言，其清晰程度与强度的起伏大小以及平均背景大小有关，可以用条纹可见度定量地描述，表征干涉效应程度。

干涉条纹可见度定义为

$$V \stackrel{\text{def}}{=} \frac{I_M - I_m}{I_M + I_m}$$

当干涉光强的极小值 $I_m = 0$ 时,$V = 1$,两光束完全相干,条纹最清晰;当 $I_M = I_m$ 时,$V = 0$,两光束完全不相干,无干涉条纹分布;当 $I_M \neq I_m \neq 0$ 时,$0 < V < 1$,两光束部分相干,条纹清晰度介于上面两种情况之间。

可以看出,为了获得高可见度的干涉现象,两干涉光振动的振幅相差不能太悬殊。

4)实现光束干涉的基本方法

实际上,由于相干条件的严格要求,特别是两束光波在相遇处应有固定不变的相位差的苛刻要求,利用两个独立光源产生的光进行干涉实验是不可能的,即便是利用两个激光器产生的激光进行干涉实验,也很困难。为进行干涉实验、产生明显可见干涉条纹的唯一方法就是把一个波列的光分成两束或几束光波,然后再令其重合,进行干涉。这种"一分为二"的方法,可以使两光束同频、同振动方向、有确定的相位差,满足相干条件。实施方法有两类:

(1)分波面法。这种方法是将一个波列的波面分成两部分或几部分,由这每一部分发出的光波再相遇,可以产生干涉。典型的干涉装置为杨氏双缝(或双孔)干涉实验。

(2)分振幅法。这种方法通常是利用透明薄板的第一、二表面对入射光依次反射(或折射),将入射光的振幅分解为若干部分,当这些不同部分的光波相遇时,将可能产生干涉。典型的干涉装置为平行平板干涉。

2. 双光束干涉

1)分波面法双光束干涉

(1)杨氏双缝干涉。根据教材第 63 页图 2 - 3 所示的杨氏双缝干涉装置,观察屏上的光强分布为

$$I = 2I_0(1 + \cos\varphi) = 4I_0 \cos^2 \frac{\varphi}{2}$$

式中,φ 为二光束在观察点 P 处的相位差,

$$\varphi = \frac{2\pi}{\lambda}\Delta = \frac{2\pi}{\lambda}[(R_2 - R_1) + (r_2 - r_1)] = \frac{2\pi}{\lambda}(\Delta R + \Delta r)$$

在 $d \ll D$、且在观察屏 y 很小的范围内,杨氏双缝的干涉图样为一系列等间距明暗相间的平行直条纹。

如果 $\Delta R = 0$,S_1、S_2 到 S 的距离相等,则亮条纹位置为

$$y = m\frac{D}{d}\lambda \qquad m = 0, \pm 1, \pm 2, \cdots$$

暗条纹位置为

$$y = \left(m + \frac{1}{2}\right)\frac{D}{d}\lambda \qquad m = 0, \pm 1, \pm 2, \cdots$$

如果 $\Delta R \neq 0$,S_1、S_2 到 S 的距离不相等,则亮条纹位置为

$$y = \frac{m\lambda - \Delta R}{\omega} \qquad m = 0, \pm 1, \pm 2, \cdots$$

暗条纹位置为

$$y = \frac{\left(m + \frac{1}{2}\right)\lambda - \Delta R}{\omega} \qquad m = 0, \pm 1, \pm 2, \cdots$$

相对于 $\Delta R = 0$ 的情况，其干涉条纹沿着 y 方向发生了平移。上述干涉条纹中，相邻两亮（暗）条纹间的距离为条纹间距 ε，且有

$$\varepsilon = \Delta y = \frac{Dy}{d} = \frac{\lambda}{\omega}$$

式中，$\omega = d/D$，为光束会聚角。显然，条纹间距与会聚角成反比；与波长成正比，长波长的条纹较短波长的疏。

　　由于杨氏实验的 S 可视为点源或线源，所以杨氏干涉为非定域干涉。

　　(2) 其他实验装置。除了上述杨氏干涉实验装置外，菲涅耳双棱镜、菲涅耳双面镜和洛埃镜都属于分波面法双光束干涉实验装置，因此只要知道两相干光源的位置，就可以利用以上光程差、条纹位置、条纹间距公式进行相关的计算。

　　2) 分振幅双光束干涉

　　(1) 平行平板（薄膜）等倾干涉。相应教材第 65 页图 2 – 7 和第 67 页图 2 – 8 所示的扩展光源平行平板的等倾干涉实验装置，观察到的干涉条纹是同心圆环。

　　平行平板的等倾干涉属于定域（在无限远处或透镜的焦平面处）干涉，其干涉条纹的位置只与形成条纹的光束入射角有关，而与光源的位置无关，光源的大小只影响条纹的亮度，不会改变条纹的可见度。

　　等倾干涉的亮暗条纹条件是

　　亮条纹位置：　　　　　　　$\Delta = m\lambda$

　　暗条纹位置：　　　　　　　$\Delta = \left(m + \frac{1}{2}\right)\lambda$

其中，$m = 0, 1, 2, \cdots$ 称为条纹级数；Δ 是平行板上下二界面反射光在观察点处的光程差：

$$\Delta = 2nh\,\cos\theta_2 + \frac{\lambda}{2}$$

　　等倾干涉条纹的特点：

　　① 在教材第 65 页图 2 – 8(a) 所示垂直平板法线的观察屏内，等倾干涉条纹是一组同心圆环，其中心对应 $\theta_1 = \theta_2 = 0$ 的干涉光线；

　　② 凡入射角相同的光，形成同一干涉条纹；

　　③ 等倾圆环的条纹级数，愈接近等倾圆环中心，干涉条纹级数愈高；偏离圆环中心愈远，干涉条纹级数愈小。圆环中心的干涉级数为 $m_0 = m_1 + \varepsilon$，从中心往外数，第 N 个亮环的级数为 $m_1 - (N-1)$；

　　④ 第 N 个等倾亮圆环的半径为

$$r_N = f\,\tan\theta_{1N} \approx f\theta_{1N}$$

　　⑤ 等倾圆环相邻条纹的间距为

$$e_N = r_{N+1} - r_N \approx \frac{f}{2n_0}\sqrt{\frac{n\lambda}{h(N-1+\varepsilon)}}$$

该式说明，愈向边缘（N 愈大），条纹愈密。

　　(2) 楔形平板（薄膜）的等厚干涉。相应教材第 69 页图 2 – 11 所示的扩展光源楔形平板

的等厚干涉实验装置,可观察到的等厚干涉属于定域干涉。

等厚干涉的亮暗条纹条件是

亮条纹位置: $\Delta = m\lambda$

暗条纹位置: $\Delta = \left(m + \dfrac{1}{2}\right)\lambda$

其中,$m = 0,1,2,\cdots$ 称为条纹级数;Δ 是楔形平板上下二界面反射光在观察点处的光程差:

$$\Delta = 2nh\,\cos\theta_2 + \frac{\lambda}{2}$$

实际应用中,光源距平板较远,或观察干涉条纹用的仪器孔径很小时,在整个视场内可视入射角为常数,光程差仅由平板厚度 h 决定,厚度相同的各点将具有相同的光程差,将处于同一级数的干涉条纹,故称为等厚条纹。

当光垂直照射楔形平板(劈尖)时,$\theta_2 = 0$,光程差为

$$\Delta = 2nh + \frac{\lambda}{2}$$

相邻亮(暗)条纹对应的厚度差为

$$\Delta h = \frac{\lambda}{2n}$$

相邻亮条纹(或暗条纹)间的距离,即条纹间距为

$$\Delta L = \frac{\lambda}{2n\alpha}$$

其中,α 为劈尖的劈角。

楔形平板(劈尖)等厚干涉条纹的特点是:

① 干涉图样为直线状明暗相间条纹;

② 条纹的走向平行于平板上下表面的棱线;

③ $h = 0$ 处是零级干涉暗条纹;

④ 条纹定域于平板上表面附近。

(3)牛顿环。牛顿环是半径很大的平凸透镜与玻璃平板之间的薄空气层形成的同心圆环形等厚干涉条纹。当光垂直照射平凸透镜时,反射光的光程差为 $\Delta = 2h + \dfrac{\lambda}{2}$,说明图样是以平凸透镜与玻璃平板切点 O 为中心的明暗相间的同心圆环。

第 N 个牛顿环暗环的半径为

$$r_N = \sqrt{NR\lambda}$$

透镜曲率半径为

$$R = \frac{r_N^2}{N\lambda}$$

牛顿环的特点是:级次低的条纹半径小,级次高的条纹半径大;越往外,条纹越密;空气膜变厚时,条纹向中心收缩,中心吞入条纹;空气层变薄时,条纹向外扩散,中心吐出条纹;空气膜变化时,各位置条纹间距不变。

3. 平行平板的多光束干涉

首先应当明确,平行平板多光束干涉通常是指平板表面反射率较高时表现出来的干涉

现象，而平行平板、楔形平板的双光束干涉则可以认为是平板表面反射率较小时的一种近似处理。当平行平板的表面反射率较高时，必须考虑板内光波多次反射和折射的效应，即应讨论多光束干涉，表面反射率越大（表面透射率越小），参与相干叠加的光束数目越多，多光束干涉效应越明显。

（1）爱里公式。教材第 71 页图 2-17 所示的平行平板多光束干涉示意图，其干涉效应可以利用平板上下界面反射（透射）光场的相干叠加确定。干涉光强分布为爱里公式，即

$$I_r = \frac{F \sin^2 \dfrac{\varphi}{2}}{1 + F \sin^2 \dfrac{\varphi}{2}} I_i$$

$$I_t = \frac{1}{1 + F \sin^2 \dfrac{\varphi}{2}} I_i$$

式中，$\varphi = \dfrac{4\pi}{\lambda} nh \cos\theta$，为相邻两反射光（透射光）之间的相位差；$F = \dfrac{4R}{(1-R)^2}$，为条纹精细度系数。

（2）多光束干涉图样的特点。

① 平行平板多光束干涉光强分布只与光束入射角有关，是定域的等倾干涉，在垂直平板法线方向的平面内，观察到的干涉条纹是同心圆环，其分布特点与平行平板双光束干涉相同；

② 平行平板多光束干涉的反射光强分布与透射光强分布互补；

③ 平行平板多光束干涉在高表面反射率情况下，最显著的特点是能够产生极明锐的透射光干涉条纹：

干涉条纹锐度为

$$\varepsilon = \frac{4}{\sqrt{F}} = \frac{2(1-R)}{\sqrt{R}}$$

干涉条纹的条纹精细度为

$$N = \frac{2\pi}{\varepsilon} = \frac{\pi \sqrt{R}}{1-R}$$

（3）平行平板多光束干涉理论构成了实际应用干涉仪器的基础。

4. 光学薄膜

光学薄膜是在一块透明的平整玻璃基片或金属光滑表面上，用物理或化学的方法涂敷的透明介质薄膜。它的基本作用是满足不同光学系统对反射率和透射率的不同要求。

（1）单层膜。教材第 76 页图 2-23 所示的单层膜系统，利用平行平板多光束干涉的处理方法，可以得到单层膜的反射率为

$$R = \left| \frac{E_{0r}}{E_{0i}} \right|^2 = \frac{r_1^2 + r_2^2 + 2r_1 r_2 \cos\varphi}{1 + r_1^2 r_2^2 + 2r_1 r_2 \cos\varphi}$$

光束正入射时的反射率为

$$R = \frac{(n_0 - n_2)^2 \cos^2 \frac{\varphi}{2} + \left(\frac{n_0 n_2}{n_1} - n_1\right)^2 \sin^2 \frac{\varphi}{2}}{(n_0 + n_2)^2 \cos^2 \frac{\varphi}{2} + \left(\frac{n_0 n_2}{n_1} + n_1\right)^2 \sin^2 \frac{\varphi}{2}}$$

式中，$\varphi = \frac{2\pi}{\lambda} 2n_1 h$，为薄膜反射相邻两光束在干涉处的相位差。当薄膜光学厚度 $n_1 h = \frac{\lambda_0}{4}$ 时，相对波长 λ_0 光束的反射率为

$$R_{\lambda_0} = \left(\frac{n_0 n_2 - n_1^2}{n_0 n_2 + n_1^2}\right)^2 = \left(\frac{n_0 - n_1^2/n_2}{n_0 + n_1^2/n_2}\right)$$

可见：

① 薄膜折射率小于基片折射率（$n_1 < n_2$）时，单层膜系的反射率总是小于未镀膜基片的反射率，这种单层膜为增透膜。相应于薄膜光学厚度为 $\lambda_0/4$ 的奇数倍时，反射率最小。

② 薄膜折射率大于基片折射率（$n_1 > n_2$）时，单层膜系的反射率总是大于未镀膜基片的反射率，这种单层膜为增反膜。相应于薄膜光学厚度为 $\lambda_0/4$ 的奇数倍时，反射率最大。

③ 当薄膜光学厚度为 $\lambda_0/2$ 的整数倍时，单层膜系的反射率总等于未镀膜时基片的反射率。

进一步指出，若上述单层膜光束正入射反射率公式中的折射率 n 以有效折射率 $\bar{n}$ 替代：$\bar{n}$ 对于 s 分量为 $n \cos\theta$、对于 p 分量为 $n/\cos\theta$，则该公式在形式上也适用于斜入射情况。

（2）多层高反射膜。多层高反射膜是一种如教材图 2-28 所示、由基片交替镀制高折射率介质和低折射率介质的奇数层膜系，每层介质光学厚度可以是 $\lambda_0/4$ 或非 $\lambda_0/4$，其反射率可以根据光的电磁理论、矩阵法和等效界面法得到。这种膜系之所以能获得高反射率，可以依平板多光束反射获得相干加强原理理解。

根据等效界面方法，光束正入射奇数层 $\lambda_0/4$ 膜系时，膜系对波长 λ_0 光束的反射率为

$$R_{2p+1} = \left(\frac{n_0 - (n_H/n_L)^{2p}(n_H^2/n_G)}{n_0 + (n_H/n_L)^{2p}(n_H^2/n_G)}\right)^2$$

可见，高折射率 n_H 和低折射率 n_L 相差越大，层数越多，膜系的反射率就越高。当入射光波长偏离中心波长时，反射率将下降，其带宽达数百纳米。

（3）薄膜波导。薄膜波导是光学薄膜的一个重要应用，它是集成光学中的基础元件。

光在薄膜波导中传输的必要条件是光在波导界面上的全反射，其充分条件是所谓的模式方程

$$2k_0 nh \cos\theta_i + \varphi_1 + \varphi_2 = 2m\pi \qquad m = 0, 1, 2, \cdots$$

关于光在薄膜波导中的传输理论、特性和应用，可查阅有关平板波导文献。

5. 典型的干涉仪器

在光学应用中，利用干涉效应制成的干涉仪器有很多，例如：平面干涉仪、迈克尔逊干涉仪、法布里-珀罗干涉仪、马赫-泽德干涉仪、泰曼干涉仪和傅里叶变换干涉仪等。

1）迈克尔逊干涉仪

迈克尔逊干涉仪的工作原理是以平板干涉效应为基础。教材图 2-39 所示迈克尔逊干涉仪，可视为分振幅双光束干涉装置，两相干光束在互相垂直的方向上传播，通过改变 M_1

和 M_2 的方位，实现等倾干涉或等厚干涉。由于两路光分得很开，可以根据需要只改变其中一路光，便于测量。

如果迈克尔逊干涉仪实现等倾干涉，M_1 平移 L 时，干涉条纹移过 N 条，则

$$L = N \frac{\lambda}{2}$$

2）法布里-珀罗干涉仪

法布里-珀罗干涉仪是利用多光束干涉原理工作的最重要的干涉仪，具有高分辨本领的特点。

（1）分光法布里-珀罗干涉仪（标准具），作为一个分光仪器，其主要性能指标是：

① 自由光谱范围：能够测量的最大波长范围，表示式为

$$(\Delta\lambda)_f = \frac{\lambda_1}{m} = \frac{\lambda_1^2}{2nh}$$

自由光谱范围$(\Delta\lambda)_f$ 也称作仪器的标准具常数。

② 分辨本领：表征能分辨开最小波长范围的能力，定义为平均波长和它能分辨的最小波长差（分辨极限）之比：

$$A = \frac{\lambda}{(\Delta\lambda)_m} = \frac{2mN}{2.07} = 0.97mN$$

可见，分辨本领与条纹干涉级数（m）和精细度（N）成正比。由于法布里-珀罗标准具的干涉条纹很窄，条纹精细度 N 较大，特别是条纹干涉级次很高，所以标准具的分辨本领很高。

所谓能分辨开最小波长极限，是指根据瑞利判据，两个等光强、不同波长的亮条纹，只有当它们的合强度曲线中央极小值低于两边极大值的 81% 时，才算被分开。

③ 角色散：表征分光仪将不同波长分开程度的能力。角色散表示单位波长间隔的光，经分光仪所分开的角度，用 $\mathrm{d}\theta/\mathrm{d}\lambda$ 表示：

$$\frac{\mathrm{d}\theta}{\mathrm{d}\lambda} = \left| \frac{m}{2nh \, \sin\theta} \right|$$

角度 θ 愈小，仪器的角色散愈大。因此，在干涉圆环中心处光谱最纯。

（2）干涉滤波器，可利用法布里-珀罗干涉仪制成，用以从白光中滤出波长很窄的单色光。这种干涉滤波器如教材第 100 页图 2-50 所示，可视为一种间隔很小的法布里-珀罗标准具，其主要性能指标是：

① 中心波长 λ_0：最大透过率（T_M）对应的波长，

$$\lambda_0 = \frac{2nh}{m}$$

式中，nh 为标准具光学厚度，m 为干涉级次。

② 透射带的波长半宽度 $\Delta\lambda_{1/2}$：透过率为最大值一半（$T=T_M/2$）处的波长范围，

$$\Delta\lambda_{1/2} = \frac{\lambda^2}{2\pi nh} \frac{1-R}{\sqrt{R}} = \frac{2nh}{m^2\pi} \frac{1-R}{\sqrt{R}}$$

$\Delta\lambda_{1/2}$ 大者为宽带滤波器，小者为窄带滤波器。

③ 峰值透过率 T_M：对应于透射率最大的中心波长的透射光强与入射光强之比，

$$T_M = \left(\frac{I_t}{I_i} \right)_M = \left(1 - \frac{A}{1-R} \right)^2$$

6. 光波的相干性

光波的相干性是光波的一种基本属性,它反映了光波场自身的时间、空间相关性。一束光波相干性的好坏,主要取决于光源的特性,直接决定了该光波产生干涉的能力。

1) 光源特性对干涉条纹可见度的影响

在干涉实验中,所采用的实际光源既不可能是理想的点,也不可能是理想的单色,由这种实际光源所产生的光波,其光波场自身的时、空相关性变差,即相干性变差,因此其干涉效应变差,甚至不能产生干涉,具体地讲,将影响干涉条纹的可见度。

(1) 光源大小对条纹可见度的影响。如教材第 106 页图 2-59 所示,光源大小对条纹可见度的影响可用下式表示:

$$V = \left| \frac{\lambda}{\pi b\beta} \sin \frac{\pi b\beta}{\lambda} \right|$$

相应于点光源,$V=1$;随着光源尺寸 b 变大,V 减小;条纹可见度降为零时的光源临界宽度为

$$b_C = \frac{\lambda}{\beta}$$

可见度 $V=0.9$ 时,对应的许可光源宽度为

$$b_p = \frac{b_C}{4} = \frac{\lambda}{4\beta}$$

(2) 光源复色性对条纹可见度的影响。对教材第 65 页图 2-7 所示的平行平板干涉实验,光源复色性对条纹可见度的影响可用下式表示:

$$V = \left| \frac{2}{\Delta k\Delta} \sin \frac{\Delta k\Delta}{2} \right|$$

相应于单色光源,$V=1$;随着光源复色性 Δk 增大,V 减小;条纹可见度降为零时,光源的复色性为

$$\Delta k = \frac{2\pi}{\lambda^2}\Delta\lambda = \frac{2\pi}{\Delta}$$

2) 光波的相干性

由不同光源产生的光波相干性,表现为光波的空间相干性和时间相干性。

(1) 光波的空间相干性。考察教材第 106 页图 2-59 所示的扩展光源杨氏干涉实验及条纹可见度表示式,相应于临界张角 $\beta_C=\lambda/b$,其条纹可见度 $V=0$。因此,凡是在 β_C 所对应横向 S_1S_2 连线以内的任意两点光场,均可以发生干涉,表明它们空间相关,具有空间相干性。并称距离 $\overline{S_1S_2}$ 为横向相干宽度,可表示为

$$d_t = \frac{\lambda}{\theta}$$

式中,θ 是扩展光源对 S_1S_2 连线中点的张角。若光源是圆形的,横向相干宽度为

$$d_t = \frac{1.22\lambda}{\theta}$$

若扩展光源为方形,则有相干面积:

$$A_C = \left(\frac{\lambda}{\theta} \right)^2$$

若扩展光源为圆形，则相干面积为

$$A_c = \pi \left(\frac{1.22\lambda}{2\theta} \right)^2 = \pi \left(\frac{0.61\lambda}{\theta} \right)^2$$

（2）光波的时间相干性。考察教材第 65 页图 2 - 7 所示的复色光平行平板干涉实验及条纹可见度表示式，相应于光程差 $\Delta_c = \frac{2\pi}{\Delta k} = \frac{\lambda^2}{\Delta\lambda}$，其条纹可见度 $V = 0$。因此，凡是在光传播方向上 Δ_c 长度范围内的任意两点光场，均可以发生干涉，表明它们的光场相关，具有相干性。换言之，因为光速为常数，也可以说空间某一点，在时间相差 $\tau_c = \frac{\Delta_c}{c}$ 内的任意两个时刻的光场，可以发生干涉，它们时间相关，具有时间相干性。并且，称 Δ_c 为相干长度，τ_c 为相干时间。

应当指出，

① 上面讨论的光波空间相干性和时间相干性是光波的一般属性，既适于杨氏实验，也适于平行平板干涉；

② 光波的相干面积大，则其空间相干性好，光波的相干时间大，则其时间相干性好；

③ 在光波相干性中，有空间相干性反比公式 $b\beta_c = \lambda$ 和时间相干反比公式 $\tau_c \Delta\upsilon = 1$，因此，光波的空间相干性取决于光源尺寸的有限性，光波的时间相干性取决于光源的单色性。

3）光源的相干性

光的相干性主要取决于相应光源的发光特性。

（1）普通光源。普通光源的发光机制源自发光中心（原子、分子或电子）的自发辐射过程，不同发光中心发出的波列，或同一发光中心在不同时刻发出的波列的相位都是随机的，因此产生光的相干性极差，或者说是非相干光。故称普通光源是非相干光源，利用它几乎无法开展相干光信息处理的应用。

（2）激光器。1960 年诞生的激光器，是一种与普通光源完全不同的新型光源。它的主要发光机制源自发光中心的受激辐射过程，通过受激辐射过程产生的光与激励种子光同频率、同传播方向、同偏振方向和同相位，其相干性非常好。因此，激光器所产生的激光是一种非常好的时、空相干光。故激光器是一种非常好的相干光源，并已成为光电子技术应用中的基本光源。

2.3　典　型　例　题

例题 2 - 1　求 $E_{1y} = 20 \sin(\omega t - kz)$ 和 $E_{2y} = 20 \cos(\omega t - kz)$ 两列相干光波叠加的合成波。

解：本题属于两个振动方向相同的单色光波叠加的问题。该叠加实为标量叠加，根据已知条件有

$$E_{2y} = 20 \cos(\omega t - kz) = 20 \sin\left(\omega t - kz + \frac{\pi}{2} \right)$$

所以合成波光场为

$$E_{1y} + E_{2y} = 20 \sin(\omega t - kz) + 20 \sin\left(\omega t - kz + \frac{\pi}{2}\right)$$

$$= 20 \times \left[2 \sin \frac{2(\omega t - kz) + \pi/2}{2} \cos \frac{\pi}{4}\right]$$

$$= 28.3 \sin\left(\omega t - kz + \frac{\pi}{4}\right)$$

故该合成光波仍为频率为 ω、沿 z 方向传播的平面光波。

例题 2-2 如例题 2-2 图所示，一列波长为 λ、在 xOz 平面内沿 z 轴方向传播的平面光波，与源点在轴上、距坐标原点 O 分别为 $-a$ 和 a、波长也为 λ 的一列发散球面光波和一列会聚球面光波在傍轴条件下发生干涉。若三列波在 $z=0$ 平面上的振幅均相等，在各自的计算起点上的初相位均为零，试求 $z=0$ 平面上的相干光强分布，以及干涉条纹的形状和间距。

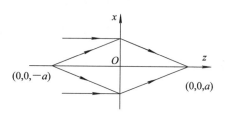

例题 2-2 图

解： 本题属于两个以上振动方向相同的相干单色波叠加的问题。先求出考察面上合振动矢量的复振幅，再利用 $I = \widetilde{E} \cdot \widetilde{E}^*$，即可求出光强度分布及条纹间距。

若计初相位为零，在 $z=0$ 平面上的振幅为 A，平面光波、发散球面光波和会聚球面光波的复振幅可分别表示为

$$\widetilde{E}_1 = A$$

$$\widetilde{E}_2 = A\mathrm{e}^{ikr} = A\mathrm{e}^{\left[ik\left(a + \frac{x^2 + y^2}{2a}\right)\right]}$$

$$\widetilde{E}_3 = A\mathrm{e}^{-ikr} = A\mathrm{e}^{\left[-ik\left(a + \frac{x^2 + y^2}{2a}\right)\right]}$$

则在 $z=0$ 平面上合成的复振幅为

$$\widetilde{E} = A(1 + \mathrm{e}^{ikr} + \mathrm{e}^{-ikr}) = A(1 + 2\cos\beta)$$

其中

$$\beta = k\left(a + \frac{x^2 + y^2}{2a}\right)$$

因此，相干光强分布为

$$I = \widetilde{E} \cdot \widetilde{E}^* = I_0(1 + 2\cos\beta)^2$$

式中，$I_0 = A^2$。

可见，$\beta = k\left(a + \dfrac{x^2 + y^2}{2a}\right) = 2m\pi\,(m = 1, 2, 3, \cdots)$ 为相干极大的条件，或表示为 $x^2 + y^2 = 2am\lambda - 2a^2$。因此，干涉条纹为 xOy 平面上圆心位于坐标原点 $(0,0)$ 处的圆形条纹，相邻两圆条纹间距为

$$e_m \approx \frac{a\lambda}{(\sqrt{x^2 + y^2})_m}$$

例题 2-3 如例题 2-3 图所示实验装置中，S_1、S_2 小孔的间距为 0.45 mm，光屏离小孔的距离 r_0 为 45 cm。当以厚度为 2.14×10^{-2} mm，折射率为 1.56 的透明薄片贴住小孔 S_1 时，发现屏上的条纹产生移动。试确定条纹移动的距离。

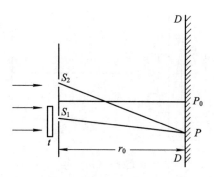

例题 2 - 3 图

解： 入射光经由 S_1 和 S_2 到达屏上 P 点两光束的相位差为

$$\Delta\varphi=\frac{2\pi}{\lambda}\Delta$$

由图示可得光程差为

$$\Delta=\frac{d}{r_0}y\pm(n-1)t$$

式中 ± 号根据 P 点的位置而定，P 点与遮挡缝在同侧取减号，在异侧取加号。

对于 P 点与遮挡缝在同侧的情况，亮条纹时，满足 $\Delta\varphi=2m\pi$，没放透明薄片时，亮条纹 P 点距 P_0 点的距离为 $y'=\frac{mr_0}{d}\lambda$，放透明薄片（$n=1.56$）后，亮条纹 P 点距 P_0 点的距离为 $y''=\frac{[m\lambda+(n-1)t]}{d}r_0$，因此，亮条纹 P 点的位置变化量为

$$\Delta y=y''-y'=\frac{(n-1)t}{d}r_0$$

$$=\frac{1.56-1}{0.45}\times2.14\times10^{-2}\times45\approx1.198\ \text{cm}$$

即条纹远离 P_0 点约移动了 1.198 cm。

例题 2 - 4　杨氏双缝干涉装置中，缝距 $d=1$ mm，入射光波长 $\lambda=500$ nm。

（1）如例题 2 - 4 图（1）所示，在双缝后放一焦距 $f=12$ cm 的会聚透镜 L，双缝距观察屏的距离 $D=15$ cm，则在屏上看到什么现象？

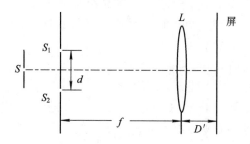

例题 2 - 4 图（1）

（2）如例题 2 - 4 图（2）所示，紧靠双缝前放一个 $\alpha=1.5\times10^{-2}$ rad、折射率为 $n=1.5$ 的光楔，则屏上条纹与普通双缝干涉相比，有何变化？

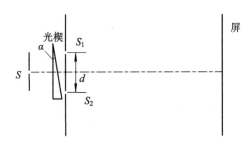

例题 2-4 图(2)

解：本题属于双光束干涉问题。这类问题，若涉及光强分布，则一般需通过各光场的相干叠加，求出光强表示式，判断干涉图样的特征；若不涉及光强分布，则可直接由相位差(或光程差)求解有关问题。

(1) 因为 S_1、S_2 处于透镜 L 的前焦平面上，由它们发出的光经 L 后变成夹角为 2β 的两束平行光，且 β 满足

$$\sin\beta \approx \tan\beta = \frac{d}{2f} = \frac{1}{2 \times 120} \approx 4.17 \times 10^{-3} \text{ rad}$$

这两束平行光波在观察屏上产生干涉，得到垂直于纸面的平行等间距直线干涉条纹，条纹间距为

$$e = \frac{\lambda}{2\sin\beta} = \frac{500 \times 10^{-6}}{2 \times 4.17 \times 10^{-3}} \approx 0.06 \text{ mm}$$

(2) 若紧靠双缝前放一光楔，则由 S 到 S_1 和 S_2 的光程不同，光程差为

$$\Delta' = (n-1)\alpha d = (1.5-1) \times 1.5 \times 10^{-2} \times 1 = 0.75 \times 10^{-2} \text{ mm}$$

因而引起双缝干涉条纹相对未放光楔时产生了平移(下移)。

在这种情况下，双缝干涉条纹的条纹间距为

$$e = \frac{\lambda D}{d} = \frac{500 \times 10^{-6} \times 150}{1} = 0.075 \text{ mm}$$

双缝干涉条纹相对未放光楔时下移级数为

$$m = \frac{\Delta'}{\lambda} = \frac{0.75 \times 10^{-2}}{500 \times 10^{-6}} = 15$$

例题 2-5 折射率均为 1.5 的平凹透镜与平板玻璃构成如例题 2-5 图所示的干涉装置，中间的空腔充满折射率为 1.62 的 CS_2 溶液，波长为 589.3 nm 的平行光垂直入射时可以看到反射光的 5 个圆形干涉条纹。

(1) 试确定这些条纹是暗条纹还是亮条纹；

(2) 求 CS_2 溶液中心处的可能最大厚度。

解：该装置产生的是等厚干涉。因 $n_{CS_2} > n_{玻璃}$，所以上下界面两反射光束的光程差中有半波损失贡献。

(1) 图中最大圆形条纹处于干涉场的边缘，对应厚度为零的溶液层，由如下干涉暗条纹的光程差公式可知，

$$2nh + \frac{\lambda}{2} = (2m+1)\frac{\lambda}{2}$$

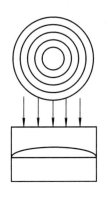

例题 2-5 图

边缘处是零级暗条纹位置,由边缘向内的其他暗条纹依次为 $m=1,2,3,4$ 级。

(2) CS_2 溶液中心处可能的最大厚度对应于暗条纹区,其干涉级次应为 $m=5$,则中心处的可能最大厚度为

$$h_M = \frac{5\lambda}{2n} = \frac{5 \times 0.5893}{2 \times 1.63} \approx 0.90 \ \mu m$$

例题 2-6　如例题 2-6 图所示,在平面玻璃板上,放置一曲率半径为 R 的平凸透镜,并将这一组合放到观察等厚干涉的系统(教材 2-12 图所示)中代替楔形薄板,以观测透镜凸表面和玻璃板平面之间的空气薄层产生的牛顿环条纹。

(1) 证明条纹间距 e 满足下面的关系式:

$$e = \frac{1}{2}\sqrt{\frac{R\lambda}{N}}$$

式中 N 是由中心向外计算的条纹数,λ 是单色光波长。

(2) 若分别测得相距 k 个条纹的两个环的半径为 r_N 和 r_{N+k},证明:

$$R = \frac{r_{N+k}^2 - r_N^2}{k\lambda}$$

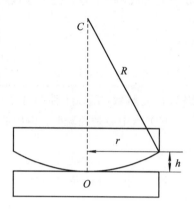

例题 2-6 图

证: (1) 透镜凸表面和玻璃板平面间的空气层中心 O 的厚度为零,所以牛顿环中心为一暗斑。设由中心向外计算,第 N 个暗环的半径为 r_N,则由图可见,

$$r_N^2 = R^2 - (R-h)^2 = 2Rh - h^2$$

由于 $R \gg h$,上式可写为 $r_N^2 = 2Rh$,又由于 N 个条纹对应的空气层厚度差为 $h = N\frac{\lambda}{2}$,所以有

$$r_N^2 = NR\lambda$$

对上式取微分,有 $2r_N dr = R\lambda dN$,注意到 $dN=1$ 时,$dr=e$,所以

$$e = \frac{R\lambda}{2r_N} = \frac{1}{2}\sqrt{\frac{R\lambda}{N}}$$

(2) 由(1)中结果 $r_N^2 = NR\lambda$ 和 $r_{N+k}^2 = (N+k)R\lambda$,有 $r_{N+k}^2 - r_N^2 = (N+k-N)R\lambda$,因此

$$R = \frac{r_{N+k}^2 - r_N^2}{k\lambda}$$

例题 2-7　如例题 2-7 图所示的干涉装置中,若照明光波的波长 $\lambda=600$ nm,平板的厚度 $h=2$ mm,折射率 $n=1.5$,其下表面涂上某种高折射率介质($n_H > 1.5$)。

(1) 在反射光方向观察到的干涉圆环条纹的中心是亮斑还是暗斑?

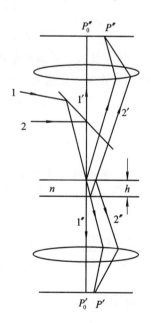

例题 2-7 图

(2) 由中心向外计算,第 10 个亮环的半径是多少?(设透镜的焦距为 20 cm。)

(3) 第 10 个亮环处的条纹间距是多少?

(4) 若平板置于空气中,观察望远镜的轴与平板垂直。试计算从反射光方向和透射光方向观察到的条纹的可见度。

解:(1) 圆环条纹中心处的亮暗,决定于该点干涉级数是整数还是半整数。

由于 $n_1 < n < n_H$,光在上下表面反射时均产生相位跃变,因此两束反射光之间没有半波损失贡献,由中心处的干涉极大值条件:

$$\Delta = 2nh = m\lambda$$

可得

$$m = \frac{2nh}{\lambda} = \frac{2 \times 1.5 \times 2}{600 \times 10^{-6}} = 10^4$$

因为 m 是整数,所以干涉圆环条纹中心是亮斑。

(2) 当中心是亮斑时,由中心向外计算,第 N 个亮环的角半径是

$$\theta_N = \sqrt{\frac{nN\lambda}{h}}$$

所以第 10 个亮环的角半径是

$$\theta_{10} = \sqrt{\frac{10 \times 1.5 \times 600 \times 10^{-6}}{2}} \approx 0.067 \text{ rad}$$

半径是

$$r_{10} = f\theta_{10} = 0.067 \times 200 = 13.4 \text{ mm}$$

(3) 第 10 个亮环处条纹的角间距是

$$\Delta\theta = \frac{n\lambda}{2\theta_{10}h} = \frac{1.5 \times 600 \times 10^{-6}}{2 \times 0.067 \times 2} \approx 3.358 \times 10^{-3} \text{ rad}$$

所以条纹间距是

$$e = f\Delta\theta = 200 \times 3.358 \times 10^{-3} \approx 0.67 \text{ mm}$$

(4) 在接近正入射的情况下,两反射光束的强度分别为 $I_1' = 0.04I_0$ 和 $I_2' = 0.037I_0$,两透射光束的强度分别为 $I_1'' = 0.922I_0$ 和 $I_2'' = 0.015I_0$,其中 I_0 为入射光的强度。根据双光束干涉的强度公式 $I = I_1 + I_2 + 2\sqrt{I_1 I_2}\cos\varphi$,强度极大值和极小值分别为

$$I_M = (\sqrt{I_1} + \sqrt{I_2})^2$$
$$I_m = (\sqrt{I_1} - \sqrt{I_2})^2$$

因而干涉条纹的可见度为

$$V = \frac{I_M - I_m}{I_M + I_m} = \frac{2\sqrt{I_1 I_2}}{I_1 + I_2}$$

对于反射光有

$$V = \frac{2I_0\sqrt{0.04 \times 0.037}}{(0.04 + 0.037)I_0} \approx 0.999$$

对于透射光有

$$V = \frac{2I_0\sqrt{0.922 \times 0.015}}{(0.922 + 0.015)I_0} \approx 0.08$$

可见,反射光的条纹可见度比透射光好得多,所以在平板反射率很低的情况下,通常应用平板的反射光的干涉条纹。

例题 2-8 法布里-珀罗干涉仪的长度为 5 cm，一波长为 600 nm 的扩展光源照明该装置，腔镜的反射率为 0.98。

（1）求中心干涉条纹的级次；

（2）求色分辨本领和可分辨的最小波长间隔；

（3）若一束平行白光正入射到该干涉仪上，求输出纵模的频率间隔和透射最强的谱线数目，以及每条谱线的线宽 $\Delta\nu$。

解：本题属于多光束干涉的 F-P 干涉仪应用问题，可依据相关计算公式求解。

（1）中心干涉级数为

$$m_0 = \frac{2nh}{\lambda} = \frac{2 \times 5}{600 \times 10^{-7}} \approx 1.67 \times 10^5$$

（2）法布里-珀罗干涉仪的色分辨本领为

$$A = \frac{\lambda}{\delta\lambda} = 0.97\pi m_0 \frac{\sqrt{R}}{1-R}$$

$$= 0.97 \times \pi \times 1.67 \times 10^5 \times \frac{\sqrt{0.98}}{1-0.98}$$

$$\approx 2.52 \times 10^7$$

可分辨的最小波长间隔为

$$\delta\lambda = \frac{\lambda}{A} \approx \frac{0.6 \times 10^3}{2.52 \times 10^7} \approx 2.38 \times 10^{-5} \text{ nm}$$

（3）法布里-珀罗干涉仪所选纵模间隔为

$$\delta\nu = \frac{c}{2nh} \approx \frac{3.0 \times 10^{10}}{2 \times 5} = 3.0 \times 10^9 \text{ Hz}$$

白光的波长范围为 380 nm～780 nm，相应的频率范围约为 3.9×10^{14} Hz～7.9×10^{14} Hz，在此范围内包含的纵模数目（即最强的谱线数目）为

$$N = \frac{\nu_M - \nu_m}{\delta\nu} = \frac{4.0 \times 10^{14}}{3.0 \times 10^9} \approx 1.33 \times 10^5$$

每条谱线的线宽为

$$\Delta\nu = \frac{c}{2\pi nh} \frac{1-R}{\sqrt{R}} = \frac{1}{\pi} \frac{1-R}{\sqrt{R}} \delta\nu$$

$$= \frac{1}{\pi} \times \frac{1-0.98}{\sqrt{0.98}} \times 3.0 \times 10^9$$

$$\approx 1.96 \times 10^7 \text{ Hz}$$

例题 2-9 如例题 2-9 图所示，先在平板玻璃片上镀一层银膜，然后在银膜上加镀一层透明介质膜，其上再镀一层银膜，制成干涉滤光片。设银膜的反射率为 0.96，透明介质膜的折射率为 1.55，膜厚为 0.4 μm。平行光正入射时，求：

（1）在可见光范围内（380～780 nm）透射最强的谱线数目和相应的透射波长；

（2）每条谱线的线宽。

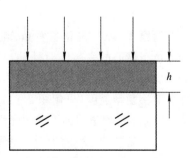

例题 2-9 图

解：本题属于多光束干涉的干涉滤光片应用问题，可依据相关计算公式求解。

（1）多光束透射干涉极大光强的波长满足 $2nh = m\lambda_m$，即 $\lambda_m = \dfrac{2nh}{m}$。

在可见光范围内，对应的干涉级次的最大值和最小值分别为

$$m_M = \left(\frac{2nh}{\lambda_m}\right)_M = \frac{2 \times 1.55 \times 0.4}{0.38} \approx 3.3$$

$$m_m = \left(\frac{2nh}{\lambda_m}\right)_m = \frac{2 \times 1.55 \times 0.4}{0.78} \approx 1.6$$

因而，在可见光范围内透射最强的谱线仅有两条，其干涉级次分别为 2 和 3，相应的谱线波长为

$$\lambda_2 = \frac{2nh}{2} \approx 620.0 \text{ nm}$$

$$\lambda_3 = \frac{2nh}{3} \approx 413.3 \text{ nm}$$

（2）上述两条谱线的线宽分别为

$$\Delta\lambda_2 = \frac{\lambda}{\pi m}\frac{1-R}{\sqrt{R}} = \frac{620}{2\pi} \times \frac{0.04}{\sqrt{0.96}} \approx 4.03 \text{ nm}$$

$$\Delta\lambda_3 = \frac{\lambda}{\pi m}\frac{1-R}{\sqrt{R}} = \frac{413.3}{3\pi} \times \frac{0.04}{\sqrt{0.96}} \approx 1.79 \text{ nm}$$

例题 2-10　某光源发出波长很接近的两单色光，平均波长为 500 nm。通过间隔 $d = 12$ mm 的 F-P 干涉仪观察时，看到波长为用 λ_1 的光所产生的干涉条纹正好在波长为 λ_2 的光所产生的干涉条纹的中间，试确定该两单色光的波长差。

解：由于用 F-P 干涉仪观察时，波长为用 λ_1 的光所产生的干涉条纹正好在波长为 λ_2 的光所产生的干涉条纹的中间，若 $\lambda_2 > \lambda_1$，则 λ_2 的第 $m+1$ 级条纹与 λ_1 的第 $m+1$ 级条纹光程相差 $\lambda_2/2$，即

$$(m+1)\lambda_2 - \frac{\lambda_2}{2} = (m+1)\lambda_1 = (m+1)(\lambda_2 - \Delta\lambda)$$

$$\frac{\lambda_2}{2} = (m+1)\Delta\lambda$$

对靠近条纹中心的某一点（$\theta = 0$）处，$(m+1)\lambda_2 = 2nh$，则

$$\Delta\lambda = \frac{\lambda_2}{2(m+1)} = \frac{\lambda_2^2}{2 \times 2nh} \approx \frac{\overline{\lambda}^2}{4nh}$$

$$= \frac{(500 \times 10^{-9})^2}{4 \times 12 \times 10^{-3}} \text{m} \approx 5 \times 10^{-3} \text{ nm}$$

例题 2-11　砷化镓发光管制成半球形，以减少反射损耗，增加位于球心的发光区对外输出功率。已知砷化镓发射光波长为 930 nm，折射率为 3.4。为了进一步提高输出光功率，常在球表面涂敷增透膜（见例题 2-11 图）。

（1）不加增透膜时，球面光强反射率有多大？

（2）理想增透膜的折射率和厚度应取多大？

（3）如果使用氟化镁（折射率为 1.38）介质膜，能否增透？

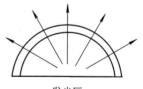

例题 2-11 图

光强反射率有多大？

解：本题属于多光束干涉的光学薄膜应用问题，可依据相关计算公式求解。

（1）不加增透膜时，砷化镓-空气单界面的光强反射率为

$$R = \left(\frac{n_2 - n_1}{n_2 + n_1}\right)^2 = \left(\frac{3.4 - 1.0}{3.4 + 1.0}\right)^2 \approx 29.8\%$$

（2）如例题 2-11 解图所示，涂敷增透膜时，要想完全消反射，膜层折射率和光学厚度必须同时满足以下两个条件，即

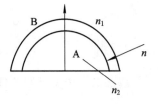

$$\begin{cases} n = \sqrt{n_1 n_2} \\ nh = (2k+1)\dfrac{\lambda}{4} \quad k = 0, 1, 2, \cdots \end{cases}$$

取 $n_1 = 1.0$，$n_2 = 3.4$，$\lambda = 930$ nm，$k = 0$，可得

$$n \approx 1.84,\ h \approx 0.126\ \mu m$$

例题 2-11 解图

（3）对于选用折射率 $n = 1.38$ 的氟化镁作为增透膜层的情形，以双光束干涉近似计算其反射光强 I，确定能否增透。

设入射光振幅为 A_0，经界面 A 一次反射光振幅为 $A_1 = A_0 r_A$，经界面 B 反射回来的透射光振幅为 $A_2 = A_0 t_A r_B t_A'$，在正入射情况下，

$$r_A = \frac{n_2 - n}{n_2 + n} = \frac{3.4 - 1.38}{3.4 + 1.38} \approx 42.3\%$$

$$r_B = \frac{n - n_1}{n + n_1} = \frac{1.38 - 1.0}{1.38 + 1.0} \approx 16.0\%$$

$$t_A t_A' = (1 - r_A^2) \approx 82.1\%$$

考虑到两束光之间的相位差为 π，膜层反射光强为

$$I = (A_1 - A_2)^2 = [r_A - r_B(1 - r_A^2)]^2 A_0^2$$

光强反射率为

$$R = \frac{I}{I_0} = [r_A - r_B(1 - r_A^2)]^2 \approx 8.5\%$$

因此，选用氟化镁作为增透膜层材料，能够增透。

例题 2-12　在光学玻璃基片（$n_G = 1.52$）镀上硫化锌膜层（$n = 2.35$），入射光波长 $\lambda = 550$ nm。若该光波在正入射时给出最大反射率，试问：要镀多厚的硫化锌膜层？相应的最大反射率为多少？

解：**解法一**　由单层膜反射率公式

$$R = \left|\frac{E_{r0}}{E_{t0}}\right|^2 = \frac{r_1^2 + r_2^2 + 2r_1 r_2 \cos\varphi}{1 + r_1^2 r_2^2 + 2r_1 r_2 \cos\varphi}$$

式中，设 n_0 为空气折射率，$n = n_1$，$n_G = n_2$，光正入射时，

$$r_1 = \frac{n_0 - n_1}{n_0 + n_1} = \frac{1 - 2.35}{1 + 2.35} \approx -0.40$$

$$r_2 = \frac{n_1 - n_2}{n_1 + n_2} = \frac{2.35 - 1.52}{2.35 + 1.52} \approx 0.21$$

$$\varphi = \frac{2\pi}{\lambda} 2n_1 h_1$$

当 $\cos\varphi = -1$ 时,R 最大,相应 $\varphi = \dfrac{2\pi}{\lambda}2n_1 h_1 = \pi$,因此,

$$h_1 = \frac{\lambda}{4n_1} = \frac{550}{4 \times 2.35} \approx 58.5 \text{ nm}$$

$$R_M = \frac{r_1{}^2 + r_2{}^2 - 2r_1 r_2}{1 + r_1{}^2 r_2{}^2 - 2r_1 r_2}$$

$$\approx \frac{0.40^2 + 0.21^2 + 2 \times 0.40 \times 0.21}{1 + 0.40^2 \times 0.21^2 + 2 \times 0.40 \times 0.21}$$

$$\approx 0.32$$

解法二 依据已知条件,设 n_0 为空气折射率,$n = n_1$,$n_G = n_2$,且 $n_1 h = \dfrac{\lambda_0}{4}$ 时 R 最大,因此,

$$h = \frac{\lambda_0}{4n_1} = \frac{550}{4 \times 2.35} \approx 58.5 \text{ nm}$$

相应的最大反射率

$$R_M = \left(\frac{n_0 n_2 - n_1{}^2}{n_0 n_2 + n_1{}^2}\right)^2 = \left(\frac{1.52 - 2.35^2}{1.52 + 2.35^2}\right)^2 \approx 0.32$$

例题 2-13 以折射率为 1.6 的玻璃为基片,在其上镀制单层增透膜氟化镁($n = 1.38$),控制增透膜膜厚,使其对波长 $\lambda_0 = 0.5 \ \mu\text{m}$ 的光在正入射时给出最小反射率。试求该单层膜在波长 $\lambda = 0.6 \ \mu\text{m}$、入射角 $\theta_0 = 30°$ 条件下的反射率。

解: 该题可根据如下单层膜反射率 R 的一般形式求解:

$$R = \left|\frac{E_{r0}}{E_{t0}}\right|^2 = \frac{r_1{}^2 + r_2{}^2 + 2r_1 r_2 \cos\varphi}{1 + r_1{}^2 r_2{}^2 + 2r_1 r_2 \cos\varphi}$$

解法一 利用正入射反射率的公式求解。

当光束正入射时,有

$$r_1 = \frac{n_0 - n_1}{n_0 + n_1}, \ r_2 = \frac{n_1 - n_2}{n_1 + n_2}, \ \varphi = \frac{2\pi}{\lambda}2n_1 h$$

反射率为

$$R = \frac{(n_0 - n_2)^2 \cos^2 \dfrac{\varphi}{2} + \left(\dfrac{n_0 n_2}{n_1} - n_1\right)^2 \sin^2 \dfrac{\varphi}{2}}{(n_0 + n_2)^2 \cos^2 \dfrac{\varphi}{2} + \left(\dfrac{n_0 n_2}{n_1} + n_1\right)^2 \sin^2 \dfrac{\varphi}{2}}$$

当光束斜入射时,

$$r_s = \frac{E_{0rs}}{E_{0is}} = -\frac{n_1 \cos\theta_1 - n_0 \cos\theta_0}{n_1 \cos\theta_1 + n_0 \cos\theta_0}$$

$$r_p = \frac{E_{0rp}}{E_{0ip}} = \frac{n_1 \cos\theta_0 - n_0 \cos\theta_1}{n_1 \cos\theta_0 + n_0 \cos\theta_1} = \frac{\dfrac{n_1}{\cos\theta_1} - \dfrac{n_0}{\cos\theta_0}}{\dfrac{n_1}{\cos\theta_1} + \dfrac{n_0}{\cos\theta_0}}$$

对 s 分量以 $\bar{n}$ 替代 $n \cos\theta$,对 p 分量以 $\bar{n}$ 替代 $n/\cos\theta$,即采用有效折射率 $\bar{n}$ 后,可以使用光束正入射条件下的反射率公式求解斜入射时的反射率。具体过程如下:

由折射定律计算氟化镁、玻璃基片内的折射角分别为

$$\theta_1 = \arcsin \frac{\sin\theta_0}{n_1} = \arcsin \frac{\sin 30°}{1.38} \approx 21.24°$$

$$\theta_2 = \arcsin \frac{n_1 \sin\theta_1}{n_2} = \arcsin \frac{\sin\theta_0}{n_2} = \arcsin \frac{\sin 30°}{1.6} \approx 18.21°$$

s 分量的有效折射率为

$$\bar{n}_0 = n_0 \cos\theta_0 = \cos 30° \approx 0.866$$

$$\bar{n}_1 = n_1 \cos\theta_1 = 1.38 \cos 21.24° \approx 1.286$$

$$\bar{n}_2 = n_2 \cos\theta_2 = 1.6 \cos 18.21° \approx 1.520$$

p 分量的有效折射率为

$$\bar{n}_0 = \frac{n_0}{\cos\theta_0} = \frac{1}{\cos 30°} \approx 1.155$$

$$\bar{n}_1 = \frac{n_1}{\cos\theta_1} = \frac{1.38}{\cos 21.24°} \approx 1.480$$

$$\bar{n}_2 = \frac{n_2}{\cos\theta_2} = \frac{1.6}{\cos 18.21°} \approx 1.684$$

$\lambda = 0.6\ \mu\text{m}$ 时，与 $\theta_0 = 30°$ 对应的相位差为

$$\varphi = \frac{2\pi}{\lambda} 2n_1 h \cos\theta_1 = \frac{4\pi}{\lambda} \cdot \frac{\lambda_0}{4} \cos 21.24° \approx \frac{5\pi}{6} \times 0.932 \approx 140°$$

其中，$n_1 h$ 为波长 $\lambda_0 = 0.5\ \mu\text{m}$ 的光在正入射时给出最小反射率对应的膜厚度，等于 $\lambda_0/4$。因此，s 分量的反射率为

$$R_s = \frac{(\bar{n}_0 - \bar{n}_2)^2 \cos^2 \dfrac{\varphi}{2} + \left(\dfrac{\bar{n}_0 \bar{n}_2}{\bar{n}_1} - \bar{n}_1\right)^2 \sin^2 \dfrac{\varphi}{2}}{(\bar{n}_0 + \bar{n}_2)^2 \cos^2 \dfrac{\varphi}{2} + \left(\dfrac{\bar{n}_0 \bar{n}_2}{\bar{n}_1} + \bar{n}_1\right)^2 \sin^2 \dfrac{\varphi}{2}} \approx 0.021$$

p 分量的反射率为

$$R_p = \frac{(\bar{n}_0 - \bar{n}_2)^2 \cos^2 \dfrac{\varphi}{2} + \left(\dfrac{\bar{n}_0 \bar{n}_2}{\bar{n}_1} - \bar{n}_1\right)^2 \sin^2 \dfrac{\varphi}{2}}{(\bar{n}_0 + \bar{n}_2)^2 \cos^2 \dfrac{\varphi}{2} + \left(\dfrac{\bar{n}_0 \bar{n}_2}{\bar{n}_1} + \bar{n}_1\right)^2 \sin^2 \dfrac{\varphi}{2}} \approx 0.007$$

总反射率（自然光入射）为

$$R = \frac{1}{2}(R_s + R_p) \approx \frac{1}{2}(0.021 + 0.007) = 0.014$$

解法二　直接利用单层膜的反射率 R 一般形式求解。具体过程如下：

入射角 $\theta_0 = 30°$ 时，依据反射、折射定律，可计算上表面和下表面的折射角分别为 $\theta_1 = 21.24°$ 和 $\theta_2 = 18.21°$，由此，可求得反射系数为

$$r_{s1} = -\frac{\sin(\theta_0 - \theta_1)}{\sin(\theta_0 + \theta_1)} \approx -0.195, \quad r_{s2} = -\frac{\sin(\theta_1 - \theta_2)}{\sin(\theta_1 + \theta_2)} \approx -0.083$$

$$r_{p1} = \frac{\tan(\theta_0 - \theta_1)}{\tan(\theta_0 + \theta_1)} \approx 0.124, \quad r_{p2} = \frac{\tan(\theta_1 - \theta_2)}{\tan(\theta_1 + \theta_2)} \approx 0.064$$

$\lambda = 0.6\ \mu\text{m}$ 时，与 $\theta_0 = 30°$ 对应的相位差为

$$\varphi = \frac{2\pi}{\lambda} 2n_1 h \cos\theta_1 = \frac{4\pi}{\lambda} \cdot \frac{\lambda_0}{4} \cos 21.24° \approx \frac{5\pi}{6} \times 0.932 \approx 140°$$

其中，$n_1 h$ 为波长 $\lambda_0 = 0.5\ \mu m$ 的光在正入射时给出最小反射率对应的膜厚度，等于 $\lambda_0/4$。因此，s 分量的反射率为

$$R_s = \frac{r_{s1}^2 + r_{s2}^2 + 2r_{s1}r_{s2}\cos\varphi}{1 + r_{s1}^2 r_{s2}^2 + 2r_{s1}r_{s2}\cos\varphi} \approx \frac{0.020}{0.975} \approx 0.021$$

p 分量的反射率为

$$R_p = \frac{r_{p1}^2 + r_{p2}^2 + 2r_{p1}r_{p2}\cos\varphi}{1 + r_{p1}^2 r_{p2}^2 + 2r_{p1}r_{p2}\cos\varphi} \approx \frac{7.286 \times 10^{-3}}{0.988} \approx 7.37 \times 10^{-3}$$

总反射率(自然光入射)为

$$R = \frac{1}{2}(R_s + R_p) \approx \frac{1}{2}(0.021 + 0.007) = 0.014$$

例题 2-14 用钠光灯($\lambda = 589$ nm)作杨氏双缝干涉实验，光源宽度被限制为 2 mm，双缝屏离缝光源 2.5 m，为了在幕上获得可见的干涉条纹，双缝间隔最大为多少？

解：本题属于光波空间相干性问题，可依据相关公式求解。

根据光场空间相干性反比关系

$$b\beta_C \approx \lambda$$

在光源宽度 b 给定的情况下，干涉孔径角(即双缝对光源所张的角间隔)β 必须满足：

$$\beta < \beta_C \approx \frac{\lambda}{b}$$

即双缝间隔

$$d = R\beta < R\beta_C \approx \frac{R\lambda}{b} \approx 0.74\ \text{mm}$$

才能在幕上产生有一定条纹可见度的可观测的条纹。

例题 2-15 在例题 2-15 图所示的杨氏干涉装置中，如果入射光的波长宽度为 0.05 nm、平均波长为 500 nm，则在小孔 S_1 处贴上多厚的透明介质($n=1.5$)片可使观察屏上 P_0 点附近的干涉条纹消失？

解：本题属于光波时间相干性问题。

在小孔 S_1 处贴上厚度为 t 的透明介质片后，S_1 和 S_2 在 P_0 点处的光程差为

$$\Delta r = (n-1)t$$

这一光程差若大于入射光的相干长度，P_0 点处便观察不到干涉条纹。

入射光的相干长度为

$$L_0 = \frac{\bar{\lambda}^2}{\Delta\lambda}$$

因此，P_0 点附近干涉条纹消失的条件是

$$(n-1)t \geqslant \frac{\bar{\lambda}^2}{\Delta\lambda}$$

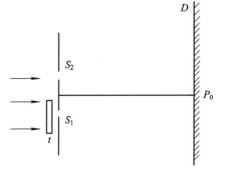

题 2-15 图

可得到

$$t \geqslant \frac{\bar{\lambda}^2}{(n-1)\Delta\lambda} = \frac{(500 \times 10^{-9})^2}{(1.5-1) \times 0.05 \times 10^{-9}}\text{m} = 1\ \text{cm}$$

即在小孔 S_1 处贴上至少 1 cm 厚的透明介质($n=1.5$)方可使观察屏上 P_0 点附近的干涉条

纹消失。

2.4　习题选解

2-1　平行光线以 θ 角通过一厚度为 d、折射率为 n 的平行平板，其相位改变了多少？

解：如题 2-1 解图所示，假设平行平板所处的介质折射率为 n_0，由 $n_0 \sin\theta = n \sin\theta_2$，得

$$\sin\theta_2 = \frac{n_0}{n} \sin\theta$$

$$\cos\theta_2 = \sqrt{1 - \frac{n_0^2}{n^2} \sin^2\theta}$$

出射光的横向位移为

$$\delta = (d \tan\theta - d \tan\theta_2)\cos\theta$$

$$= \left(d \tan\theta - d \frac{n_0 \sin\theta}{\sqrt{n^2 - n_0^2 \sin^2\theta}} \right)\cos\theta$$

透射光与直接传播的光相比，其光程改变为

$$\Delta = \left(n \frac{d}{\cos\theta_2} + n_0\delta \tan\theta \right) - n_0 \frac{d}{\cos\theta}$$

$$= n \frac{d}{\sqrt{1 - \frac{n_0^2}{n^2} \sin^2\theta}} + n_0 \left(d \tan\theta - d \frac{n_0 \sin\theta}{\sqrt{n^2 - n_0^2 \sin^2\theta}} \right)\sin\theta - n_0 \frac{d}{\cos\theta}$$

$$= d \sqrt{n^2 - n_0^2 \sin^2\theta} - n_0 d \cos\theta$$

相位改变为

$$\Delta\varphi = \frac{2\pi}{\lambda}d\left(\sqrt{n^2 - n_0^2 \sin^2\theta} - n_0 \cos\theta \right)$$

2-2　如题 2-2 解图所示，两相干平行光夹角为 α，在垂直于角平分线的方位上放置一观察屏，试证明屏上的干涉亮条纹间的间距为

$$l = \frac{\lambda}{2 \sin\frac{\alpha}{2}}$$

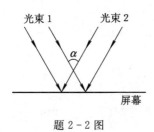

题 2-2 图

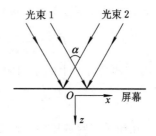

题 2-2 解图

证：如题 2-2 解图所示选择坐标系，则两束平行光的光场为

$$E_1 = E_0 \mathrm{e}^{-\mathrm{i}\left(\omega t - kz\,\cos\frac{\alpha}{2} - kx\,\sin\frac{\alpha}{2}\right)}$$

$$E_2 = E_0 \mathrm{e}^{-\mathrm{i}\left(\omega t - kz\,\cos\frac{\alpha}{2} + kx\,\sin\frac{\alpha}{2}\right)}$$

干涉光合光场为

$$E = E_1 + E_2 = E_0 \mathrm{e}^{-\mathrm{i}\left(\omega t - kz\,\cos\frac{\alpha}{2}\right)}\left(\mathrm{e}^{\mathrm{i}kx\,\sin\frac{\alpha}{2}} + \mathrm{e}^{-\mathrm{i}kx\,\sin\frac{\alpha}{2}}\right)$$

$$= 2E_0 \mathrm{e}^{-\mathrm{i}\left(\omega t - kz\,\cos\frac{\alpha}{2}\right)} \cos\left(kx\,\sin\frac{\alpha}{2}\right)$$

干涉光强度分布

$$I = E \cdot E^* = 4I_0 \cos^2\left(kx\,\sin\frac{\alpha}{2}\right)$$

当 $kx\,\sin\frac{\alpha}{2} = m\pi$ 时，光强最大，此时

$$x = \frac{\dfrac{m\lambda}{2}}{\sin\dfrac{\alpha}{2}}$$

所以相邻两条纹间距为

$$l = \frac{\lambda}{2\sin\dfrac{\alpha}{2}}$$

2-4　两列波长相同的单色平面光波照射到 xy 平面上，它们的振幅分别为 A_1 和 A_2，传播方向的方向余弦分别为 $(\cos\alpha_1, \cos\beta_1, \cos\gamma_1)$ 和 $(\cos\alpha_2, \cos\beta_2, \cos\gamma_2)$。试求 xy 平面上的光强度分布和空间周期。

解：这是两列光波在 xy 平面上产生干涉的强度分布问题。

设两列波的波长为 λ，则两列光波在 xy 平面上的复振幅分别为

$$\widetilde{E}_1(x, y) = A_1 \exp\left[\mathrm{i}\frac{2\pi}{\lambda}(x\cos\alpha_1 + y\cos\beta_1)\right]$$

$$\widetilde{E}_2(x, y) = A_2 \exp\left[\mathrm{i}\frac{2\pi}{\lambda}(x\cos\alpha_2 + y\cos\beta_2)\right]$$

两列波在 xy 平面上发生干涉的强度为

$$I(x, y) = A_1^2 + A_2^2 + 2A_1A_2 \cos\left[\frac{2\pi}{\lambda}(x\cos\alpha_2 + y\cos\beta_2) - \frac{2\pi}{\lambda}(x\cos\alpha_1 + y\cos\beta_1)\right]$$

$$= A_1^2 + A_2^2 + 2A_1A_2 \cos\left[\frac{2\pi}{\lambda}(\cos\alpha_2 - \cos\alpha_1)x + \frac{2\pi}{\lambda}(\cos\beta_2 - \cos\beta_1)y\right]$$

上式表明这一强度分布具有空间周期性。在 x 方向和 y 方向上的空间周期分别为

$$d_x = \frac{\lambda}{\cos\alpha_2 - \cos\alpha_1}, \quad d_y = \frac{\lambda}{\cos\beta_2 - \cos\beta_1}$$

因此，在 x, y 两个方向上的空间频率为

$$f_x = \frac{\cos\alpha_2 - \cos\alpha_1}{\lambda}, \quad f_y = \frac{\cos\beta_2 - \cos\beta_1}{\lambda}$$

2-5　在杨氏实验装置中，光源波长为 $0.64\ \mu\mathrm{m}$，两缝间距为 $0.4\ \mathrm{mm}$，光屏离缝的距离为 $50\ \mathrm{cm}$。

(1) 试求光屏上第一亮条纹与中央亮条纹之间的距离；

（2）若 P 点离中央亮条纹为 0.1 mm，则两束光在 P 点的相位差是多少？

（3）求 P 点的光强度和中央点的光强度之比。

解：（1）根据双光束干涉光强分布公式

$$I = I_1 + I_2 + 2\sqrt{I_1 I_2}\,\cos\theta\,\cos\varphi$$

在杨氏实验中可以写为

$$I = 2I_0\left(1 + \cos\left(\frac{2\pi}{\lambda}\frac{d}{L}y\right)\right) = 4I_0\cos^2\left(\frac{\pi}{\lambda}\frac{d}{L}y\right)$$

亮纹位置

$$y = m\frac{L}{d}\lambda \qquad m = 0, \pm 1, \pm 2, \pm 3, \cdots$$

条纹间距为

$$\Delta y = \frac{L}{d}\lambda = \frac{0.5}{0.4\times10^{-3}}\times0.64\times10^{-3} = 0.8 \text{ mm}$$

（2）两束光在 P 点的相位差为

$$\Delta\varphi = \frac{2\pi}{\lambda}\frac{d}{L}y = \frac{2\pi}{0.64\times10^{-6}}\frac{0.4\times10^{-3}}{0.5}\times0.1\times10^{-3} \approx 0.7854 \text{ rad} \approx 45°$$

（3）P 点的光强与中央亮纹的光强度之比

$$\frac{I_P}{I_{\max}} = \cos^2\left(\frac{\pi}{\lambda}\frac{d}{L}y\right) = \cos^2\frac{\pi}{8} \approx 0.8536$$

2－7　在双缝实验中，缝间距为 0.45 mm，观察屏离缝 115 cm，现用读数显微镜测得 10 个干涉条纹（准确地说是 11 个亮纹或暗纹）之间的距离为 15 mm，试求所用波长。用白光实验时，干涉条纹有什么变化？

解：光强分布公式为

$$I = 4I_0\cos^2\left(\frac{\pi}{\lambda}\frac{d}{L}y\right)$$

条纹间距为

$$\Delta y = \frac{L}{d}\lambda$$

由此式得

$$\lambda = \frac{d}{L}\Delta y = \frac{0.45\times10^{-3}}{1.15}\times\frac{15\times10^{-3}}{10} \text{ m} = 0.5870 \text{ } \mu\text{m}$$

用白光实验时，由于干涉条纹的光强极值与波长有关，除了 $m=0$ 的条纹仍是白光以外，其他级次的干涉条纹均为不同颜色分离的彩色条纹，同一级次中短波长的条纹靠近零级，长波长的条纹远离零级。

2－10　在菲涅耳双面镜干涉实验中，光波长为 0.5 μm。光源和观察屏到双面镜交线的距离分别为 0.5 m 和 1.5 m，双面镜夹角为 10^{-3} rad，

（1）求观察屏上的条纹间距。

（2）屏上最多可以看到多少条亮条纹？

解：（1）如题 2－10 解图所示，根据平面镜成像原理，光源 S 到双面镜交线的距离与等效光源 S_1、S_2 到平面镜交线的距离相等。

应用双缝干涉公式时，注意 $L = 0.5 + 1.5 = 2$ m。

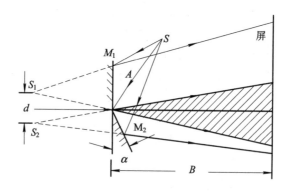

题 2-10 解图

当入射光与第一镜面的法线成 θ 角时，反射光反向延长线方向与入射光方向之间的夹角为 2θ，当镜面转过 α 角时，其法线方向也转过了 α 角，相应的入射角为 $\alpha+\theta$，其反射光反向延长线方向与入射光方向之间的夹角为 $2(\alpha+\theta)$，此时的反射光反向延长线方向与未转动时的反射光反向延长线方向之间的夹角为 2α。

考虑到这个角度一般很小，由此计算出对应的双缝之距离为

$$d = 0.5 \times 2 \times 10^{-3} = 1 \times 10^{-3} \text{ m}$$

条纹间距为

$$\Delta y = \frac{L}{d}\lambda = \frac{2}{1 \times 10^{-3}} \times 0.5 \times 10^{-6} \text{ m} = 1 \text{ mm}$$

（2）在菲涅耳双面镜干涉实验中，两束光能产生叠加的区域是

$$|y| < \frac{B}{A}\frac{d}{2}$$

能够得到的条纹数目是

$$\frac{2y}{\Delta y} = \frac{2\frac{B}{A}\frac{d}{2}}{\frac{L}{d}\lambda} = \frac{2 \times \frac{1.5}{0.5} \times \frac{1 \times 10^{-3}}{2}}{1 \times 10^{-3}} = 3$$

即总共只能看到 3 个亮条纹。

2-11 试求能产生红光($\lambda = 0.7\ \mu\text{m}$)的二级反射干涉条纹的肥皂薄膜厚度。已知肥皂膜的折射率为 1.33，且平行光与法向成 30°角入射。

解：双光束等倾干涉的反射光的光程差是

$$\Delta = 2h\sqrt{n^2 - n_0^2 \sin^2\theta} + \frac{\lambda}{2}$$

由 $I = I_1 + I_2 + 2\sqrt{I_1 I_2}\cos k\Delta$ 知，在 $\Delta = 2h\sqrt{n^2 - n_0^2 \sin^2\theta} + \frac{\lambda}{2} = m\lambda$ 时，产生亮条纹。根据题意，因产生二级干涉亮条级，所以可得

$$h = \frac{\left(m - \frac{1}{2}\right)\lambda}{2\sqrt{n^2 - n_0^2 \sin^2\theta}} = \frac{3 \times 0.7}{4\sqrt{1.33^2 - \sin^2 30°}} \approx 0.426\ \mu\text{m}$$

2-13 题 2-13 图给出了测量铝箔厚度 D 的干涉装置结构。两块薄玻璃板尺寸为

75 mm×25 mm。在钠黄光($\lambda=0.5893$ μm)照明下，从劈尖开始数出 60 个条纹（准确地说应为 61 个亮条纹或暗条纹），相应的距离是 30 mm，试求铝箔的厚度 D。若改用绿光照明，从劈尖开始数出 100 个条纹，其间距离为 46.6 mm，试求这绿光的波长。

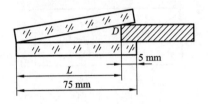

题 2 - 13 图

解：依题意有

(1) $$D=N\frac{\lambda}{2}=nL\frac{\lambda}{2}=\frac{\Delta N}{\Delta L}L\frac{\lambda}{2}=\frac{60}{30}\times70\times\frac{0.5893}{2}\approx41.25\ \mu m$$

(2) $$\lambda=2D\frac{\Delta L'}{\Delta N'}\frac{1}{L}=2\times41.25\times\frac{46.6}{100\times70}\approx0.5492\ \mu m$$

2-14　如题 2-14 图所示的尖劈形薄膜，右端厚度 h 为 0.005 cm，折射率 $n=1.5$，波长为 0.707 μm 的光以 30°角入射到上表面，求在这个面上产生的条纹数。若以两块玻璃片形成的空气尖劈代替，产生多少条条纹？

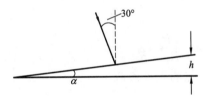

题 2 - 14 图

解：双光束等厚干涉的反射光的光程差是

$$\Delta=2h\sqrt{n^2-n_0^2\sin^2\theta}+\frac{\lambda}{2}$$

由 $I=I_1+I_2+2\sqrt{I_1I_2}\cos k\Delta$ 可得

$\Delta=2h\sqrt{n^2-n_0^2\sin^2\theta}+\dfrac{\lambda}{2}=m\lambda$ 时，产生亮纹；

$\Delta=2h\sqrt{n^2-n_0^2\sin^2\theta}+\dfrac{\lambda}{2}=m\lambda+\dfrac{1}{2}\lambda$ 时，产生暗纹。

为计算方便，以暗纹条件计算，得

$$m=\frac{2h\sqrt{n^2-n_0^2\sin^2\theta}}{\lambda}=\frac{2\times50\times10^{-6}\times\sqrt{1.5^2-\sin^2 30°}}{0.707\times10^{-6}}\approx200\ (\text{取整})$$

即可以产生 200 条条纹。

若以两块玻璃片形成的空气尖劈代替，则从同一块玻璃入射的光线与其出射光线平行，因此产生条纹数为

$$m=\frac{2hn_0\cos\theta_2}{\lambda}=\frac{2\times50\times10^{-6}\times\cos 30°}{0.707\times10^{-6}}\approx122\ (\text{取整})$$

2-15 如题 2-15 图所示,平板玻璃由两部分组成(冕牌玻璃 $n=1.50$,火石玻璃 $n=1.75$),平凸透镜用冕牌玻璃制成,其间隙充满二硫化碳($n=1.62$),这时牛顿环是何形状?

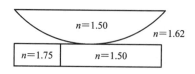

题 2-15 图

解:牛顿环在垂直光束照射下将会产生同心圆形状的干涉条纹,并且随着半径的增大,条纹间距不断减小。

在本题中,以平板玻璃折射率变化位置为界,左边光束在间隙的上下表面都有"半波损失",因此反射光形成的干涉条纹应是中心为亮斑的干涉图样;右边部分光束只在上表面有"半波损失",因此形成的干涉条纹正好和左边部分相反。题 2-15 解图给出了干涉结果的示意图。

2-16 利用牛顿环干涉条纹可以测定凹曲面的曲率半径,结构如题 2-16 图所示。试证明第 m 个暗环的半径 r_m 与凹面半径 R_2、凸面半径 R_1、光波长 λ_0 之间的关系为

$$r_m^2 = m\lambda_0 \frac{R_1 R_2}{R_2 - R_1}$$

题 2-15 解图

证:双光束等厚干涉反射光的光程差是

$$\Delta = 2n_0 d \cos\theta + \frac{\lambda}{2}$$

产生暗纹的条件是 $\Delta = 2n_0 d \cos\theta + \frac{\lambda}{2} = m\lambda + \frac{1}{2}\lambda$,即

$$2n_0 d \cos\theta = m\lambda$$

由题 2-16 图的几何关系,有

$$
\begin{aligned}
d_m &= \left(R_1 - \sqrt{R_1^2 - r_m^2}\right) - \left(R_2 - \sqrt{R_2^2 - r_m^2}\right) \\
&= \left(R_1 - \left(R_1 - \frac{r_m^2}{2R_1}\right)\right) - \left(R_2 - \left(R_2 - \frac{r_m^2}{2R_2}\right)\right) \\
&= \frac{r_m^2}{2R_1} - \frac{r_m^2}{2R_2} = \frac{r_m^2}{2}\left(\frac{1}{R_1} - \frac{1}{R_2}\right)
\end{aligned}
$$

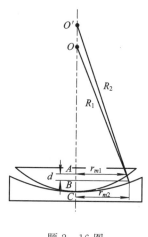

题 2-16 图

代入光程差条件,可得

$$2 \frac{r_m^2}{2}\left(\frac{1}{R_1} - \frac{1}{R_2}\right) = m\lambda$$

即

$$r_m^2 = m\lambda \frac{R_1 R_2}{R_2 - R_1}$$

2-18 平行平面玻璃板厚度 h_0 为 0.1 cm,折射率为 1.5,在 λ 为 0.6328 μm 的单色光中观察干涉条纹。当温度升高 1℃ 时,在垂直方向观察,发现有两个新的干涉条纹向外

移动，计算该玻璃的膨胀系数。

解： 假定折射率不随温度改变，温度的改变只影响玻璃的厚度，则根据题意，该玻璃的厚度改变量为

$$\Delta h = N \frac{\lambda}{2n} = 2 \times \frac{0.6328 \times 10^{-6}}{2 \times 1.5} \approx 0.4219 \times 10^{-6} \text{ m}$$

线膨胀系数

$$\alpha_T = \frac{\Delta h}{h \Delta T} = \frac{0.4219 \times 10^{-6}}{0.1 \times 10^{-2} \times 1} \approx 4.219 \times 10^{-4} \text{ ℃}^{-1}$$

2 - 19　如题 2 - 19 图所示，当迈克尔逊干涉仪中的 M_2 反射镜移动距离为 0.233 mm 时，数得移动条纹数为 792 条，求光波长。

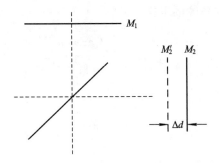

题 2 - 19 图

解： 因为移动距离为

$$\Delta d = N \cdot \frac{\lambda}{2n}$$

所以

$$\lambda = \frac{\Delta d \cdot 2n}{N} = \frac{0.233 \times 2 \times 10^3}{792} = 0.5884 \ \mu m$$

2 - 21　在观察迈克尔逊干涉仪中的等倾条纹时，已知光源波长 $\lambda = 0.59 \ \mu m$，聚光透镜焦距为 0.5 m，如题 2 - 21 图所示。求当空气层厚度为 0.5 mm 时，第 5、20 条条纹的角半径、半径和干涉级次。

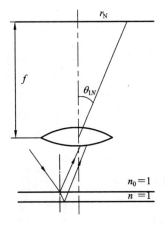

题 2 - 21 图

解：迈克尔逊干涉仪等倾干涉的光程差为

$$\Delta = 2n_0 h \cos\theta$$

中心干涉级次为

$$m_0 = \frac{2h}{\lambda} = \frac{2 \times 0.5 \times 10^{-3}}{0.59 \times 10^{-6}} \approx 1694.9$$

中心外第 1 条干涉条纹的干涉级次为 $m_1 = 1694$，相应于第 N 条干涉条纹，由

$$2n_0 h \cos\theta_N = m_N\lambda = (m_1 - N + 1)\lambda$$

可得其角半径为

$$\theta_N = \arccos\frac{(m_1 - N + 1)\lambda}{2h}$$

当 θ_N 很小时，第 N 条干涉条纹的半径

$$r_N = f\tan\theta_N \approx f\theta_N = f\arccos\frac{(m_1 - N + 1)\lambda}{2h}$$

对于第 5 条干涉条纹，干涉级次为 $m = 1690$，可得

$$\theta_5 = \arccos\frac{1690 \times 0.59 \times 10^{-6}}{2 \times 0.5 \times 10^{-3}} \approx 4.36°$$

$$r_5 \approx f\theta_5 = 0.5 \times \frac{4.36°}{180°} \times \pi \approx 0.0381 \text{ m}$$

对于第 20 条条纹，干涉级次为 $m = 1675$，可得

$$\theta_{20} = \arccos\frac{1675 \times 0.59 \times 10^{-6}}{2 \times 0.5 \times 10^{-3}} \approx 8.79°$$

$$r_{20} \approx f\theta_{20} = 0.5 \times \frac{8.79°}{180°} \times \pi \approx 0.0767 \text{ m}$$

2 - 22　红宝石激光棒两端面平行差为 $10''$，将其置于题 2 - 22 图泰曼(Twyman)干涉仪的一支光路中，光波的波长为 632.8 nm。若棒放入前，仪器调整为无干涉条纹，则棒放入后应该看到间距为多大的条纹？设红宝石棒的折射率 $n = 1.76$。

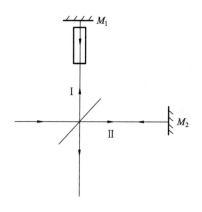

题 2 - 22 图

解：棒放入前，仪器调整为无干涉条纹，说明从 M_1 和 M_2 反射回来的波面均为平面，且互相平行。放入两端面平行差为 $10''$ 的红宝石棒后，射向 M_1 的光束偏转 $(n-1)\alpha$，经反射后再经红宝石棒出射的光束偏转 $2(n-1)\alpha$，因此，反射回来的两平面波波面间有一角度

$w = 2(n-1)\alpha$，两波干涉产生的条纹间距为

$$e = \frac{\lambda}{2\sin\frac{w}{2}} \approx \frac{\lambda}{2(n-1)\alpha} = \frac{632.8\times10^{-6}}{2\times(1.76-1)\times\frac{10}{360}\times\frac{\pi}{180}} \approx 0.86 \text{ mm}$$

2-23 设一玻璃片两面的反射系数（反射振幅与入射振幅之比）均为 $r = 90\%$，并且没有吸收，试计算第 1 至第 5 次反射光及透射光的相对强度，并用公式表示第 n 次反射光及透射光的相对强度。

解： 根据反射系数、透射系数与反射率、透射率之间的关系，逐次计算得到：

$$\frac{E_{r01}}{E_{i0}} = r = 0.9, \quad \frac{I_{r1}}{I_i} = \left(\frac{E_{r01}}{E_{i0}}\right)^2 = r^2 = R = 0.9^2 = 0.81$$

$$\frac{E_{t01}}{E_{i0}} = t\cdot t = T, \quad \frac{I_{t1}}{I_i} = \left(\frac{E_{t01}}{E_{i0}}\right)^2 = T^2 = (1-R)^2 = (1-0.81)^2 = 0.0361$$

$$\frac{E_{r02}}{E_{i0}} = t\cdot r\cdot t = r\cdot T, \quad \frac{I_{r2}}{I_i} = \left(\frac{E_{r02}}{E_{i0}}\right)^2 = r^2 T^2 = R(1-R)^2 = 0.81\times0.0361 = 0.029\,24$$

$$\frac{E_{t02}}{E_{i0}} = t\cdot r\cdot r\cdot t = T\cdot R,$$

$$\frac{I_{t2}}{I_i} = \left(\frac{E_{t02}}{E_{i0}}\right)^2 = T^2 R^2 = (1-R)^2 R^2 = (1-0.81)^2\times0.81^2 = 0.023\,69$$

$$\frac{E_{r03}}{E_{i0}} = t\cdot r\cdot r\cdot r\cdot t = r\cdot R\cdot T,$$

$$\frac{I_{r3}}{I_i} = \left(\frac{E_{r03}}{E_{i0}}\right)^2 = r^2 R^2 T^2 = R^3(1-R)^2 = 0.81^3\times0.0361 = 0.019\,19$$

$$\frac{E_{t03}}{E_{i0}} = t\cdot r\cdot r\cdot r\cdot r\cdot t = T\cdot R^2,$$

$$\frac{I_{t3}}{I_i} = \left(\frac{E_{t03}}{E_{i0}}\right)^2 = T^2 R^4 = (1-R)^2 R^4 = (1-0.81)^2\times0.81^4 = 0.015\,54$$

$$\frac{E_{r04}}{E_{i0}} = t\cdot r\cdot r\cdot r\cdot r\cdot r\cdot t = r\cdot R^2\cdot T,$$

$$\frac{I_{r4}}{I_i} = \left(\frac{E_{r04}}{E_{i0}}\right)^2 = r^2 R^4 T^2 = R^5(1-R)^2 = 0.81^5\times0.0361 = 0.012\,59$$

$$\frac{E_{t04}}{E_{i0}} = t\cdot r\cdot r\cdot r\cdot r\cdot r\cdot r\cdot t = T\cdot R^3,$$

$$\frac{I_{t4}}{I_i} = \left(\frac{E_{t04}}{E_{i0}}\right)^2 = T^2 R^6 = (1-R)^2 R^6 = (1-0.81)^2\times0.81^6 = 0.010\,20$$

$$\frac{E_{r05}}{E_{i0}} = t\cdot r\cdot r\cdot r\cdot r\cdot r\cdot r\cdot r\cdot t = r\cdot R^3\cdot T,$$

$$\frac{I_{r5}}{I_i} = \left(\frac{E_{r05}}{E_{i0}}\right)^2 = r^2 R^6 T^2 = R^7(1-R)^2 = 0.81^7\times0.0361 = 0.008\,26$$

$$\frac{E_{t05}}{E_{i0}} = t\cdot r\cdot r\cdot r\cdot r\cdot r\cdot r\cdot r\cdot r\cdot t = T\cdot R^4,$$

$$\frac{I_{t5}}{I_i} = \left(\frac{E_{t05}}{E_{i0}}\right)^2 = T^2 R^8 = (1-R)^2 R^8 = (1-0.81)^2\times0.81^8 = 0.006\,69$$

$$\frac{E_{r0n}}{E_{i0}}=t^2 \cdot r^{2n-3}, \quad \frac{I_{rn}}{I_i}=\left(\frac{E_{r0n}}{E_{i0}}\right)^2=R^{2n-3}(1-R)^2$$

$$\frac{E_{t0n}}{E_{i0}}=t^2 \cdot r^{2(n-1)}, \quad \frac{I_{tn}}{I_i}=\left(\frac{E_{t0n}}{E_{i0}}\right)^2=(1-R)^2 R^{2(n-1)}$$

2-25 某光源发出波长很接近的二单色光，平均波长为 600 nm。通过间隔 $d=10$ mm 的 F-P 干涉仪观察时，看到波长为用 λ_1 的光所产生的干涉条纹正好在波长为 λ_2 的光所产生的干涉条纹的中间，问两光波长相差多少。

解：设两波长分别为

$$\lambda_1 = 600 - \frac{1}{2}\Delta\lambda, \quad \lambda_2 = 600 + \frac{1}{2}\Delta\lambda$$

该两束光通过 F-P 干涉仪后，一个波长的条纹刚好落在另一个波长所产生条纹的中间，说明一个波长的明纹条件正好是另一个波长产生暗纹的条件。由 $\frac{I_t}{I_i}=\frac{1}{1+F\sin^2\varphi/2}$，$\varphi=k\Delta=\frac{2\pi}{\lambda}2nh\cos\theta_2$ 知：

当 $\varphi=2m\pi(m=0,\pm1,\pm2,\pm3,\cdots)$时，是明纹条件；

当 $\varphi=(2m+1)\pi(m=0,\pm1,\pm2,\pm3,\cdots)$时，是暗纹条件，也就是说，两波长在同一位置（$\theta_2$ 相同）产生的相位差为 π，即

$$\varphi_1 - \varphi_2 = 2\pi\left(\frac{1}{\lambda - \frac{1}{2}\Delta\lambda} - \frac{1}{\lambda + \frac{1}{2}\Delta\lambda}\right)2nh\cos\theta_2 = \pi$$

$$4\left(\frac{\Delta\lambda}{\lambda^2 - \left(\frac{1}{2}\Delta\lambda\right)^2}\right)nh\cos\theta_2 = 1$$

考虑到 $\Delta\lambda$ 很小，而且角度 θ_2 也很小，所以

$$\Delta\lambda \approx \frac{\lambda^2}{4nh\cos\theta_2} \approx \frac{\lambda^2}{4nh} = \frac{(0.6\times10^{-6})^2}{4\times1\times10\times10^{-3}} \text{ m} = 9\times10^{-3} \text{ nm}$$

2-30 在照相物镜上镀一层光学厚度为 $5\lambda_0/4(\lambda_0=0.55\ \mu m)$ 的低折射率膜，试求在可见光区内反射率最大的波长。薄膜呈什么颜色？

解：解法一 光学厚度为 $5\lambda_0/4$ 时，$\varphi=\frac{2\pi}{\lambda}2n_1h_1=5\pi$，这时 $\cos\varphi=-1$，镀单层低折射率膜后的反射率为极小值

$$R = \frac{r_1^2 + r_2^2 - 2r_1r_2}{1 + r_1^2 r_2^2 - 2r_1r_2}$$

要使反射率最大时，应使 $\varphi=\frac{2\pi}{\lambda}2n_1h_1$ 取 $2\pi,4\pi,6\pi,8\pi$ 等值，即 $\frac{5\lambda_0}{\lambda}=2,4,6,8$ 等，相应的波长为：$1.375\ \mu m$, $0.6875\ \mu m$, $0.4583\ \mu m$, $0.3438\ \mu m$ 等。其中 $0.6875\ \mu m$ 是红光、$0.4583\ \mu m$ 是蓝光，在可见光波段内；在色彩星图上，红和蓝合成的是品红色，所以薄膜呈品红色。

解法二 由题有

$$n_1 < n_2, \quad n_1h_1 = \frac{5\lambda_0}{4}$$

要让反射率最大，则

$$2nh = m\lambda \qquad m = 1, 2, 3\cdots$$

$$\lambda = \frac{2nh}{m} = \frac{2 \times \frac{5}{4}\lambda_0}{m}$$

在可见光波段内波长满足：380 nm＜λ＜780 nm。

可得红光 687.5 nm，蓝光 458.3 nm 符合条件。又因为红和蓝合成的是品红色，所以薄膜呈品红色。

2-31　在玻璃基片上镀两层光学厚度为 $\lambda_0/4$ 的介质薄膜，如果第一层的折射率为 1.35，问：为了达到在正入射时膜系对波长为 λ_0 的光全增透的目的，第二层薄膜的折射率应是多少。（玻璃基片折射率 $n_G = 1.6$。）

解：解法一　第二层薄膜的振幅等效反射系数为

$$\bar{r}_2 = \frac{r_2 + r_3 e^{i\varphi_2}}{1 + r_2 r_3 e^{i\varphi_2}}$$

因为第二层薄膜是 $\lambda_0/4$ 膜系，所以

$$\bar{r}_2 = \frac{r_2 - r_3}{1 - r_2 r_3}$$

其中，$r_2 = \frac{n_1 - n_2}{n_1 + n_2}$，$r_3 = \frac{n_2 - n_G}{n_2 + n_G}$，即

$$\bar{r}_2 = \frac{(n_1 - n_2)(n_2 + n_G) - (n_1 + n_2)(n_2 - n_G)}{(n_1 + n_2)(n_2 + n_G) - (n_1 - n_2)(n_2 - n_G)} = \frac{n_1 n_G - n_2^2}{n_1 n_G + n_2^2}$$

第一层薄膜的振幅反射系数为

$$r = \frac{r_1 + \bar{r}_2 e^{i\varphi_1}}{1 + r_1 \bar{r}_2 e^{i\varphi_1}}$$

因为第一层薄膜是 $\lambda_0/4$ 膜系，所以

$$r = \frac{r_1 - \bar{r}_2}{1 - r_1 \bar{r}_2}$$

其中，$r_1 = \frac{n_0 - n_1}{n_0 + n_1}$，即

$$r = \frac{(n_0 - n_1)(n_1 n_G + n_2^2) - (n_0 + n_1)(n_1 n_G - n_2^2)}{(n_0 + n_1)(n_1 n_G + n_2^2) - (n_0 - n_1)(n_1 n_G - n_2^2)} = \frac{n_0 n_2^2 - n_1^2 n_G}{n_0 n_2^2 + n_1^2 n_G}$$

所以

$$R = r^2 = \left(\frac{n_0 n_2^2 - n_1^2 n_G}{n_0 n_2^2 + n_1^2 n_G}\right)^2$$

由 $n_0 n_2^2 - n_1^2 n_G = 0$，得

$$n_2 = n_1 \sqrt{\frac{n_G}{n_0}} = 1.35\sqrt{\frac{1.6}{1}} \approx 1.7076$$

解法二　已知镀两层光学厚度为 $\lambda_0/4$ 的介质薄膜，依等效折射率的概念，其反射率为

$$R_2 = \left(\frac{1 - n_2}{1 + n_2}\right)^2$$

该膜系对正入射波长为 λ_0 的光全增透,即 $R_2=0$,故

$$n_2 = \left(\frac{n_L}{n_H}\right)^2 n_G = 1$$

第一层为低折射率膜,折射率 $n_L=1.35$;第二层高折射率膜的折射率为

$$n_H = n_L \sqrt{n_G} = 1.35 \times \sqrt{1.6} \approx 1.7076$$

2-33 有一干涉滤光片间隔层厚度为 2×10^{-4} mm,折射率 $n=1.5$,试求:

(1) 正入射情况下,滤光片在可见光区内的中心波长;

(2) 透射带的波长半宽度(设高反射膜的反射率 $R=0.9$);

(3) 倾斜入射时,入射角分别为 $10°$ 和 $30°$ 时的透射光波长。

解:(1) 中心波长 $\lambda=\dfrac{2nh}{m}$,$m=1,2,3,\cdots$,可得 $m=1$ 时的中心波长为 600 nm,$m=2$ 时的中心波长为 300 nm。在可见光波段内的中心波长为 600 nm。

(2) 透射带的波长半宽度(通带半宽度)

$$\Delta\lambda_{1/2} = \frac{\lambda^2}{2\pi nh}\frac{1-R}{\sqrt{R}} = \frac{\lambda}{m\pi}\frac{1-R}{\sqrt{R}} = \frac{600}{\pi}\times\frac{1-0.9}{\sqrt{0.9}} \approx 20 \text{ nm}$$

(3) 由 $\lambda=\dfrac{2nh\cos\theta}{m}$($\theta$ 为间隔层内的折射率),在入射角为 $10°$ 和 $30°$ 时,依折射定律计算得到折射角为 $6.65°$ 和 $19.47°$,则透过波长分别约为 596 nm 和 566 nm。

2-34 在薄膜波导中传输一个 $\beta=0.8nk_0$ 的模式,薄膜折射率 $n=2.0$,$h=3$ mm,光波波长 $\lambda=0.9$ μm。问光波沿 z 方向每传输 1 cm,在波导的一个表面上反射多少次。

解: 由题意及题 2-34 解图知,$k_0=\dfrac{2\pi}{\lambda}=\dfrac{2\pi}{0.9\times 10^{-6}}=6.98\times 10^6$ m^{-1},$\beta=0.8nk_0$ 表明传播方向 $\boldsymbol{k}$ 与波导界面法线方向的夹角为 $\theta=\arcsin 0.8=53.13°$。每反射一次沿 z 方向传播的距离 $h\tan\theta$,所以传播 1 cm 距离的反射次数为

$$\frac{l}{h\tan\theta} = \frac{10}{3\times 10^{-3}\times\tan 53.13°} \approx 2500$$

即在波导的一个表面上反射次数约为 1250 次。

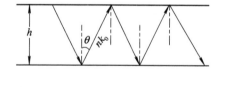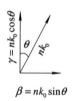

题 2-34 解图

2-35 对于实用波导,$n+n_G\approx 2n$,试证明厚度为 h 的对称波导,传输 m 阶膜的必要条件为

$$\Delta n = n - n_G \geqslant \frac{m^2\lambda^2}{8nh^2}$$

式中,λ 是光波在真空中的波长。

证: 利用导波传播的基本方程

$$hk_0\sqrt{n^2 - n_G^2} = m\pi + \arctan\sqrt{\frac{n_G^2 - n_0^2}{n^2 - n_G^2}}$$

对称波导：$n_G = n_0$，所以

$$\frac{2\pi}{\lambda}h\sqrt{n^2 - n_G^2} = m\pi \Rightarrow m = \frac{2h}{\lambda}\sqrt{n^2 - n_G^2}$$

方程两边平方，得

$$\frac{m^2\lambda^2}{4h^2} = (n - n_G)(n + n_G) = 2n \cdot \Delta n$$

所以要传输 m 阶膜的必要条件为

$$\Delta n = n - n_G \geqslant \frac{m^2\lambda^2}{8nh^2}$$

2-36　太阳直径对地球表面的张角 2θ 约为 $0°32'$，如题 2-36 图所示。在暗室中若直接用太阳光作光源进行双缝干涉实验（不限制光源尺寸的单缝），则双缝间距不能超过多大？（设太阳光的平均波长 $\lambda = 0.55\ \mu m$，日盘上各点的亮度差可以忽略。）

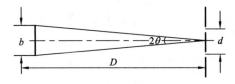

题 2-36 图

解：双缝实验的可见度公式为

$$V = \frac{I_M - I_m}{I_M + I_m} = \left| \mathrm{sinc}\ \frac{\pi\beta b}{\lambda} \right|$$

其中 b 是光源线度，$\beta = \dfrac{d}{D}$ 是双缝距离对光源面的张角。

在 $\dfrac{\pi\beta b}{\lambda} = \dfrac{\pi b d}{D\lambda} = \pi$ 时，可见度 V 为零，解得

$$d = \frac{\lambda}{2\theta} = \frac{0.55}{0°32' \times \dfrac{\pi}{180°}} \approx 59.2\ \mu m$$

双缝的距离超过这个数值时，将观察不到干涉现象。

2-38　在菲涅耳双棱镜实验中，光源到双棱镜和观察屏的距离分别为 25 cm 和 1 m，光的波长为 $0.546\ \mu m$。问要观察到清晰的干涉条纹，光源的最大横向宽度是多少。（双棱镜的折射率 $n = 1.52$，折射角 $\alpha = 30'$。）

解：如题 2-38 解图所示，由 $n_0\sin\theta = n\sin\theta_2$，得

$$\sin\theta = \frac{n}{n_0}\sin\theta_2 = 1.52 \times \sin 0.5°$$

$$\theta \approx 0.76°$$

假设是线光源，由可见度为零的条件

$$\frac{\pi\beta b}{\lambda} = \frac{\pi b d}{D\lambda} = \pi$$

可得

$$b = \frac{\lambda}{2\theta} = \frac{0.546 \times 10^{-3}}{2 \times 0.76° \times \frac{\pi}{180°}} \approx 0.021 \ \text{mm}$$

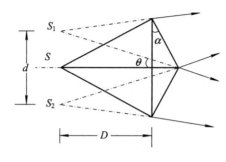

题 2−38 解图

2−39 在洛埃镜实验中,光源 S_1 到观察屏的垂直距离为 1.5 m,到洛埃镜面的垂直距离为 2 mm,洛埃镜长 40 cm,置于光源和屏之间的中央,

(1)确定屏上可以看到条纹的区域的大小;

(2)若光波波长 $\lambda = 0.5$ μm,条纹间距是多少?在屏上可以看到几个条纹?

(3)写出屏上光强分布的表达式。

解:(1)由教材图 2−6 几何关系,$D = 1.5$ m,镜长 $l = 40$ cm,可以得到:

$$\frac{y_{\text{m}}}{d/2} = \frac{(D-l)/2}{D-(D-l)/2} = \frac{D-l}{D+l}$$

所以

$$y_{\text{m}} = \frac{D-l}{D+l} \cdot \frac{d}{2} = \frac{1.1}{1.9} \times 2 \approx 1.158 \ \text{mm}$$

同样可以得到:

$$\frac{y_{\text{M}}}{d/2} = \frac{D-(D-l)/2}{(D-l)/2} = \frac{D+l}{D-l}$$

所以

$$y_{\text{M}} = \frac{D+l}{D-l} \cdot \frac{d}{2} = \frac{1.9}{1.1} \times 2 \approx 3.455 \ \text{mm}$$

能观察到干涉条纹的区域为

$$\Delta y = y_{\text{M}} - y_{\text{m}} \approx 3.455 - 1.158 = 2.297 \ \text{mm}$$

(2)条纹间距为

$$\delta y = \frac{D}{d}\lambda = \frac{1.5}{4 \times 10^{-3}} \times 0.5 \times 10^{-6} \text{m} = 0.1875 \ \text{mm}$$

可以看到条纹数为

$$\frac{\Delta y}{\delta y} = \frac{2.297}{0.1875} \approx 12 \ (\text{取整})$$

(3)假定是两束光强相等的光进行干涉,则屏上的光强分布为

$$I = 4I_0 \cos^2\left[\frac{\pi}{\lambda}\left(\frac{d}{D}y + \frac{\lambda}{2}\right)\right] = 4I_0 \sin^2\left(\frac{\pi}{\lambda}\frac{d}{D}y\right)$$

2−40 若光波的波长宽度为 $\Delta\lambda$,频率宽度为 $\Delta\nu$,试证明 $\left|\frac{\Delta\nu}{\nu}\right| = \left|\frac{\Delta\lambda}{\lambda}\right|$。式中 ν 和 λ 分别

为该光波的频率和波长。对于波长为 632.8 nm 的 He‐Ne 激光，波长宽度 $\Delta\lambda = 2\times10^{-8}$ nm，试计算它的频率宽度和相干长度。

解： 由 $\lambda\nu = c$ 可得 $\lambda\mathrm{d}\nu + \nu\mathrm{d}\lambda = 0$，即 $\dfrac{\mathrm{d}\nu}{\nu} = -\dfrac{\mathrm{d}\lambda}{\lambda}$，所以有

$$\left|\frac{\Delta\nu}{\nu}\right| = \left|\frac{\Delta\lambda}{\lambda}\right|$$

He‐Ne 激光的频率宽度

$$\Delta\nu = \frac{\Delta\lambda}{\lambda}\nu = \frac{c}{\lambda^2}\Delta\lambda = \frac{3.0\times10^8}{(632.8\times10^{-9})^2}\times2\times10^{-17} \approx 1.498\times10^4 \text{ Hz}$$

He‐Ne 激光的相干长度

$$\Delta_{\mathrm{C}} \approx \frac{c}{\Delta\nu} \approx \frac{3.0\times10^8}{1.498\times10^4} \text{ m} \approx 20.027 \text{ km}$$

2‐41　假定用发射真空波长为 λ_1 和 λ_2 的双线光源照明迈克尔逊干涉仪，当移动一面镜子时，条纹周期性地出现与消失。如果平面镜的位移 Δd 引起条纹可见度有一个周期的变化，试用 $\Delta\lambda = \lambda_1 - \lambda_2$、$\lambda_1$ 和 λ_2 写出 Δd 的表达式。

解： 迈克尔逊干涉仪的明纹条件，对于 λ_1 和 λ_2 两个波长分别为 $2nd_1 = m_1\lambda_1$ 和 $2nd_1 = m_2\lambda_2$，当镜面移动使间距由 d_1 变到 d_2 改变量为 Δd 时，λ_1 与 λ_2 各自的光程差都在变化，而且与 λ_1 相比较，λ_2 的光程差多变化了一个波长，由此引起了干涉条纹可见度有一个周期的变化，即 $2nd_2 = (m_1+m)\lambda_1$ 和 $2nd_2 = (m_2+m+1)\lambda_2$，因此有

$$2n\Delta d = 2n(d_2 - d_1) = m\lambda_1$$
$$2n\Delta d = 2n(d_2 - d_1) = (m+1)\lambda_2$$

由上述二式求出

$$m = \frac{\lambda_2}{\lambda_1 - \lambda_2}$$

可得

$$\Delta d = \frac{\lambda_1\lambda_2}{2n(\lambda_1 - \lambda_2)}$$

第3章 光 的 衍 射

在上一章讨论光的干涉现象的基础上,本章将着重讨论光的衍射现象。光的衍射现象是光的波动性的另一基本特征。光的衍射效应在近代科学技术中有着极其重要的应用。

本章基于基尔霍夫标量衍射理论,研究两种最基本的衍射现象及其应用:菲涅耳衍射和夫朗和费衍射,并简单介绍傅里叶光学、二元光学和近场光学基础。

3.1 基 本 要 求

1. 基本要求

(1) 了解基尔霍夫标量衍射的基本理论;

(2) 熟练掌握基本的夫朗和费衍射问题:单缝衍射、圆孔衍射、多缝衍射、巴俾涅原理;

(3) 掌握基本的菲涅耳衍射问题:菲涅耳圆孔衍射、菲涅耳直边衍射;

(4) 掌握光栅、波带片的特性,了解衍射的应用;

(5) 掌握全息术的基本原理,了解全息术的特性;

(6) 了解光衍射的傅里叶光学分析。

2. 重点、难点

(1) 重点:夫朗和费衍射和菲涅耳衍射。

(2) 难点:菲涅耳衍射。

3.2 基本概念和公式

光的干涉现象与光的衍射现象都是光波动性属性的表现,都是线性光学范畴内的效应,本质上都是光波在空间的相干叠加现象,只是光的干涉是有限个光波的相干叠加,而光的衍射则是无穷多个光波相干叠加的结果。本章首先给出处理光衍射效应的基本理论——基尔霍夫标量衍射理论,较详细地分析讨论夫朗和费衍射现象和菲涅耳衍射现象:对于夫琅和费单缝、圆孔和多缝衍射给出了解析解,并讨论了衍射特性,对于细丝(或窄带)和圆盘的夫朗和费衍射,则运用巴俾涅原理,讨论其衍射特性;对于菲涅耳衍射现象的理论求解比较困难,通常都采用近似方法处理,本章对菲涅耳圆孔、圆屏衍射采用了菲涅耳波带法讨论，而对直边衍射特性则运用相应的振幅矢量加法讨论。本章并进一步地讨论了光栅和波带片等重要的光学元件的原理特性和应用，以及综合光干涉和光衍射效应的全息术。最后，结合介绍现代光学的几个重要分支——傅里叶光学、二元光学（衍射光学）和近场光学的基础，进一步深刻讨论和认识光的衍射效应。

1. 光的衍射及基尔霍夫标量衍射理论

1）光的衍射效应

光的衍射是光波波面上子波相干叠加的结果，其理论处理较复杂，严格求解较困难，实际上多采用近似理论处理。本章采用的基尔霍夫衍射理论是最常运用的近似理论。

2）基尔霍夫标量衍射理论

（1）基尔霍夫积分定理。基尔霍夫根据电磁场理论引入了基尔霍夫积分定理

$$\widetilde{E}(P) = \frac{1}{4\pi}\iint_{\Sigma}\left[\frac{\partial \widetilde{E}}{\partial n}\left(\frac{e^{ikr}}{r}\right) - \widetilde{E}\frac{\partial}{\partial n}\left(\frac{e^{ikr}}{r}\right)\right]d\sigma$$

将空间 P 点的光场与周围任一闭合曲面 Σ 上的光场联系了起来。

（2）基尔霍夫衍射公式。对于教材第 134 页图 3-5 所示的孔径衍射，在满足

$$\lambda < \delta \ll \text{Min}(r, l)$$

条件下，利用基尔霍夫积分定理，可以得到如下基尔霍夫衍射积分公式：

$$\widetilde{E}(P) = -\frac{i}{\lambda}\iint_{\Sigma}\widetilde{E}(l)\frac{e^{ikr}}{r}\left[\frac{\cos(\boldsymbol{n}, \boldsymbol{r}) - \cos(\boldsymbol{n}, \boldsymbol{l})}{2}\right]d\sigma$$

该式具体指出了 P 点处的光场复振幅 $\widetilde{E}(P)$，是衍射孔径面 Σ 上各次波源发出次波在 P 点处的相干叠加。

（3）基尔霍夫衍射的近似处理。利用基尔霍夫衍射理论处理实际问题，通常都满足如下两个近似：

① 傍轴近似。考虑到衍射孔径的线度，观察屏上的考察范围比观察屏到孔径的距离小得多，菲涅耳-基尔霍夫衍射公式可以简化为

$$\widetilde{E}(P) = -\frac{i}{\lambda z_1}\iint_{\Sigma}\widetilde{E}(Q)e^{ikr}d\sigma$$

② 距离近似。根据观察屏到衍射孔径的距离不同，有两种近似：

a. 菲涅耳近似。在傍轴近似条件下，当观察屏距离 z_1 大到满足

$$\frac{k}{8}\frac{\left[(x-x_1)^2 + (y-y_1)^2\right]^2_{\max}}{z_1^3} \ll \pi$$

时，称为菲涅耳近似，在这个区域内观察到的衍射叫菲涅耳衍射。菲涅耳衍射公式为

$$\widetilde{E}(x, y) = -\frac{i}{\lambda z_1}\iint_{\Sigma}\widetilde{E}(x_1, y_1)e^{ikz_1\left[1+\frac{(x-x_1)^2+(y-y_1)^2}{2z_1^2}\right]}dx_1\,dy_1$$

b. 夫朗和费近似。在菲涅耳衍射区中，若观察屏距离 z_1 很大，满足

$$k\frac{(x_1^2 + y_1^2)_{\max}}{2z_1} \ll \pi$$

时，称为夫朗和费近似，在这个区域内观察到的衍射叫夫朗和费衍射。夫朗和费衍射公式为

$$\widetilde{E}(x, y) = -\frac{ie^{ikz_1}}{\lambda z_1}e^{ik\frac{x^2+y^2}{2z_1}}\iint_{\Sigma}\widetilde{E}(x_1, y_1)e^{-ik\frac{xx_1+yy_1}{z_1}}dx_1\,dy_1$$

可见，对于夫朗和费衍射，由于观察屏远离衍射屏，孔径面上次波源发出的次波应视为平面光波，而对于菲涅耳衍射，因为观察屏距离衍射屏有限远，孔径面上次波源发出的次波应视为球面波。

(4) 巴俾涅原理。巴俾涅原理是指两个互补屏在衍射场中某一点单独产生的光场复振幅之和，等于无衍射屏、光波自由传播时该点处的光场复振幅：

$$\widetilde{E}_0(P) = \widetilde{E}_1(P) + \widetilde{E}_2(P)$$

由巴俾涅原理可见，对于无衍射屏、光场为零的那些点，互补屏产生完全相同的衍射光强度分布。在这种情况下，可以方便地由一种衍射屏的衍射光强分布，求出其互补衍射屏的衍射光强分布。

2. 夫朗和费衍射

1) 夫朗和费单缝衍射

对于教材图 3-20 所示的夫朗和费单缝衍射，利用夫朗和费衍射公式可求得其衍射光强分布为

$$I = I_0 \left(\frac{\sin\alpha}{\alpha}\right)^2$$

式中，$\alpha = \dfrac{\pi a}{\lambda}\sin\theta$，通常称 $\left(\dfrac{\sin\alpha}{\alpha}\right)^2$ 为单缝衍射因子。

夫朗和费单缝衍射光强的中央主极大值衍射角位置，$\theta = 0$；光强暗条纹的衍射角位置满足：

$$\sin\theta = m\frac{\lambda}{a} \qquad m = \pm 1, \pm 2, \cdots$$

相邻暗条纹的距离为

$$\Delta x_m = \frac{\lambda}{a} f$$

光强次极大位置由 $\tan\alpha = \alpha$ 确定，或满足

$$\sin\theta = \pm 1.43\frac{\lambda}{a}, \quad \pm 2.46\frac{\lambda}{a}, \quad \pm 3.47\frac{\lambda}{a}, > \cdots$$

中央主极大亮条纹半角宽度和半线宽为

$$\Delta\theta = \frac{\lambda}{a}, \quad \Delta x = \frac{\lambda f}{a}$$

由夫朗和费单缝衍射图样可见：

① 缝宽 a 越小，中央主极大亮条纹半角宽度和半线宽越大，衍射现象越明显；波长 λ 越大，衍射现象也越明显。

② 半角宽是衍射效应强弱的度量，当 $\lambda/a \to 0$ 时，可忽略衍射效应，采用几何光学方法描述光波的传播。

③ 白光照明时，衍射图样中央是白色，高级次衍射条纹呈现彩色，对于每一级衍射条纹，向外依次由紫到红变化，形成所谓的衍射光谱。

2) 夫朗和费细丝(窄带)衍射

一根细丝(窄带)可以认为是单缝的互补衍射屏，在观察屏上，除中央点外，均有 $\widetilde{E}_0(P) = 0$，故根据巴俾涅原理，除中央点外，细丝(窄带)的夫朗和费衍射图样与单缝衍射

图样相同。

3）夫朗和费矩形孔衍射

对于教材第 139 页图 3-12 所示的夫朗和费矩形孔衍射，利用夫朗和费衍射公式可求得其衍射光强分布为

$$I(x, y) = I_0 \left(\frac{\sin\alpha}{\alpha} \right)^2 \left(\frac{\sin\beta}{\beta} \right)^2$$

式中，$\alpha = \dfrac{\pi a}{\lambda} \sin\theta_x$，$\beta = \dfrac{\pi b}{\lambda} \sin\theta_y$。

夫朗和费矩形孔衍射光强的中央主极大值衍射角位置：$\theta_x = 0$、$\theta_y = 0$；衍射极小值满足

$$\begin{cases} a \sin\theta_x = m_1\lambda & m_1 = \pm 1, \pm 2, \pm 3, \cdots \\ b \sin\theta_y = m_2\lambda & m_2 = \pm 1, \pm 2, \pm 3, \cdots \end{cases}$$

中央主极大亮条纹半角宽度为

$$\Delta\theta_x = \frac{\lambda}{a}, \quad \Delta\theta_y = \frac{\lambda}{b}$$

4）夫朗和费圆孔衍射

对于教材第 141 页图 3-15 所示的夫朗和费圆孔衍射，利用夫朗和费衍射公式可求得其衍射光强分布为

$$I(\rho, \varphi) = I_0 \left[\frac{2J_1(\Phi)}{\Phi} \right]^2$$

式中，$\Phi = ka\theta$，是圆孔边缘和中心点在同一 θ 方向上光线间的相位差。

夫朗和费圆孔衍射的中央亮斑叫爱里光斑，它集中了入射在圆孔上均匀平面波能量的 83.78%。爱里光斑的角半径为

$$\theta_0 = 0.61 \frac{\lambda}{a} = 1.22 \frac{\lambda}{D}$$

爱里光斑的线半径为

$$\rho_0 = 0.61f \frac{\lambda}{a} = 1.22f \frac{\lambda}{D}$$

爱里光斑的面积为

$$S_0 = \frac{(0.61\pi f\lambda)^2}{S}$$

5）光学成像系统的分辨本领

光学成像系统的分辨本领是指能分辨开两个靠近的点物或物体细节的能力，它是光学成像系统的重要性能指标。

瑞利判据是为定量表征光学成像系统分辨本领而引入的标准。对于圆孔光学成像系统，将一个点物衍射图样的中央主极大位置与另一个点物衍射图样的第一个极小位置重合的状态作为光学成像系统的分辨极限，此时，两点物衍射图样的重叠区中点极小光强度约为两侧极大光强度的 73.5%（对于缝隙形光阑，约为 81%）。

（1）人眼睛的分辨本领。人眼睛的成像作用可以等价于一个单凸透镜，人眼睛的瞳孔直径约为 1.5 mm～6 mm。当人眼瞳孔直径为 2 mm 时，对于最敏感的光波波长 $\lambda = 0.55 \ \mu m$，可以计算得到人眼的最小分辨角 α_e 为

$$\alpha_e = \theta_0 = 1.22\frac{\lambda}{D_e} = 3.3\times10^{-4}\ \text{rad}$$

（2）望远镜的分辨本领。望远镜的最小分辨角为

$$\alpha = \theta_0 = 1.22\frac{\lambda}{D}$$

望远镜的放大率为

$$M = \frac{\alpha_e}{\alpha} = \frac{D}{D_e}$$

望远镜的作用相当于增大人眼睛的瞳孔；为了充分利用望远镜物镜的分辨本领，应使望远镜的放大率保证物镜的最小分辨角经望远镜放大后等于眼睛的最小分辨角。

（3）照相物镜的分辨本领。若照相物镜的孔径为 D，相应第一极小的衍射角为 θ_0，则底片上恰能分辨的两条直线之间的距离 ε 为

$$\varepsilon = f\theta_0 = 1.22f\frac{\lambda}{D}$$

习惯上，照相物镜的分辨本领用底片上每毫米内能形成多少条恰能分开的线条数 N 表示，N 为

$$N = \frac{1}{\varepsilon} = \frac{1}{1.22\lambda}\frac{D}{f}$$

式中，D/f 是照相物镜的相对孔径。可见，照相物镜的相对孔径愈大，分辨本领愈高。

（4）显微镜的分辨本领。显微镜能分辨开两点物的最小距离为

$$\varepsilon = \frac{0.61\lambda}{n\sin u} = \frac{0.61\lambda}{\text{NA}}$$

式中，$\text{NA}=n\sin u$，为物镜的数值孔径。

6）夫朗和费多缝衍射

对于教材第 149 页图 3-22 所示的夫朗和费多缝衍射，利用夫朗和费衍射公式可求得其衍射光强分布为

$$I(P) = I_0\left(\frac{\sin\alpha}{\alpha}\right)^2\left[\frac{\sin\frac{N\varphi}{2}}{\sin\frac{\varphi}{2}}\right]^2$$

式中，$\alpha=\frac{\pi a}{\lambda}\sin\theta$，$\varphi=\frac{2\pi d}{\lambda}\sin\theta$。夫朗和费多缝衍射包含有衍射和干涉双重效应，其衍射图样具有等振幅，等相位差多光束干涉和单缝衍射的特征。

夫朗和费多缝衍射的主极大位置满足

$$d\sin\theta = m\lambda \qquad m = 0, \pm1, \pm2, \cdots$$

相应的光强度为

$$I_M = N^2 I_0\left(\frac{\sin\alpha}{\alpha}\right)^2$$

衍射极小位置满足

$$d\sin\theta = \left(m+\frac{m'}{N}\right)\lambda \qquad m' = 1, 2, \cdots, N-1$$

在两个主极大之间，有 $(N-1)$ 个极小，有 $(N-2)$ 个次极大，次极大的位置可以通过对强

度分布公式求极值确定。衍射主极大条纹角宽度为

$$2\Delta\theta = \frac{2\lambda}{Nd\,\cos\theta}$$

由于夫朗和费多缝衍射是干涉和衍射的共同效应,所以存在缺级现象。缺级的级次为

$$m = \frac{d}{a}n \qquad n = \pm 1, \pm 2, \cdots$$

7) 衍射光栅

(1) 光栅方程。光波垂直入射光栅的情况下,光栅方程为

$$d\,\sin\theta = m\lambda \qquad m = 0, \pm 1, \pm 2, \cdots$$

光波斜入射光栅时,光栅方程为

$$d\,(\sin\varphi \pm \sin\theta) = m\lambda \qquad m = 0, \pm 1, \pm 2, \cdots$$

当入射光与衍射光在光栅法线一侧时,取"+"号;异侧时,取"-"号。

(2) 衍射光栅的分光原理。由光栅方程可见,当用复色光照射时,除零级衍射光外,不同波长的同一级衍射光不重合,即发生空间色散现象,这就是衍射光栅的分光原理。

当用白光照射光栅时,对于每个 m 级衍射光都有一系列按波长排列的光谱,称为第 m 级光谱。每块光栅在给定入射角 φ 时,其最大光谱级数为

$$m_{\mathrm{M}} = \frac{(1 \pm \sin\varphi)d}{\lambda}$$

一般情况下,正级光谱和负级光谱的最大光谱级数不同。

(3) 光栅光谱仪的技术性能。

① 光栅色散本领。光栅的色散本领是指光谱仪能将不同波长的同级主极大光分开的程度。

a. 角色散:波长相差 0.1 nm 的两条谱线分开的角距离,即

$$\frac{\mathrm{d}\theta}{\mathrm{d}\lambda} = \frac{m}{d\,\cos\theta}$$

b. 线色散:在透镜的焦平面上,波长相差 0.1 nm 的两条谱线间分开的距离,即

$$\frac{\mathrm{d}l}{\mathrm{d}\lambda} = f\frac{\mathrm{d}\theta}{\mathrm{d}\lambda} = f\frac{m}{d\,\cos\theta}$$

由于实用衍射光栅的光栅常数 d 通常都很小,亦即光栅的刻痕密度 $1/d$ 很大,所以光栅光谱仪的色散本领很大。

② 光栅分辨本领。光栅的分辨本领是表征光谱仪分辨开两条波长相差很小的谱线能力的参量,即

$$A = \frac{\lambda}{\Delta\lambda} = mN$$

该式说明,光栅分辨本领与光栅常数无关,只与光谱级次 m 和光栅的总刻痕数 N 有关。

③ 光栅自由光谱范围。光谱仪的自由光谱范围(或称为色散范围)是指它的光谱不重叠区:

$$\Delta\lambda = \frac{\lambda}{m}$$

其意义是,波长为 λ 的入射光的第 m 级衍射,只要它的谱线宽度小于 $\Delta\lambda = \lambda/m$,就不会发

生与 λ 的 $(m-1)$ 或 $(m+1)$ 级衍射光重叠的现象。

8) 几种特殊光栅

(1) 闪耀光栅。闪耀光栅又叫炫耀光栅、定向光栅,它是一种相位型光栅,可弥补平面光栅低效率性能的不足。

闪耀光栅的齿形槽面与光栅平面的夹角为 θ_0,其主闪耀条件为

$$2d \sin\theta_0 = m\lambda_M$$

λ_M 称为该光栅的闪耀波长,m 是相应的闪耀级次,这时的闪耀方向即为光栅的闪耀角 θ_0 的方向。

(2) 正弦型振幅光栅。正弦型振幅光栅的透射系数表示式为

$$t(x_1) = t_0 + \frac{t_1}{2}e^{i\frac{2\pi}{d}x_1} + \frac{t_1}{2}e^{-i\frac{2\pi}{d}x_1}$$

它的衍射光强度分布为

$$I = I_0 \left[t_0 \frac{\sin\alpha}{\alpha} + \frac{t_1}{2}\frac{\sin(\alpha+\pi)}{(\alpha+\pi)} + \frac{t_1}{2}\frac{\sin(\alpha-\pi)}{(\alpha-\pi)} \right]^2 \left(\frac{\sin N\alpha}{\sin\alpha} \right)^2$$

由于缺级效应,只有三个衍射主极大方向,分别对应 $\theta=0$、$d\sin\theta=-\lambda$ 和 $d\sin\theta=\lambda$,或表示为

$$d\sin\theta = m\lambda \qquad m = 0, \pm 1$$

因此,平行光正入射时,正弦振幅光栅将产生三束衍射光,一束沿原入射方向传播,另两束向两侧对称分开。

3. 菲涅耳衍射

1) 菲涅耳波带法

由于直接运用基尔霍夫衍射公式定量分析菲涅耳衍射非常复杂,在实际工作中多采用数值计算方法,而在半定量处理问题时,则经常采用物理概念清晰、简单的菲涅耳波带作图近似方法讨论。从数学上看,菲涅耳波带法实际上是将基尔霍夫衍射积分简化为离散量的叠加。

针对菲涅耳圆孔、圆屏衍射的特点,所采用的菲涅耳波带法简化为代数加法;针对菲涅耳直边衍射的特点,菲涅耳波带法应为振幅矢量加法。

2) 菲涅耳圆孔衍射

对于教材第 154 页图 3-25 所示的圆孔波带法示意图,位于过圆孔中心且垂直于圆孔轴上的考察点 P_0,在圆孔上画的菲涅耳半波带数为

$$N = \frac{\rho_N^2}{\lambda R}\left(1 + \frac{R}{r_0}\right)$$

若近似认为各个半波带内点源在 P_0 点处的光场相同,相邻半波带对 P_0 点光场的贡献反相,则 P_0 点的光场振幅为

$$A_N = \frac{a_1}{2} \pm \frac{a_N}{2}$$

N 为奇数时,取 $+$ 号;N 为偶数时,取 $-$ 号。

由此得出结论:随着圆孔半径或圆孔到观察屏之间距离的变化,N 将交替出现奇数或偶数,因此,P_0 点的光强也将亮暗交替变化。

3）菲涅耳圆屏衍射

在菲涅耳衍射中，不存在无衍射屏时的光场零点区，所以菲涅耳圆屏衍射不能利用巴俾涅原理直接由菲涅耳圆孔衍射导出。菲涅耳圆屏衍射仍可采用菲涅耳波带法处理。

位于过圆屏中心，且垂直于圆屏轴上的考察点 P_0，光场振幅为

$$A_\infty = \frac{a_{N+1}}{2}$$

圆屏半径或圆屏到观察屏之间距离变化时，P_0 点处的衍射光强总为亮点。

4）菲涅耳直边衍射

利用菲涅耳波带法可以说明教材图 3－30 所示的菲涅耳直边衍射现象：一束平面光波或柱面光波通过与其传播方向垂直的不透明直边后，在几何阴影区的一定范围内，光强度不为零，而在阴影区外的明亮区内，光强度出现有规律的不均匀分布。

5）菲涅耳波带片

菲涅耳波带片是在透明薄板上，对应轴上某一确定的衍射场点 P_0 画出若干个半波带，挡住其中的偶数带（或奇数带），形成的透明和不透明圆环交替的特殊光阑。由于菲涅耳波带片类似于透镜，具有聚光作用，故又称为菲涅耳透镜。

（1）菲涅耳波带片的半径公式：

$$\rho_N = \sqrt{\frac{Rr_0}{R+r_0}N\lambda} \qquad N = 1,\ 2,\ 3,\ \cdots$$

（2）菲涅耳波带片的成像公式：

$$\frac{1}{R} + \frac{1}{r_0} = \frac{1}{f},\quad f = \frac{\rho_N^2}{N\lambda}$$

（3）菲涅耳透镜与普通透镜的异同。菲涅耳透镜与普通透镜都具有聚焦光束和成像的作用，但它们之间有本质的不同：

① 普通透镜是利用光的折射原理实现聚光的，而菲涅耳透镜则是利用光的衍射原理实现聚光的，即从物点发出的光波经菲涅耳透镜衍射后，在像点上产生相干叠加。

② 普通透镜中只有一个焦点，而菲涅耳透镜有多个焦点，即用一束平行光照射时，除了 P_0 点（主焦点）为亮点外，在 $r_0 = f/3,\ f/5,\ \cdots$，处还有一系列光强较小的（次焦点）亮点，在 $r_0 = -f,\ -f/3,\ -f/5,\ \cdots$，处还有一些虚焦点。

③ 菲涅耳透镜的焦距与波长成反比，这就使得它的色差比普通透镜大得多。色差较大是菲涅耳透镜的主要缺点。

④ 菲涅耳透镜具有面积大、轻便和可折叠等优点。

（4）菲涅耳波带片不仅可制成圆形，也可制成长条形或方形。长条形波带片在其焦点处将产生会聚成一条方向平行于波带片条带的明亮直线，而方形波带片的衍射图样是十字亮线，很适于工程准直应用。

4. 全息照相

全息照相是全息照相技术的简称，又称全息术，是利用光的干涉和衍射效应获取物体完全逼真的立体像的一种成像技术，全息照相不仅可以记录物体光场振幅的大小（或强度），也可以记录其相位信息。

1) 全息照相的原理

全息照相过程分两步进行:第一步是干涉记录过程,第二步是衍射再现过程。干涉记录过程是将携带物体形状信息的光波与一理想参考光波同时照射到照相底板上,产生干涉,记录其干涉图样,经过适当的曝光和冲洗,得到一张全息图(全息照片);衍射再现过程是利用衍射原理进行物光波再现,通常是使用一束相干光波(多数情况下是与记录全息图时使用的参考光波完全相同)照明全息图,该光波在全息图上如同经一块复杂光栅发生衍射,衍射光波中将包含有原来的物光波,当观察者迎着物光波观察时,便可看到物体的再现虚像,它具有原始物体的一切特征。

因此,全息图与原始物体没有任何相像之处;衍射光中,除有物光虚像外,还存在一个实像(称为共轭像),它不需要借助透镜就能拍摄下来,只要将感光物质放在实像所处的位置即可。

两个特例:

(1) 物光波和参考光波都是平面光波的全息照相过程。典型的实验装置如教材第 183 页图 3 - 63、第 184 页图 3 - 64,属于傅里叶变换(夫朗和费)全息。

若两光波在照相底板平面上的光场复振幅分布分别为

$$\widetilde{E}_O(x, y) = O(x, y)e^{ikx\sin\theta_O}, \widetilde{E}_R(x, y) = R(x, y)e^{ikx\sin\theta_R}$$

则底板上的干涉强度为

$$I(x, y) = O^2 + R^2 + 2OR\cos[kx(\sin\theta_O - \sin\theta_R)]$$

底板经线性曝光和冲洗后,其透射系数可表示为

$$\tilde{t}(x, y) = O^2 + R^2 + 2OR\cos[kx(\sin\theta_O - \sin\theta_R)]$$

可见,这个全息图实际上是正弦光栅。

再现时,如果用与记录参考光波完全相同的光波照明,则透过全息图的衍射光波场复振幅为

$$\widetilde{E}_D(x, y) = (O^2 + R^2)Re^{ikx\sin\theta_R} + R^2Oe^{ikx\sin\theta_O} + R^2e^{ikx(2\sin\theta_R)}Oe^{-ikx\sin\theta_O}$$

它包含三个沿不同方向传播的平面波:第二项是再现的物光波(虚像);第一项代表直射的照明光波;第三项是共轭光波(实像)。

(2) 物光波是球面波、参考光波是平面波的全息照相过程。典型的实验装置如教材图 3 - 65 所示,属于菲涅耳全息。

若点物球面光波在照相底板上的光场复振幅分布为

$$\widetilde{E}_O(x, y) = Oe^{i\frac{\pi}{\lambda z_1}(x^2+y^2)}$$

参考光波在照相底板上的振幅均匀分布,光场复振幅为

$$\widetilde{E}_R(x, y) = 1$$

则底板上的干涉强度为

$$I(x, y) = O^2 + Oe^{i\frac{\pi}{\lambda z_1}(x^2+y^2)} + Oe^{-i\frac{\pi}{\lambda z_1}(x^2+y^2)}$$

底板经线性曝光和冲洗后,其透射系数可表示为

$$\tilde{t}(x, y) = O^2 + Oe^{i\frac{\pi}{\lambda z_1}(x^2+y^2)} + Oe^{-i\frac{\pi}{\lambda z_1}(x^2+y^2)}$$

再现时,如果用与记录参考光波相同的光波垂直照明全息图,则透过全息图的衍射光波场复振幅为

$$\widetilde{E}_D(x, y) = O^2 + Oe^{i\frac{\pi}{\lambda z_1}(x^2+y^2)} + Oe^{-i\frac{\pi}{\lambda z_1}(x^2+y^2)}$$

上式右边第二项是再现的物光波，它是发散的球面波，迎着它观察时，可以看到点物 S 的虚像 S'；第一项代表与全息图垂直的直射平面光波；第三项是共轭波，它是一个球心在全息图右方的会聚球面波，在球心形成点物 S 的实像 S''。这个全息图的再现，与菲涅耳波带片的衍射极为相似。

2) 全息照相的特点

(1) 全息照相是利用光的干涉和衍射效应实现的立体成像技术，它能够记录物体光波的全部信息，并能再现。

(2) 全息照相是相干光波的成像技术，为了能使物光波和参考光波干涉，通常都使用一个单色激光器，采用"一分为二"的方法，使其一束光照射物体，所产生的反射或散射光作为携带物体形状信息的物光波，而另一束光作为参考光束，并使该两光束在照相底板上干涉、记录。特别要求所使用单色光的相干长度应大于物光波和参考光波之间的光程差，单色光的空间相干性应保证从物体上不同部分反射（散射）的光波和参考光波能够发生干涉。如果要求获得物体的彩色信息，须利用不同波长的单色光作多次记录。

(3) 通常，全息图的尺寸总比其上记录的干涉条纹的间距大得多，因此，即使全息图破碎成许多小块，都可以很好地再现出原物的像，这就使得它在信息存储中有着重要的应用。

(4) 全息照相对照相底板的正负没有要求，但是对于照相底板的曝光和冲洗必须保证线性处理，对底板分辨本领也有比较高的要求。为了得到清晰的全息图，对整个全息装置的稳定性也有很高的要求。

3) 全息照相的应用

全息照相在光信息存储、计量等领域内有着非常重要、广泛的应用，详细研究可参看相关文献。

4) 数字全息

数字全息是传统的光全息照相和数字技术相结合的产物。数字全息用光电传感器件（如 CCD）代替传统全息中的银盐干板来记录全息图，以数字全息图的形式输入计算机，用计算机模拟光学衍射过程来实现被记录物体的全息再现。由于数字全息的优点，使其在振动测量、三维形貌测量、粒子场分析、光学图像加密等领域有广泛的应用。

5. 衍射的傅里叶光学基础

傅里叶光学是现代光学的重要分支，在光电子技术中有着非常广泛的重要应用。傅里叶光学的数学基础是傅里叶变换，物理基础是光的标量衍射理论，它可以与传统物理光学不同的描述方法，讨论光波的传播、叠加（干涉、衍射）和成像等现象的规律。

1) 单色光波场传播的空间频谱分析

(1) 单色光波场平面上复振幅分布的空间频率谱。利用傅里叶变换关系式，可以把单色光波场中任一 xy 平面上的复振幅分布 $\widetilde{E}(x, y)$，分解成无数个不同空间频率的基元复指数函数的线性组合，即

$$\widetilde{E}(x, y) = \mathrm{F}^{-1}\big[\widetilde{E}(f_x, f_y)\big]$$

$$= \iint_{-\infty}^{\infty} \widetilde{E}(f_x, f_y) e^{i2\pi(f_x x + f_y y)} \, \mathrm{d}f_x \, \mathrm{d}f_y$$

每一个空间频率为(f_x, f_y)的基元复指数函数 $\exp[i2\pi(f_x x + f_y y)]$，代表传播方向余弦为$(\cos\alpha = f_x\lambda,\ \cos\beta = f_y\lambda)$的单色平面光波，因而，平面上的复振幅分布$\widetilde{E}(x, y)$可以看作无穷多不同方向传播的单色平面波分量的线性叠加，各个平面波分量的相对振幅和相位取决于$\widetilde{E}(f_x, f_y)$。通常称$\widetilde{E}(f_x, f_y)$为平面上复振幅分布的空间频率谱，简称为空间频谱(或角谱)，并有

$$\widetilde{E}(f_x, f_y) = \iint_{-\infty}^{\infty} \widetilde{E}(x, y) e^{-i2\pi(f_x x + f_y y)}\, df_x\, dx\, dy$$

因为每一组空间频率与平面波分量传播的特定方向相对应，上式也可以通过方向余弦表示，即

$$\widetilde{E}\left(\frac{\cos\alpha}{\lambda}, \frac{\cos\beta}{\lambda}\right) = \iint_{-\infty}^{\infty} \widetilde{E}(x, y) e^{-i2\pi\left(\frac{\cos\alpha}{\lambda}x + \frac{\cos\beta}{\lambda}y\right)}\, dx\, dy$$

(2) 空间频率谱分量的传播。光波从孔径平面传播到z处的观察平面，光场复振幅的空间频谱由$\widetilde{E}_0(f_x, f_y)$变为$\widetilde{E}_z(f_x, f_y)$，两者关系为

$$\widetilde{E}_z(f_x, f_y) = \widetilde{E}_0(f_x, f_y) e^{i\frac{2\pi}{\lambda}z\sqrt{1-(\lambda f_x)^2-(\lambda f_y)^2}}$$

或

$$\widetilde{E}_z\left(\frac{\cos\alpha}{\lambda}, \frac{\cos\beta}{\lambda}\right) = \widetilde{E}_0\left(\frac{\cos\alpha}{\lambda}, \frac{\cos\beta}{\lambda}\right) e^{i\frac{2\pi}{\lambda}z\sqrt{1-\cos^2\alpha-\cos^2\beta}}$$

上式就是衍射的空间频谱理论公式，它给出了空间频谱传播的规律。在确定了观察光场的空间频谱后，就可以利用傅里叶逆变换求出其复振幅分布。

(3) 衍射孔径对空间频率谱的效应。假定入射到衍射孔径平面上的光场复振幅为$\widetilde{E}_i(x, y)$，衍射孔径平面的透过率为$t(x, y)$，则紧靠衍射孔径后的平面上透射光场的复振幅为

$$\widetilde{E}_t(x, y) = \widetilde{E}_i(x, y)t(x, y)$$

进一步，假定入射光和透射光的空间频率谱为$\widetilde{E}_i\left(\frac{\cos\alpha}{\lambda}, \frac{\cos\beta}{\lambda}\right)$和$\widetilde{E}_t\left(\frac{\cos\alpha}{\lambda}, \frac{\cos\beta}{\lambda}\right)$，则由傅里叶变换的卷积定理，可以确定两者的关系为

$$\widetilde{E}_t\left(\frac{\cos\alpha}{\lambda}, \frac{\cos\beta}{\lambda}\right) = \widetilde{E}_i\left(\frac{\cos\alpha}{\lambda}, \frac{\cos\beta}{\lambda}\right) * T\left(\frac{\cos\alpha}{\lambda}, \frac{\cos\beta}{\lambda}\right)$$

式中，$T\left(\frac{\cos\alpha}{\lambda}, \frac{\cos\beta}{\lambda}\right)$是衍射孔径透过率函数的傅里叶变换。

今有一单位振幅平面波垂直照射衍射孔径，其入射光场的空间频率谱为$\delta\left(\frac{\cos\alpha}{\lambda}, \frac{\cos\beta}{\lambda}\right)$，则有

$$\widetilde{E}_t\left(\frac{\cos\alpha}{\lambda}, \frac{\cos\beta}{\lambda}\right) = \delta\left(\frac{\cos\alpha}{\lambda}, \frac{\cos\beta}{\lambda}\right) * T\left(\frac{\cos\alpha}{\lambda}, \frac{\cos\beta}{\lambda}\right) = T\left(\frac{\cos\alpha}{\lambda}, \frac{\cos\beta}{\lambda}\right)$$

即透射光场等于衍射孔径透过率的傅里叶变换。光波由于衍射孔径的限制，在频率域内展宽了入射光场的空间频率谱。

由于一个平面上的单色光波场复振幅可以在空间频率域内分解成许多不同的空间频率分量，所以对于空间域内发生的光波传输、衍射及成像等各种现象，可以在空间频率域内进行讨论。空间频率域内的分析方法，正是傅里叶光学的基本分析方法。

2) 夫朗和费衍射的傅里叶光学分析

(1) 衍射场与衍射孔径场的傅里叶变换关系。若利用单色光波照明，衍射屏上的光场

复振幅分布为 $\widetilde{E}(x_1,y_1)$，对于夫朗和费衍射，其观察屏上的光场复振幅分布为

$$\widetilde{E}(x,y)=-\frac{\mathrm{i}}{\lambda z_1}\mathrm{e}^{\mathrm{i}kz}\mathrm{e}^{\mathrm{i}k\frac{x^2+y^2}{2z_1}}\iint_{-\infty}^{\infty}\widetilde{E}(x_1,y_1)\mathrm{e}^{-\mathrm{i}2\pi(f_xx_1+f_yy_1)}\,\mathrm{d}x_1\,\mathrm{d}y_1$$

可见，式中的积分就是衍射孔径平面上复振幅分布在空间频率 $\left(f_x=\dfrac{x}{\lambda z_1},\ f_y=\dfrac{y}{\lambda z_1}\right)$ 上取值的傅里叶变换。夫朗和费衍射图样的光强度分布可以直接由 $\widetilde{E}(x_1,y_1)$ 的傅里叶变换求出：

$$I(x,y)=|\widetilde{E}(x,y)|^2=|\mathrm{F}[\widetilde{E}(x_1,y_1)]|^2_{f_x=\frac{x}{\lambda z_1},\,f_y=\frac{y}{\lambda z_1}}$$

$$=|\widetilde{E}(f_x,f_y)|^2_{f_x=\frac{x}{\lambda z_1},\,f_y=\frac{y}{\lambda z_1}}$$

（2）采用透镜的衍射场与衍射孔径场的傅里叶变换关系。若入射光波为单色平面光波，光波通过衍射屏的光场复振幅分布为 $\widetilde{E}(x_1,y_1)$，透镜的透射函数为 $\tilde{t}(x_1,y_1)$，则透镜后焦面上的衍射场复振幅分布如下：

① 当衍射屏紧靠透镜时，有

$$\widetilde{E}(x,y)=-\frac{\mathrm{i}}{\lambda f}\mathrm{e}^{\mathrm{i}kf}\mathrm{e}^{\mathrm{i}k\frac{x^2+y^2}{2f}}\iint_{-\infty}^{\infty}\widetilde{E}(x_1,y_1)\mathrm{e}^{-\mathrm{i}2\pi(f_xx_1+f_yy_1)}\,\mathrm{d}x_1\,\mathrm{d}y_1$$

或表示成

$$\widetilde{E}(x,y)=-\frac{\mathrm{i}}{\lambda f}\mathrm{e}^{\mathrm{i}kf}\mathrm{e}^{\mathrm{i}k\frac{x^2+y^2}{2f}}\mathrm{F}[\widetilde{E}(x_1,y_1)]$$

该式表明，除了一个振幅和相位因子外，透镜后焦平面上的光场复振幅分布是衍射平面上光场复振幅的傅里叶变换，透镜后焦平面上 (x,y) 点的光场振幅和相位分布，由衍射屏所透过光的空间频率为 (f_x,f_y) 的傅里叶分量决定。

② 当衍射屏置于透镜前 d_0 处时，有

$$\widetilde{E}(x,y)=-\frac{\mathrm{i}}{\lambda f}\mathrm{e}^{\mathrm{i}k\left(1-\frac{d_0}{f}\right)\frac{x^2+y^2}{2f}}\mathrm{F}[\widetilde{E}(x_1,y_1)]$$

该式表明，透镜后焦平面上的光场复振幅与衍射屏上光场复振幅的傅里叶变换之间，有一个相位因子，这就使得衍射屏和透镜后焦平面上的光场复振幅间并非是严格的傅里叶变换。

③ 当衍射屏置于透镜的前焦平面上 $(d_0=f)$ 时，有

$$\widetilde{E}(x,y)=-\frac{\mathrm{i}}{\lambda f}\mathrm{F}[\widetilde{E}(x_1,y_1)]$$

这时，变换式前的相位因子消失，透镜后焦平面上的光场复振幅分布准确地是衍射屏平面上光场复振幅分布的傅里叶变换。

（3）几种夫朗和费衍射现象的傅里叶光学分析。下面几种夫朗和费衍射现象的傅里叶光学分析表明，利用傅里叶光学方法分析夫朗和费衍射现象，可以得到与利用基尔霍夫衍射公式完全相同的结论。

① 矩形孔夫朗和费衍射。如教材第 139 页图 3-12 所示，设有一束单色平行光垂直入射到矩形孔上，矩形孔平面的光场复振幅分布为

$$\widetilde{E}(x_1,y_1)=\begin{cases}A & \text{当}\ |x_1|\leqslant\dfrac{a}{2},\ |y_1|\leqslant\dfrac{b}{2}\\[2mm]0 & \text{其他}\end{cases}$$

则矩形孔的夫朗和费衍射光场复振幅分布为

$$\widetilde{E}(f_x, f_y) = \mathrm{F}\{\widetilde{E}(x_1, y_1)\} = A\int_{-\frac{b}{2}}^{\frac{b}{2}}\int_{-\frac{a}{2}}^{\frac{a}{2}} e^{-i2\pi(f_x x_1 + f_y y_1)}\,\mathrm{d}x_1\,\mathrm{d}y_1$$

如果略去上式中的常数因子，可以得到

$$\widetilde{E}(f_x, f_y) = \frac{\sin\pi f_x a}{\pi f_x a}\frac{\sin\pi f_y b}{\pi f_y b} = \mathrm{sinc}(f_x a)\mathrm{sinc}(f_y b)$$

相应的光强度分布为

$$I = |\widetilde{E}(f_x, f_y)|^2 = \left(\frac{\sin\pi f_x a}{\pi f_x a}\right)^2\left(\frac{\sin\pi f_y b}{\pi f_y b}\right)^2 = \mathrm{sinc}^2(f_x a)\mathrm{sinc}^2(f_y b)$$

根据傅里叶变换的相似性定理(缩放定理)，可以很容易地讨论衍射孔径大小(a, b)变化对衍射图样的影响。

当x_1、y_1方向上孔的尺寸分别缩小到原来的$1/m$和$1/n$时，根据傅里叶变换的相似性定理，新衍射光场复振幅分布为

$$\widetilde{E}_{m,n}(f_x, f_y) = \mathrm{F}\{\widetilde{E}(mx_1, ny_1)\} = \frac{1}{mn}\widetilde{E}\left(\frac{f_x}{m}, \frac{f_y}{n}\right)$$
$$= \iint_{-\infty}^{\infty}\widetilde{E}(mx_1, ny_1)e^{-i2\pi(f_x x_1 + f_y y_1)}\,\mathrm{d}x_1\,\mathrm{d}y_1$$

即衍射空间域的缩小(mx_1, ny_1)，对应着频率域的放大$\left(\frac{f_x}{m}, \frac{f_y}{n}\right)$，相应的衍射图样被放大。

② 单缝夫朗和费衍射。如教材第147页图3-20所示，如果$b \gg a$，则矩形孔变成平行于y_1轴的狭缝，单缝夫朗和费衍射光场复振幅分布为

$$\widetilde{E}(f_x) = \frac{\sin\pi f_x a}{\pi f_x a} = \mathrm{sinc}(f_x a)$$

其相应的光强度分布为

$$I = \left(\frac{\sin\pi f_x a}{\pi f_x a}\right)^2 = \mathrm{sinc}^2(f_x a)$$

③ 多孔或多缝的夫朗和费衍射。利用傅里叶变换的相移定理可以很容易地在单孔(缝)衍射的基础上，确定多孔(缝)的衍射特性。

根据傅里叶变换的相移定理，当衍射孔径在孔径平面内移动一个距离后，衍射图样的光强度分布不改变，只是光场相位有一个δ_1'变化，即新衍射光场与原衍射光场的关系为

$$\widetilde{E}'(f_x, f_y) = e^{-i2\pi\delta_1'}\widetilde{E}(f_x, f_y)$$

新衍射图样的光强度分布为

$$|\widetilde{E}'(f_x, f_y)|^2 = |\widetilde{E}(f_x, f_y)|^2$$

于是，如教材第205页图3-78所示的双缝夫朗和费衍射光场复振幅为

$$\widetilde{E}'(f_x) = e^{-i2\pi\delta_1'}\widetilde{E}(f_x) + e^{-i2\pi\delta_2'}\widetilde{E}(f_x)$$

式中，$\widetilde{E}(f_x)$是处在光轴上的单缝产生的衍射光场复振幅。由此可得双缝夫朗和费衍射光场复振幅为

$$\widetilde{E}'(f_x) = (e^{-i\pi f_x d} + e^{i\pi f_x d})\frac{\sin\pi f_x a}{\pi f_x a}$$

相应的光强度分布为

$$I = \left(\frac{\sin\pi f_x a}{\pi f_x a}\right)^2 \cos^2(\pi f_x d)$$

如教材第 149 页图 3 - 22 所示的多缝夫朗和费衍射光场复振幅为

$$\widetilde{E}'(f_x) = (1 + \mathrm{e}^{-\mathrm{i}2\pi f_x d} + \mathrm{e}^{\mathrm{i}2\pi f_x d} + \mathrm{e}^{-\mathrm{i}4\pi f_x d} + \mathrm{e}^{\mathrm{i}4\pi f_x d} + \cdots)\frac{\sin\pi f_x a}{\pi f_x a}$$

相应的光强度分布为

$$I = \left(\frac{\sin\pi f_x a}{\pi f_x a}\right)^2 \left(\frac{\sin N\pi f_x d}{\sin\pi f_x d}\right)^2$$

3）菲涅耳衍射的傅里叶光学分析

菲涅耳衍射是观察屏距离衍射孔径比较近的区域内观察到的衍射现象。菲涅耳衍射光场复振幅的傅里叶变换表示式为

$$\widetilde{E}(x, y) = -\frac{\mathrm{i}\mathrm{e}^{\mathrm{i}k z_1} \mathrm{e}^{\frac{\mathrm{i}k}{2z_1}(x^2+y^2)}}{\lambda z_1} \mathrm{F}\left[\widetilde{E}(x_1, y_1)\mathrm{e}^{\frac{\mathrm{i}k}{2z_1}(x_1^2+y_1^2)}\right]_{f_x=\frac{x}{\lambda z_1}, f_y=\frac{y}{\lambda z_1}}$$

可见，除了积分号前的一个与 x_1，y_1 无关的振幅和相位因子外，菲涅耳衍射的光场复振幅 $\widetilde{E}(x, y)$ 是衍射孔径平面光场复振幅 $\widetilde{E}(x_1, y_1)$ 和一个二次相位因子 $\mathrm{e}^{\frac{\mathrm{i}k}{2z_1}(x_1^2+y_1^2)}$ 乘积的傅里叶变换，变换在空间频率 $\left(f_x=\frac{x}{\lambda z_1}, f_y=\frac{y}{\lambda z_1}\right)$ 上取值。

由于参与傅里叶变换的二次相位因子 $\mathrm{e}^{\frac{\mathrm{i}k}{2z_1}(x_1^2+y_1^2)}$ 与 z_1 有关，所以在菲涅耳衍射区内，不同 z_1 位置的观察屏将得到不同的衍射图样。从频谱分析的观点看，衍射孔径平面上光场分布的不同空间频率谱分量在传播到菲涅耳衍射区的观察屏上时，将产生一个与空间频率和距离 z_1 有关的相移，这些变化了相位的空间频谱的线性叠加就是观察平面上的光场分布，因而菲涅耳衍射的光场分布与距离 z_1 有关。与此相反，在夫朗和费近似下，可以认为对应于一种空间频率 (f_x, f_y) 的平面光波会聚于衍射场的一点，因此，不同 z_1 处的光场分布是相同的，即夫朗和费衍射的光场分布与 z_1 无关。

3.3 典 型 例 题

例题 3 - 1 波长 $\lambda = 500$ nm 的单色光垂直入射到 3 cm 的方孔，在通过方孔中心并垂直方孔平面的光轴附近、距离方孔 z 处观察衍射，试求夫朗和费衍射区的大致范围。

解：由夫朗和费近似条件可得夫朗和费衍射区的大致范围为

$$z_1 \gg k\frac{(x_1^2+y_1^2)_{\max}}{2\pi} = \frac{(x_1^2+y_1^2)_{\max}}{\lambda}$$

因为方孔的边长为 3 cm，光轴正方孔中心，所以

$$(x_1^2+y_1^2)_{\max} = 1.5^2 + 1.5^2$$

故

$$z_1 \gg \frac{2\times 1.5^2}{500\times 10^{-7}} \text{ cm} = 900 \text{ m}$$

例题 3 - 2 波长为 λ 的平面波入射到例题 3 - 2 图所示的狭缝系统上，该系统有三条宽为 a、彼此间隔为 d 的狭缝，中间狭缝上盖有能引起 180° 相位变化的滤光片，计算下列

各种情况下的衍射角度 θ：
 （1）单缝第一级衍射极小；
 （2）三缝第一级衍射极小；
 （3）三缝第一级衍射极大。

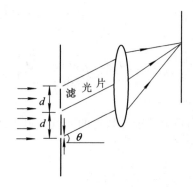

例题 3 - 2 图

解： 本题属于夫朗和费多缝衍射问题。可以利用基尔霍夫衍射积分求出光场复振幅，再求其光强，并利用相关公式求解；也可以直接利用多缝衍射光强公式来解。

解法一 根据多缝衍射的效应，首先求该三缝的干涉因子：设第一条缝的透射光振幅为 A_0，初相位为零，可得三条缝透光干涉合振幅为

$$A = A_0 + A_0 e^{i(\varphi+\pi)} + A_0 e^{i2\varphi} = A_0(1 - e^{i\varphi} + e^{i2\varphi})$$
$$= A_0 e^{i\varphi}(2\cos\varphi - 1)$$

进一步，再考虑单缝衍射因子，则三缝衍射总光强为

$$I = I_0 \left[\frac{\sin\frac{\pi a\ \sin\theta}{\lambda}}{\frac{\pi a}{\lambda}\sin\theta} \right]^2 (2\cos\varphi - 1)^2$$

式中，$\varphi = \dfrac{2\pi d}{\lambda}\sin\theta$。

解法二 由多缝衍射普遍表达式

$$I = I_0 \left(\frac{\sin\alpha}{\alpha}\right)^2 \left(\frac{\sin N\varphi'}{\sin\varphi'}\right)^2$$

对于本题情况，$N=3$，且

$$\varphi' = \frac{1}{2}\left(\frac{2\pi d}{\lambda}\sin\theta + \pi\right) = \frac{1}{2}(\varphi + \pi)$$

所以衍射光强为

$$I = I_0 \left(\frac{\sin\frac{\pi a\ \sin\theta}{\lambda}}{\frac{\pi a\ \sin\theta}{\lambda}}\right)^2 \cdot \left(\frac{\sin\frac{3}{2}(\varphi+\pi)}{\sin\frac{1}{2}(\varphi+\pi)}\right)^2 = I_0 \left(\frac{\sin\frac{\pi a\ \sin\theta}{\lambda}}{\frac{\pi a\ \sin\theta}{\lambda}}\right)^2 \cdot \left(\frac{\cos\frac{3\pi d\ \sin\theta}{\lambda}}{\cos\frac{\pi d\ \sin\theta}{\lambda}}\right)^2$$

考虑到：

$$2\cos\varphi - 1 = \frac{(2\cos\varphi - 1)\cos\frac{\varphi}{2}}{\cos\frac{\varphi}{2}} = \frac{2\cos\varphi \cdot \cos\frac{\varphi}{2} - \cos\frac{\varphi}{2}}{\cos\frac{\varphi}{2}} = \frac{\cos\frac{3}{2}\varphi}{\cos\frac{\varphi}{2}}$$

对比可知，以上两种方法所得结果相同。

(1) 单缝第一级衍射极小处：

$$\frac{\pi a \ \sin\theta}{\lambda} = \pm \pi, \qquad \theta = \pm \arcsin \frac{\lambda}{a}$$

(2) 三缝第一级衍射极小处：

$$\frac{3\pi d \ \sin\theta}{\lambda} = \pm \frac{\pi}{2}, \qquad \theta = \pm \arcsin \frac{\lambda}{6d}$$

(3) 三缝第一级衍射极大处：

$$\frac{\pi d \ \sin\theta}{\lambda} = \pm \frac{\pi}{2}, \qquad \theta = \pm \arcsin \frac{\lambda}{2d}$$

例题 3 - 3　证明例题 3 - 3 图所示，平行光斜入射到单缝上时，

(1) 单缝夫朗和费衍射强度公式为

$$I = I_0 \left\{ \frac{\sin\left[\dfrac{\pi a}{\lambda}(\sin\theta - \sin\varphi)\right]}{\dfrac{\pi a}{\lambda}(\sin\theta - \sin\varphi)} \right\}^2$$

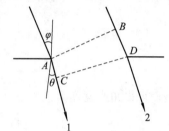

式中，I_0 是中央亮纹中心强度，a 是缝宽，φ 是入射角；

(2) 中央亮纹的角半径为

$$\Delta\theta = \frac{\lambda}{a \ \cos\varphi}$$

例题 3 - 3 图

证明：(1) 当平行光以角度 φ 斜入射到单缝上时，由夫朗和费衍射公式可得单缝衍射光场复振幅：

$$\widetilde{E}(x) = -\frac{i e^{ikz_1}}{\lambda z_1} e^{ik\frac{x^2}{2z_1}} \int_{-\infty}^{\infty} \widetilde{E}(x_1) e^{-ik\frac{xx_1}{z_1}} dx_1$$

$$= -\frac{i e^{ikz_1}}{\lambda z_1} e^{ik\frac{x^2}{2z_1}} \int_{-a/2}^{a/2} e^{ikx_1 \sin\varphi} e^{-ikx_1 \sin\theta} dx_1$$

$$= C \frac{\sin\left[\dfrac{\pi a(\sin\theta - \sin\varphi)}{\lambda}\right]}{\dfrac{\pi a(\sin\theta - \sin\varphi)}{\lambda}}$$

因此，单缝夫朗和费衍射强度公式为

$$I(x) = \widetilde{E}(x) \cdot \widetilde{E}^*(x) = I_0 \left\{ \frac{\sin\left[\dfrac{\pi a(\sin\theta - \sin\varphi)}{\lambda}\right]}{\dfrac{\pi a(\sin\theta - \sin\varphi)}{\lambda}} \right\}^2$$

(2) 由上面单缝夫朗和费衍射强度分布公式可见，其中央亮纹中心强度为 I_0，当光强变为 $I_0/2$ 时，对应的衍射张角 $\Delta\theta$ 为角半宽度，因此，

$$\left\{ \frac{\sin\left[\dfrac{\pi a(\sin\theta - \sin\varphi)}{\lambda}\right]}{\dfrac{\pi a(\sin\theta - \sin\varphi)}{\lambda}} \right\}^2 = \frac{1}{2}$$

即

$$\frac{\sin\left[\dfrac{\pi a(\sin\theta - \sin\varphi)}{\lambda}\right]}{\dfrac{\pi a(\sin\theta - \sin\varphi)}{\lambda}} \approx 0.707$$

相应 $\dfrac{\pi a(\sin\theta-\sin\varphi)}{\lambda}\approx\pm1.39$ rad。所以,与例题 3-3 图中单缝边缘 D、A 对应,有如下关系:

$$\sin\theta_D-\sin\varphi\approx\frac{1.39\lambda}{\pi a}\quad\text{或}\quad\sin\theta_A-\sin\varphi\approx-\frac{1.39\lambda}{\pi a}$$

利用三角函数关系

$$\sin\theta-\sin\varphi=2\cos\frac{\theta+\varphi}{2}\sin\frac{\theta-\varphi}{2}$$

取近似,得

$$\frac{\theta+\varphi}{2}\approx\varphi,\quad\sin\frac{\theta-\varphi}{2}\approx\frac{\theta-\varphi}{2}$$

因而得

$$\begin{cases}\dfrac{\theta_D-\varphi}{2}\approx\dfrac{1.39\lambda}{2\pi a\,\cos\varphi}\\[3mm]\dfrac{\theta_A-\varphi}{2}\approx-\dfrac{1.39\lambda}{2\pi a\,\cos\varphi}\end{cases}$$

进而可得角半宽度为

$$\Delta\theta=\theta_D-\theta_A\approx\frac{2\times2\times1.39\lambda}{2\pi a\,\cos\varphi}\approx\frac{\lambda}{a\,\cos\varphi}$$

例题 3-4 导出例题 3-4 图所示不等宽双缝的夫朗和费衍射光强分布。双缝的缝宽分别为 a 和 $2a$,两缝中心间距为 $d=2.5a$。

解: 本题属于求解夫朗和费衍射光强分布的问题。可以先把每个单缝看作一个整体,直接写出其产生的光场复振幅,然后将两个复振幅求和,再求其光强分布;也可以利用矢量图解法求解。

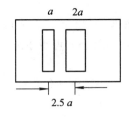

例题 3-4 图

解法一 复振幅求和法。

两个单缝所产生的光场复振幅分别为

$$\widetilde{E}_1=\widetilde{C}a\,\frac{\sin\alpha}{\alpha}e^{ikr_{01}},\qquad\alpha=\frac{\pi a}{\lambda}\sin\theta$$

$$\widetilde{E}_2=\widetilde{C}a'\,\frac{\sin\alpha'}{\alpha'}e^{ikr_{02}},\qquad\alpha'=\frac{\pi a'}{\lambda}\sin\theta$$

注意:缝宽改变后,复振幅中的振幅项和相位项都要相应改变,且有 $a'=2a$,$\alpha'=2\alpha$。由题意,二单缝在观察点处光程差为

$$\Delta r=r_{01}-r_{02}=2.5a\,\sin\theta$$

相位差为

$$\varphi=\frac{2\pi}{\lambda}\Delta r=\frac{5\pi}{\lambda}a\,\sin\theta=5\alpha$$

因此 $\widetilde{E}_2$ 可表示为

$$\widetilde{E}_2=2\widetilde{C}a\,\frac{\sin\alpha\,\cos\alpha}{\alpha}e^{ikr_{01}}\,e^{i5\alpha}=\widetilde{E}_1(2\cos\alpha e^{i5\alpha})$$

两缝衍射的总光场复振幅和光强分布为

$$\widetilde{E} = \widetilde{E}_1 + \widetilde{E}_2 = \widetilde{E}_1(1 + 2\cos\alpha e^{i5\alpha})$$

$$I = \widetilde{E}\widetilde{E}^* = I_0\left(\frac{\sin\alpha}{\alpha}\right)^2(1 + 4\cos^2\alpha + 4\cos\alpha\cos5\alpha)$$

解法二　矢量图解法一。

由复振幅表示式可以得到不等宽双缝的光场振幅和相位差为

$$E_{01} = a_0\frac{\sin\alpha}{\alpha}, \quad E_{02} = 2a_0\frac{\sin2\alpha}{2\alpha} = 2E_{01}\cos\alpha,$$

$$a_0 = |\widetilde{C}a|, \quad \varphi = \frac{2\pi}{\lambda} \times 2.5a\sin\theta = 5\alpha$$

根据例题 3-4 解图(一)所示光场矢量叠加，其总振幅为

$$E = \sqrt{E_{01}^2 + E_{02}^2 + 2E_{01}E_{02}\cos5\alpha}$$

光强表示式为

$$I = I_0\left(\frac{\sin\alpha}{\alpha}\right)^2(1 + 4\cos^2\alpha + 4\cos\alpha\cos5\alpha)$$

解法三　矢量图解法二。

将缝宽为 $2a$ 的单缝分成缝宽各为 a 的两个单缝，然后将三个单缝看做三个整体，求出每个单缝产生光场的振幅和相邻单缝之间的相位差为

$$E_{01} = a_0\frac{\sin\alpha}{\alpha} = E_{02} = E_{03},$$

$$\varphi_{21} = \frac{2\pi}{\lambda} \times 2a\sin\theta = 4\alpha, \quad \varphi_{32} = 2\alpha$$

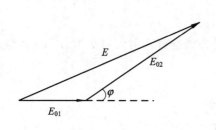

例题 3-4 解图(一)

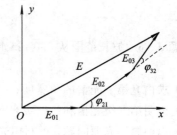

例题 3-4 解图(二)

根据例题 3-4 解图(二)所示的光场矢量叠加，利用光场振幅的直角坐标分量表示，可得

$$E_x = E_{01} + E_{02}\cos4\alpha + E_{03}\cos(4\alpha + 2\alpha)$$

$$E_y = E_{02}\sin4\alpha + E_{03}\sin(4\alpha + 2\alpha)$$

$$I = E_x^2 + E_y^2 = I_0\left(\frac{\sin\alpha}{\alpha}\right)^2\left[(1 + \cos4\alpha + \cos6\alpha)^2 + (\sin4\alpha + \sin6\alpha)^2\right]$$

$$= I_0\left(\frac{\sin\alpha}{\alpha}\right)^2\left[3 + 2(\cos2\alpha + \cos4\alpha + \cos6\alpha)\right]$$

$$= I_0\left(\frac{\sin\alpha}{\alpha}\right)^2(1 + 4\cos^2\alpha + 4\cos\alpha\cos5\alpha)$$

例题 3-5　波长为 500 nm 的单色平面光波，正入射到例题 3-5 图示的衍射屏上，

$r_1 = \sqrt{2}$ mm, $r_2 = 1$ mm, 轴上观察点离衍射屏 2 m, 计算观察点处的振幅和强度。

解: 本题属于菲涅耳衍射问题, 采用半波带法处理比较方便。

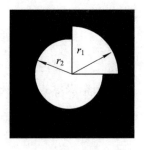

例题 3-5 图

图示透光屏分为两部分, $r_2 = 1$ mm 的 3/4 圆孔和 $r_1 = \sqrt{2}$ mm 的 1/4 圆孔。已知 $\lambda = 5 \times 10^{-4}$ mm, $r_0 = 2 \times 10^3$ mm, 所以半径为 r_2 的圆孔包含的"半波带数"为

$$N_1 = \frac{r_2^2}{\lambda r_0} = \frac{1}{5 \times 10^{-4} \times 2 \times 10^3} = 1$$

若一个"半波带"在观察点的振幅为 a_1, 则 3/4 圆孔在观察点的振幅为 $A_1 = \frac{3}{4} a_1$; 对于半径为 r_1 的圆孔包含的"半波带数"为

$$N_2 = \frac{r_1^2}{\lambda r_0} = \frac{\sqrt{2}^2}{5 \times 10^{-4} \times 2 \times 10^3} = 2$$

即恰为两个"半波带", 故 $A_2 \approx 0$, 所以

$$A_{总} = A_1 + A_2 \approx \frac{3}{4} a_1$$

设光自由传播(即无衍射屏)时的振幅为 A_0, 光强为 $I_0 = A_0^2$, 则 $A_0 = \frac{a_1}{2}$, 所以

$$A_{总} = \frac{3}{4} a_1 = \frac{3}{4} \times 2 A_0 = \frac{3}{2} A_0$$

$$I_{总} = \left(\frac{3}{2} A_0\right)^2 = \frac{9}{4} I_0$$

例题 3-6 波长范围从 380 nm 到 780 nm 的白光垂直入射到每毫米有 600 条缝的光栅上。

(1) 求白光第一光谱的角宽度;

(2) 说明第二级光谱和第三级光谱部分地重叠。

解: 本题属于光栅问题, 可利用光栅有关公式来求解。

(1) 光栅栅距为

$$d = \frac{1}{600} \approx 1.67 \times 10^{-3} \text{ mm}$$

因此, 波长为 380 nm 的第一级紫光的衍射角为

$$\theta_1 = \arcsin \frac{\lambda}{d} = \arcsin \frac{380 \times 10^{-6}}{1.67 \times 10^{-3}} \approx 13.2°$$

波长为 780 nm 的第一级红光的衍射角为

$$\theta_1' = \arcsin \frac{\lambda'}{d} = \arcsin \frac{780 \times 10^{-6}}{1.67 \times 10^{-6}} \approx 27.8°$$

故白光第一级光谱的角宽度为

$$\theta_1' - \theta_1 \approx 27.8° - 13.2° = 14.6°$$

(2) 第二级红光的衍射角为

$$\theta_2' = \arcsin\frac{2\lambda'}{d} = \arcsin\frac{2\times780\times10^{-6}}{1.67\times10^{-3}} \approx 69.1°$$

第三级紫光的衍射角为

$$\theta_3 = \arcsin\frac{3\lambda}{d} = \arcsin\frac{3\times380\times10^{-6}}{1.67\times10^{-3}} \approx 43.0°$$

由于第三级紫光的衍射角小于第二级红光的衍射角，因此可以判定第二级和第三级光谱部分重叠。

例题 3-7　设计一块光栅，要求使波长 $\lambda=600$ nm 的第二级谱线的衍射角 $\theta\leqslant30°$，色散尽可能大，第三级谱线缺级，对于波长 $\lambda=600$ nm 的二级谱线能分辨 0.02 nm 的波长差。在选定光栅的参数后，问在透镜的焦平面上能看到波长 600 nm 光的几条谱线。

解：为使波长 $\lambda=600$ nm 的第二级谱线的衍射角 $\theta\leqslant30°$，光栅常数 d 必须满足：

$$d = \frac{m\lambda}{\sin\theta} \geqslant \frac{2\times600\times10^{-6}}{\sin30°} = 2.4\times10^{-3} \text{ mm}$$

为使光栅色散尽可能大，应选 d 尽可能小，故取 $d=2.4\times10^{-3}$ mm；为保证第三级谱线缺级，光栅缝宽 a 应为

$$a = \frac{d}{3} = 0.8\times10^{-3} \text{ mm}$$

为满足分辨 0.02 nm 波长差的要求，光栅的缝数 N 至少应有

$$N = \frac{\lambda}{m\Delta\lambda} = \frac{600}{2\times0.02} = 15\ 000$$

所以，光栅的总宽度 D 至少为

$$D = Nd = 15\ 000\times2.4\times10^{-3} = 36 \text{ mm}$$

采用上述光栅参数后，相应于 $\theta=\pm90°$ 时，由光栅方程有

$$m = \frac{d\sin\theta}{\lambda} = \frac{\pm2.4\times10^{-3}\times1}{6\times10^{-4}} = \pm4$$

实际上，这第 4 级谱线对应于衍射角 $\theta=90°$，观察不到。此外，第 3 级谱线缺级，所以只能看到 0、±1、±2 级 5 条谱线。

例题 3-8　夜间，在一颗人造卫星上拍地球的照片，如果所用照相机镜头的焦距为 50 mm，f 数为 2，试问在 100 km 以外能否分辨出汽车上的两盏车灯（设光波长为 600 nm）。

解：本题属于照相机分辨本领问题。由瑞利判据，该相机的可分辨极限角为

$$\theta_0 = 1.22\frac{\lambda}{D} = 1.22\frac{\lambda}{F/f} \approx 1.22\times\frac{0.6\times10^{-3}}{50/2} \approx 3\times10^{-5} \text{ rad}$$

这里已利用了 f 数为相对孔径倒数的定义，即

$$\frac{1}{f} = \frac{D}{F}$$

式中 F 为焦距。假设汽车车灯间距 d 约为 1 m，则两车灯相对相机的视角为

$$\theta \approx \frac{d}{L}\frac{1}{100\times10^3} = 1\times10^{-5} \text{ rad} < \theta_0$$

所以，不能分辨出这两盏车灯。

例题 3-9　求下面反射式望远镜所能分辨的两颗最近星体的角距离：物镜的直径为 8 cm，焦距为 1.5 m，目镜为 80×，假设波长为 600 nm。

解：本题属于望远镜分辨本领问题。

由望远镜物镜可分辨的两点物的最小角间距为

$$\theta_{01} = 1.22 \frac{\lambda}{D} = 1 \times 10^{-5} \text{ rad} \approx 2''$$

眼睛通常只能分辨视角为 $\theta_e = 1'$ 的物体，而目镜的放大率为 $M = 80$ 倍，故可知眼睛能分辨的两颗星体的视角为

$$\theta_{02} = \frac{\theta_e}{M} = \frac{1'}{80} \approx 1''$$

故这个望远镜的最小可分辨角为

$$\theta_0 = \max(\theta_{01}, \theta_{02}) = 2''$$

例题 3-10 例题 3-10 图示闪耀光栅结构可将平行光束衍射到它自身的相反方向。

(1) 如果光栅每单位长度上有 N 条线，问什么样的波长将以入射角 θ 方向衍射。这里 θ 是光栅法线和入射方向之间的夹角；

(2) 如果有两种波长 λ_1 和 $\lambda_1/2$ 的光入射，这种结构的光栅能否将其单色化？为什么？

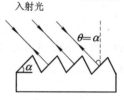

例题 3-10 图

解：本题属于闪耀光栅问题。

若入射光垂直于刻槽面，即入射光对光栅平面的入射角 θ 等于槽面与光栅平面的夹角 α，则闪耀光栅单缝衍射因子的主极大方向即为入射光的逆方向，在这个方向上的衍射光强最大。相应于这个方向，闪耀光栅相邻刻槽面衍射光的光程差为 $\Delta = 2d \sin\alpha$，其中 $d = 1/N$。根据主闪耀条件 $2d \sin\alpha = m\lambda$，闪耀光波长为

$$\lambda = \frac{2d \sin\alpha}{m} \qquad m = 1, 2, 3, \cdots$$

可见，对一级闪耀波长 λ_1 闪耀的光栅，也将闪耀二级 $\lambda_1/2$、三级 $\lambda_1/3$……。因此，利用这种结构的光栅，不可能将含有两种波长 λ_1 和 $\lambda_1/2$ 的光束分开(单色化)。

例题 3-11 求出例题 3-11 图所示衍射屏的夫朗和费衍射图样的强度分布。设衍射屏由单位振幅的单色平面波垂直照明。

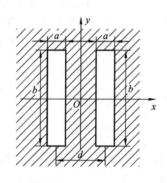

例题 3-11 图

解：由例题 3-11 图可知，衍射屏的振幅透射系数为

$$t(x_1, y_1) = \left(\text{rect} \frac{x_1 - 0.5d}{a} + \text{rect} \frac{x_1 + 0.5d}{a} \right) \text{rect} \frac{y_1}{b}$$

由于以单位振幅的单色平面波垂直照射衍射屏，因此，透过衍射屏后的光场为

$$E(x,y,z)=-\frac{\mathrm{i}e^{\mathrm{i}kz}}{\lambda z}\cdot e^{\mathrm{i}k\frac{x^2+y^2}{2z}}\iint_{\Sigma}t(x_1,y_1)e^{-\mathrm{i}k\frac{xx_1+yy_1}{z}}\mathrm{d}x_1\,\mathrm{d}y_1$$

$$=-\frac{\mathrm{i}e^{\mathrm{i}kz}}{\lambda z}\cdot e^{\mathrm{i}k\frac{x^2+y^2}{2z}}\iint_{\Sigma}\left(\mathrm{rect}\frac{x_1-0.5d}{a}+\mathrm{rect}\frac{x_1+0.5d}{a}\right)\mathrm{rect}\frac{y_1}{b}e^{-\mathrm{i}k\frac{xx_1+yy_1}{z}}\mathrm{d}x_1\,\mathrm{d}y_1$$

$$=-\frac{\mathrm{i}e^{\mathrm{i}kz}}{\lambda z}\cdot e^{\mathrm{i}k\frac{x^2+y^2}{2z}}\mathrm{F}\left[\left(\mathrm{rect}\frac{x_1-0.5d}{a}+\mathrm{rect}\frac{x_1+0.5d}{a}\mathrm{rect}\frac{y_1}{b}\right)\right]\Big|_{u=\frac{x}{\lambda z},\,v=\frac{y}{\lambda z}}$$

这个二维傅里叶变换是可以分离的，即

$$E(x,y,z)=-\frac{\mathrm{i}e^{\mathrm{i}kz}}{\lambda z}\cdot e^{\mathrm{i}k\frac{x^2+y^2}{2z}}\mathrm{F}\left(\mathrm{rect}\frac{x_1-0.5d}{a}+\mathrm{rect}\frac{x_1+0.5d}{a}\right)\Big|_{u=\frac{x}{\lambda z}}\mathrm{F}\left(\mathrm{rect}\frac{y_1}{b}\right)\Big|_{v=\frac{y}{\lambda z}}$$

已知 rect 函数的傅里叶变换是 sinc 函数，根据傅里叶变换的相似性和频移特性可以得到

$$\mathrm{F}\left(\mathrm{rect}\frac{y_1}{b}\right)=b\,\mathrm{sinc}\left(b\frac{y}{\lambda z}\right)$$

$$\mathrm{F}\left(\mathrm{rect}\frac{x_1-0.5d}{a}+\mathrm{rect}\frac{x_1+0.5d}{a}\right)=2a\,\mathrm{sinc}\left(a\frac{x}{\lambda z}\right)\cos\left(\pi d\frac{x}{\lambda z}\right)$$

因此

$$I(x,y,z)=E(x,y,z)\cdot E^*(x,y,z)$$

$$=\left(\frac{2ab}{\lambda z}\right)^2\mathrm{sinc}^2\left(a\frac{x}{\lambda z}\right)\mathrm{sinc}^2\left(b\frac{y}{\lambda z}\right)\cos^2\left(\pi d\frac{x}{\lambda z}\right)$$

3.4　习 题 选 解

3-1　一不透明衍射屏上的圆孔直径为 2 cm，受波长为 600 nm 的单色平面光垂直照射，试大致估算其菲涅耳衍射区和夫朗和费衍射区的范围。

解：为满足菲涅耳近似的成立条件，要求

$$\frac{k}{8}\frac{\left[(x-x_1)^2+(y-y_1)^2\right]^2_{\max}}{z_1^3}\ll\pi$$

或者

$$z_1^3\gg\frac{1}{4\lambda}\left[(x-x_1)^2+(y-y_1)^2\right]^2_{\max}$$

由于菲涅耳衍射光斑只略有扩大，如果取$\left[(x-x_1)^2+(y-y_1)^2\right]$的最大值为 2 cm²，则要求

$$z_1^3\gg\frac{4}{4\times6\times10^{-5}}\approx16\,000\text{ cm}^3$$

即 $z\gg25$ cm。

对于夫琅和费衍射，则要求

$$k\frac{(x_1^2+y_1^2)_{\max}}{2z_1}\ll\pi$$

把$(x_1^2+y_1^2)_{\max}$取为 1 cm²，z_1 必须满足

$$z_1 \gg \frac{(x_1^2 + y_1^2)}{\lambda} \approx 160 \text{ m}$$

3-3　由氩离子激光器发出波长 $\lambda = 488$ nm 的蓝色平面光，垂直照射在一不透明屏的水平矩形孔上，此矩形孔尺寸为 0.75 mm × 0.25 mm。在位于矩形孔附近正透镜（$f = 2.5$ m）焦平面处的屏上观察衍射图样。试描绘所形成的中央最大值。

解：矩形孔衍射的光强分布为 $I = I_0 \left(\frac{\sin\alpha}{\alpha}\right)^2 \left(\frac{\sin\beta}{\beta}\right)^2$，由 $\alpha = \frac{kax}{2f} = \frac{\pi ax}{f\lambda} = \pi$ 和 $\beta = \frac{kby}{2f} = \frac{\pi by}{f\lambda} = \pi$（即中央最大值由 x,y 方向上的一级暗纹确定），可得衍射中央主极大的亮斑范围为

$$\Delta x = \frac{2f\lambda}{a} = \frac{2 \times 2.5 \times 488 \times 10^{-9}}{0.75 \times 10^{-3}} \approx 3.253 \times 10^{-3} \text{ m}$$

$$\Delta y = \frac{2f\lambda}{b} = \frac{2 \times 2.5 \times 488 \times 10^{-9}}{0.25 \times 10^{-3}} \approx 9.760 \times 10^{-3} \text{ m}$$

可见，水平矩形孔 0.75 mm × 0.25 mm 的衍射图中央光斑是竖直矩形孔 3.253 mm × 9.760 mm。

3-4　由于衍射效应的限制，人眼能分辨某汽车的两前灯时，人离汽车的最远距离 $l = ?$（假定两车灯相距 1.22 m。）

解：为看最远距离应使瞳孔最大。假定人眼瞳孔的直径为 6 mm，光波长为 0.55 μm，则其极限角分辨角为

$$\theta = 1.22 \frac{\lambda}{D} = 1.22 \times \frac{0.55 \times 10^{-6}}{6 \times 10^{-3}} \approx 0.112 \times 10^{-3} \text{ rad}$$

能分辨出两前车灯时的最远距离为

$$l = \frac{\Delta x}{\theta} = \frac{1.22}{0.112 \times 10^{-3}} \approx 10.9 \times 10^3 \text{ m}$$

3-6　借助于直径为 2 m 的反射式望远镜，将地球上的一束激光（$\lambda = 600$ nm）聚焦在月球上某处。如果月球距地球 4×10^5 km，忽略地球大气层的影响，试计算激光在月球上的光斑直径。

解：本题只考虑望远镜口径的衍射影响。

由爱里斑衍射角半径 $\theta = 1.22 \frac{\lambda}{D}$ 知，由望远镜射出激光的衍射发散角为

$$2\theta = 2.44 \frac{\lambda}{D} = 2.44 \times \frac{600 \times 10^{-9}}{2} = 0.732 \times 10^{-6} \text{ rad}$$

因此，在月球表面的光斑直径为

$$D' = 2l\theta = 4 \times 10^8 \times 0.732 \times 10^{-6} = 292.8 \text{ m}$$

3-8　某大型的天文望远镜的通光圆孔制作成环孔，其环孔外径和内径分别为 a 和 $a/2$，试问环孔的分辨本领较半径为 a 的圆孔的分辨本领提高了多少。

解：环孔衍射图样第一个零点的角半径为（参见教材例 3-2）

$$\theta = 0.51 \frac{\lambda}{a}$$

按照瑞利判据，天文望远镜的最小分辨角 $\theta = 0.51 \frac{\lambda}{a}$，与中心没有遮挡的圆孔情形的最小

分辨角 $\theta = 0.61 \dfrac{\lambda}{a}$ 相比较，其分辨本领提高的倍数是

$$\frac{0.61 \dfrac{\lambda}{a} - 0.51 \dfrac{\lambda}{a}}{\dfrac{0.61 \dfrac{\lambda}{a} + 0.51 \dfrac{\lambda}{a}}{2}} \approx 17.9\%$$

3 - 9 （1）显微镜用紫外光($\lambda = 275$ nm)照明比用可见光($\lambda = 550$ nm)照明的分辨本领约大多少倍？

（2）显微镜的物镜在空气中的数值孔径为 0.9，用紫外光照明时能分辨的两条线之间的距离是多少？

（3）当采用油浸系统($n = 1.6$)时，这个最小距离又是多少？

解：（1）显微镜在物面上能分辨的最小距离为 $\varepsilon = \dfrac{0.61\lambda}{n \sin u}$，可以看出分辨本领与入射波长成反比，所以用紫外光照明时是用可见光照明时的分辨本领的 $550/275 = 2$ 倍。

（2）$\qquad\varepsilon = \dfrac{0.61\lambda}{n \sin u} = \dfrac{0.61 \times 275 \times 10^{-3}}{0.9} \approx 0.19 \ \mu m$

（3）$\qquad\varepsilon = \dfrac{0.61\lambda}{n \sin u} = \dfrac{0.61 \times 275 \times 10^{-3}}{1.6 \times 0.9} \approx 0.12 \ \mu m$

3 - 13 用波长 $\lambda = 0.63 \ \mu m$ 的激光粗测一单缝的缝宽。若观察屏上衍射条纹左右两个第五级极小的间距是 6.3 cm，屏和缝之间的距离是 5 m，求缝宽。

解：极小值的位置出现在 $\alpha = \dfrac{kax}{2f} = \dfrac{\pi ax}{f\lambda} = m\pi(m = \pm 1, \pm 2, \pm 3, \cdots)$ 的地方，两个第五级极小的间距是 $\Delta x = \dfrac{10f\lambda}{a}$，所以缝宽为

$$a = \frac{10f\lambda}{\Delta x} = \frac{10 \times 5 \times 0.63 \times 10^{-6}}{6.3 \times 10^{-2}} \ m = 0.5 \ mm$$

3 - 14 今测得一细丝的夫朗和费零级衍射条纹的宽度为 1 cm，已知入射光波长为 0.63 μm，透镜焦距为 50 cm，求细丝的直径。

解：根据巴俾涅原理，细丝的夫朗和费衍射光强分布除了中心线外，空间其他点上的光强分布与单缝衍射的相同。细丝的夫朗和费零级衍射条纹的宽度为

$$\Delta x = \frac{2f\lambda}{a}$$

由此得细丝的直径为

$$a = \frac{2f\lambda}{\Delta x} = \frac{2 \times 50 \times 0.63}{1} = 63 \ \mu m$$

3 - 15 考察缝宽 $b = 8.8 \times 10^{-3}$ cm、双缝间隔 $d = 7.0 \times 10^{-2}$ cm、照明光波长为 0.6328 μm 时的双缝衍射现象。问在中央极大值两侧的两个衍射极小值间，将出现多少个干涉极小值。若屏离开双缝 457.2 cm，计算其条纹宽度。

解：双缝衍射中，相应于单缝衍射的第一极小值位置出现在 $\alpha = \dfrac{kbx}{2f} = \dfrac{\pi bx}{f\lambda} = \pm \pi$ 的地方，此时

$$x = \frac{f\lambda}{b}$$

双缝衍射出现干涉极大的条件为 $\sin\frac{\varphi}{2} = \sin\left(\frac{\pi}{\lambda}\frac{d}{f}x\right) = 0$，即

$$\frac{\pi}{\lambda}\frac{d}{f}x = m\pi \qquad m = \pm 1, \pm 2, \pm 3, \cdots$$

由上二式，相应于单缝衍射的第一极小值位置处的级数 m 为

$$m = \frac{d}{b} = \frac{7.0 \times 10^{-4}}{8.8 \times 10^{-5}} \approx 7.95$$

故中央主极大两边每侧有 7 条亮纹，8 条暗纹，两边共包含 16 条暗纹。

条纹宽度为

$$\Delta x = \frac{2f\lambda}{Nd} = \frac{2 \times 4.572 \times 0.6328 \times 10^{-6}}{2 \times 7.0 \times 10^{-4}} \text{ m} \approx 4.133 \text{ mm}$$

3-16 在双缝夫朗和费衍射实验中，所用波长 $\lambda = 632.8$ nm，透镜焦距 $f = 50$ cm，观察到两相邻亮条纹之间的距离 $e = 1.5$ mm，并且第 4 级亮纹缺级。试求：

(1) 双缝的缝距和缝宽；

(2) 第 1、2、3 级亮纹的相对强度。

解：(1) 双缝衍射出现亮条纹的条件为 $\sin\left(\frac{\pi}{\lambda}\frac{d}{f}x\right) = 0$，即

$$\frac{\pi}{\lambda}\frac{d}{f}x = m\pi \qquad m = \pm 1, \pm 2, \pm 3, \cdots$$

相邻条纹的间距为 $\Delta x = \frac{f\lambda}{d}$，由此得缝距为

$$d = \frac{f\lambda}{\Delta x} = \frac{0.5 \times 632.8 \times 10^{-9}}{1.5 \times 10^{-3}} \text{ m} \approx 0.211 \text{ mm}$$

因为第 4 级缺级，所以缝宽为

$$a = \frac{d}{4} \approx 0.053 \text{ mm}$$

(2) 双缝衍射的亮条纹光强为

$$I_M = 4I_0 \left(\frac{\sin\alpha}{\alpha}\right)^2$$

条纹的相对光强为

$$\frac{I_M}{4I_0} = \left(\frac{\sin\alpha}{\alpha}\right)^2$$

第 1、2、3 级亮纹位置由 $\frac{\pi}{\lambda}\frac{d}{f}x = m\pi$ 得 $x_1 = \frac{f\lambda}{d}$，$x_2 = \frac{2f\lambda}{d}$，$x_3 = \frac{3f\lambda}{d}$，代入上式中，计算得到它们的相对强度分别为

$$\frac{I_1}{4I_0} \approx 0.811, \qquad \frac{I_2}{4I_0} \approx 0.405, \qquad \frac{I_3}{4I_0} \approx 0.090$$

3-17 有一多缝衍射屏如题 3-17 图所示，总缝数为 $2N$，缝宽为 a，缝间不透明部分的宽度依次为 a 和 $3a$。试求在正入射情况下，遮住偶数缝和全开放时的夫朗和费衍射强度分布公式。

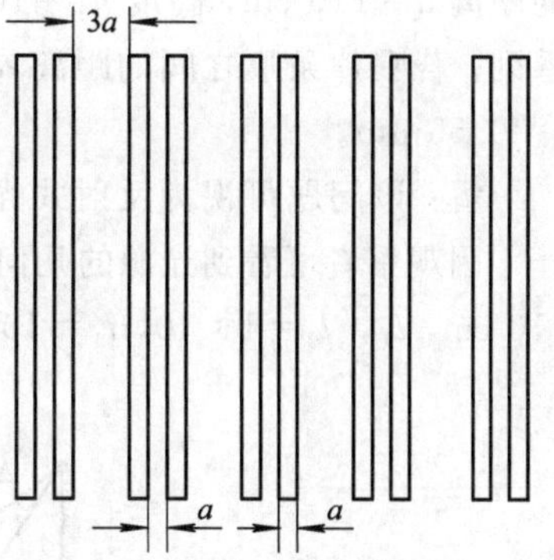

解：（1）由多缝衍射的光强分布公式，可以直接得到遮住偶数缝时的夫朗和费衍射强度分布：

$$I = I_0 \left(\frac{\sin\alpha}{\alpha}\right)^2 \left[\frac{\sin\frac{N\varphi}{2}}{\sin\frac{\varphi}{2}}\right]^2$$

考虑到 $\alpha = \frac{\pi a x}{\lambda f}$，$\varphi = \frac{2\pi(6a)x}{\lambda f} = 12\alpha$，光强分布公式可表示为

$$I = I_0 \left(\frac{\sin\alpha}{\alpha}\right)^2 \left(\frac{\sin 6N\alpha}{\sin 6\alpha}\right)^2$$

（2）对于全开放时的夫朗和费衍射光场，可认为是两个多缝衍射的叠加，其中一个是上述光栅衍射，衍射光场为

题 3-17 图

$$E_1(P) = E_0 \frac{\sin\alpha}{\alpha} \frac{\sin 6N\alpha}{\sin 6\alpha}$$

另一个多缝衍射光场在上式基础上增加了一个相位因子 $e^{-i\xi}$，$\xi = k\frac{2ax}{f} = \frac{4\pi a x}{\lambda f} = 4\alpha$，其衍射光场为

$$E_2(P) = E_0 \frac{\sin\alpha}{\alpha} \frac{\sin 6N\alpha}{\sin 6\alpha} e^{-i\xi}$$

整个光栅的光场为

$$E(P) = E_1(P) + E_2(P) = E_0 \frac{\sin\alpha}{\alpha} \frac{\sin 6N\alpha}{\sin 6\alpha}(1 + e^{-i4\alpha})$$

衍射光强为

$$I = E(P)E^*(P) = 4I_0 \left(\frac{\sin\alpha}{\alpha}\right)^2 \left(\frac{\sin 6N\alpha}{\sin 6\alpha}\right)^2 \cos^2 2\alpha$$

3-18　用波长为 624 nm 的单色光照射一光栅，已知该光栅的缝宽 $a = 0.012$ mm，不透明部分宽度 $b = 0.029$ mm，缝数 $N = 1000$。试求：

（1）中央峰的角宽度；

（2）中央峰内干涉主极大的数目；

（3）零级谱线的半角宽度。

解：（1）多缝衍射中，中央峰的角宽度为

$$2\theta = 2\frac{\lambda}{a} = 2 \times \frac{624 \times 10^{-9}}{0.012 \times 10^{-3}} = 0.104 \text{ rad}$$

（2）中央峰内有 $(2m+1)$ 个主极大。由题意，

$$m = \frac{d}{a} = \frac{a+b}{a} = \frac{0.012 + 0.029}{0.012} \approx 3（取整）$$

所以中央峰内有 7 个主极大。

（3）零级谱线半角宽度为

$$\theta = \frac{\lambda}{Nd} = \frac{624 \times 10^{-9}}{1000 \times 0.041 \times 10^{-3}} \approx 1.52 \times 10^{-5} \text{ rad}$$

3-20　在唱片中心 O_1 上方 $h_1 = 1$ cm 处放置一单色点光源，观察者眼睛与唱片轴线

的距离 $a=110$ cm，高度 $h_2=10$ cm，除光源的几何像外，眼睛在唱片表面上看到衍射条纹系列。若唱片条痕之间的距离 $d=0.5$ mm，求条纹之间的距离 Δx 等于多少？已知光波长 $\lambda=0.55$ μm。

解：该问题可视为反射式光栅的衍射问题。

因观察者可看到光源的几何像(零级衍射光)，所以如题 3-20 解图所示，$\theta=\varphi$，$l_1+l_2=110$ cm，$l_1:l_2=1:10$，$l_1=10$ cm，$l_2=100$ cm。

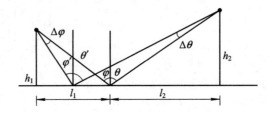

题 3-20 解图

由光栅方程 $d(\sin\theta\pm\sin\varphi)=m\lambda$ 可见，零级衍射光级次变化 1 时，有

$$d(\cos\theta\Delta\theta-\cos\varphi\Delta\varphi)=\lambda$$

因此有

$$\Delta\theta=\frac{\lambda+d\cos\varphi\Delta\varphi}{d\cos\theta}$$

考察题 3-20 解图，$\tan\theta=\dfrac{l_2}{h_2}$、$\tan\varphi=\dfrac{l_1}{h_1}$，将两式分别取微分，得 $\dfrac{1}{\cos^2\theta}\Delta\theta=\dfrac{\Delta x}{h_2}$、$\dfrac{1}{\cos^2\varphi}\Delta\varphi=\dfrac{-\Delta x}{h_1}$，计 $\theta=\varphi$，有 $\Delta\varphi=-\dfrac{h_2}{h_1}\Delta\theta$。将该关系代入上式，可得

$$\Delta\theta=\frac{\lambda}{d\left(1+\dfrac{h_2}{h_1}\right)\cos\theta}$$

因此，条纹间距为

$$\Delta x=\frac{h_2\Delta\theta}{\cos^2\theta}=\frac{l_2\lambda}{d\left(1+\dfrac{h_2}{h_1}\right)\cos^2\theta\sin\theta}=\frac{l_2\lambda}{d\left(1+\dfrac{h_2}{h_1}\right)\dfrac{h_2^2}{l_2^2+h_2^2}\dfrac{l_2}{\sqrt{l_2^2+h_2^2}}}$$

$$=\frac{0.55\times10^{-6}\times1}{0.5\times10^{-3}\times(1+10)\times\dfrac{0.1^2}{1+0.1^2}\times\dfrac{1}{\sqrt{1+0.1^2}}}\ \text{m}\approx1.01\ \text{cm}$$

所以，观察者看到唱片表面上零级与一级条纹的间距为 1.01 cm。

3-21 已知一光栅的光栅常数 $d=2.5$ μm，缝数为 $N=20\,000$ 条。求此光栅的一、二、三级光谱的分辨本领，并求波长 $\lambda=0.69$ μm 红光的二级、三级光谱的位置(角度)，以及光谱对此波长的最大干涉级次。

解：由 $\Delta\lambda=\dfrac{\lambda}{mN}$，得 $A=\dfrac{\lambda}{\Delta\lambda}=mN$，$m$ 等于 1、2、3 时，分辨本领 A 分别等于 20 000、40 000、60 000。

由光栅方程 $d\sin\theta=m\lambda$，可得 $\theta=\arcsin\dfrac{m\lambda}{d}$。对于波长 $\lambda=0.69~\mu m$ 的红光，可计算得到二、三级光谱的位置分别为 $\theta_2=33.5°$、$\theta_3=55.9°$。

在正入射时，由光栅方程可计算得到光谱的最大级次是 3（左右共有 7 条谱线）。

3 - 22　已知 F-P 标准具的空气间隔 $h=4$ cm，两镜面的反射率均为 $R=89.1\%$。另有一反射光栅的刻线面积为 3 cm×3 cm，光栅常数为 1200 条/mm，取其一级光谱，试比较这两个分光元件对 $\lambda=0.6328~\mu m$ 红光的分光特性。

解：（1）自由光谱范围。

光栅：

$$\Delta\lambda_f=\frac{\lambda}{m}$$

此光栅在正入射时，因为

$$\frac{d}{\lambda}=\frac{1}{1200\times10^3\times0.6328\times10^{-6}}\approx1.3$$

所以，m 值只可能取 1，故自由光谱范围为

$$\Delta\lambda_f=0.6328~\mu m$$

F - P 标准具：

$$\Delta\lambda_f=\frac{\lambda}{m}=\frac{\lambda^2}{2nh}=\frac{(0.6328\times10^{-6})^2}{2\times4\times10^{-2}}~\text{m}\approx0.005~\text{nm}$$

（2）分辨本领（分辨力）。

光栅：

$$A=\frac{\lambda}{\Delta\lambda}=mN=3\times10^{-2}\times1200\times10^3=3.6\times10^4$$

F - P 标准具：

$$A=\frac{\lambda}{\Delta\lambda}=mN'=0.97mN=0.97\frac{2nh}{\lambda}\frac{\pi}{1-R}\sqrt{R}$$

$$=\frac{2\times0.04\times0.97}{0.6328\times10^{-6}}\times\frac{\pi\times\sqrt{0.891}}{1-0.891}$$

$$\approx3.34\times10^6$$

（3）角色散率。

光栅：

$$\frac{\mathrm{d}\theta}{\mathrm{d}\lambda}=\frac{m}{d\cos\theta}=\frac{mN}{l\cos\theta}=\frac{mN}{l\sqrt{1-\left(\frac{mN\lambda}{l}\right)^2}}=\frac{mn}{\sqrt{1-(mn\lambda)^2}}$$

$$=\frac{1\times1200\times10^3}{\sqrt{1-(1200\times10^3\times0.6328\times10^{-6})^2}}$$

$$\approx1.844\times10^6~\text{rad/m}$$

F-P 标准具：计算距中心第一条谱线的角分辨率。因 F-P 标准具中央谱线的级次为

$$m_0=\frac{2nh}{\lambda}\bigg|_{\text{取整}}\approx126~422$$

相应于第一条谱线有

$$\Delta = 2nh \cos\theta_1 = (m_0 - 1)\lambda$$

故有

$$\theta_1 = \arccos \frac{(m_0 - 1)\lambda}{2nh} = 0.255$$

所以

$$\frac{d\theta}{d\lambda} = \left| \frac{\cot\theta_1}{\lambda} \right| \approx 3.55 \times 10^8 \ \text{rad/m}$$

3-24 可见光($\lambda = 400 \ \text{nm} \sim 700 \ \text{nm}$)垂直入射到一块每毫米有1000刻痕的光栅上,在30°的衍射角方向附近看到两条光谱线,相隔的角度为$[18/(5\pi\sqrt{3})]°$,求这两条光谱线的波长差 $\Delta\lambda$ 和平均波长 λ。如果要用这块光栅分辨 $\delta\lambda = \Delta\lambda/100$ 的波长差,光栅的宽度至少应该是多少?

解: 由光栅方程 $d \sin\theta = m\lambda$,可以得到相应于 $\theta = 30°$ 附近两条入射光谱线平均波长为

$$\lambda = \frac{d \sin\theta}{m} = \frac{\sin\theta}{nm} = \frac{0.5}{1000 \times 10^3 \times m}\text{m} = \frac{0.5}{m} \ \mu\text{m}$$

由于入射光波长是在可见光范围内,因此,$m = 1$,平均波长为

$$\lambda = 0.5 \ \mu\text{m}$$

又由角色散公式 $\dfrac{d\theta}{d\lambda} = \dfrac{m}{d \cos\theta}$,可得

$$\Delta\lambda = \frac{d \cos\theta}{m} \Delta\theta$$

将 $m = \dfrac{d \sin\theta}{\lambda}$ 代入,得

$$\Delta\lambda = \lambda \cot\theta \Delta\theta = 0.5 \times \sqrt{3} \times \frac{18}{5\pi\sqrt{3}} \times \frac{\pi}{180} \approx 0.01 \ \mu\text{m}$$

由 $A = \dfrac{\lambda}{\Delta\lambda} = mN = mnl$,可得光栅宽度至少要有

$$l = \frac{\lambda}{mn\delta\lambda} = \frac{0.5}{1 \times 1000 \times \dfrac{0.01}{100}} = 5 \ \text{mm}$$

3-25 一光栅宽为 5 cm,每毫米内 400 条刻线。当波长为 500 nm 的平行光垂直入射时,第四级衍射光谱处在单缝衍射的第一极小位置。试求:

(1) 每条缝(透光部分)的宽度;

(2) 第二级衍射光谱的半角宽度;

(3) 第二级可分辨的最小波长差;

(4) 入射光改为光与栅平面法线成 30°角方向斜入射时,光栅能分辨的谱线最小波长差。

解: (1) $d = \dfrac{1}{n}$,第四级缺级,说明 $\dfrac{d}{a} = 4$,所以缝宽

$$a = \frac{d}{4} = \frac{1}{4n} = \frac{1}{4 \times 400} = 0.625 \times 10^{-3} \ \text{mm}$$

(2) 谱线的半角宽度为 $\Delta\theta = \dfrac{\lambda}{Nd \cos\theta}$,又由 $d \sin\theta = m\lambda$,得 $\sin\theta = \dfrac{m\lambda}{d}$,所以

$$\Delta\theta = \frac{\lambda}{Nd\sqrt{1-\left(\frac{m\lambda}{d}\right)^2}} = \frac{\lambda}{l\sqrt{1-(nm\lambda)^2}}$$

$$= \frac{0.5\times10^{-6}}{0.05\times\sqrt{1-(400\times10^3\times2\times0.5\times10^{-6})^2}}$$

$$\approx 1.091\times10^{-5}\ \text{rad}$$

（3）由 $A=\dfrac{\lambda}{\Delta\lambda}=mN=mnl$，得

$$\Delta\lambda = \frac{\lambda}{mnl} = \frac{0.5\times10^{-6}}{2\times400\times10^3\times0.05}\ \text{m} = 1.25\times10^{-2}\ \text{nm}$$

（4）由光栅方程 $d(\sin\theta+\sin\varphi)=m\lambda$，得光栅的最大谱线级次为

$$m = \frac{d(\sin\theta+\sin\varphi)}{\lambda} = \frac{1+0.5}{400\times10^3\times0.5\times10^{-6}} \approx 7 \quad（取整）$$

将 $m=7$ 代入光栅能分辨的最小波长差公式，可得

$$\Delta\lambda = \frac{\lambda}{mnl} = \frac{0.5\times10^{-6}}{7\times400\times10^3\times0.05}\ \text{m} \approx 3.6\times10^{-3}\ \text{nm}$$

3-28　一块闪耀波长为第一级 $0.5\ \mu\text{m}$、每毫米刻痕为 1200 的反射光栅，在里特罗自准直装置中能看到 $0.5\ \mu\text{m}$ 的哪几级光谱？

解：对于里特罗自准直光谱仪，其一级闪耀方向为

$$\sin\theta_1 = \frac{\lambda}{d} = n\lambda = 1200\times10^3\times0.5\times10^{-6} = 0.6$$

且有 $\sin\varphi=\sin\theta_1$。根据光栅方程 $d(\sin\theta\pm\sin\varphi)=m\lambda$，能看到的最大条纹级次为

$$m = \frac{d(\sin\theta\pm\sin\varphi)}{\lambda} = \frac{1\pm0.6}{1200\times10^3\times0.5\times10^{-6}} \approx \begin{cases}2\\0\end{cases}（取整）$$

在准直时，能看到的条纹为 0、+1、+2 三级条纹；在正入射时，$m=\dfrac{d}{\lambda}=1$（取整），能看到的条纹为 -1、0、+1 三级条纹。所以，在调整过程中能看到的条纹为 -1、0、+1、+2 四级条纹。

3-29　一闪耀光栅刻线数为 100 条/mm，用 $\lambda=600\ \text{nm}$ 的单色平行光垂直入射到光栅平面，若第 2 级光谱闪耀，闪耀角应为多大？

解：参见教材图 3-43，当单色平行光垂直入射到闪耀光栅平面上时，入射光方向与光栅面法线夹角 $\varphi=0$，则闪耀光栅的光栅方程

$$2d\sin\frac{\varphi+\theta}{2}\cos\frac{\varphi-\theta}{2} = m\lambda$$

可简化为

$$d\sin\theta = m\lambda$$

相应地，闪耀光栅的闪耀角 θ_0 与 θ 的关系为

$$2\theta_0 = \theta$$

由题意，单色平行光垂直入射时第 2 级光谱闪耀，则由光栅方程得

$$\sin\theta_2 = \frac{2\lambda}{d} = 2n\lambda = 2\times100\times10^3\times0.6\times10^{-6} = 0.12$$

故闪耀角 θ_0 为

$$\theta_0 = \frac{\theta_2}{2} \approx 3°27'$$

3-32 波长 $\lambda = 563.3$ nm 的单色光,从远处的光源发出,穿过一个直径为 $D = 2.6$ mm 的小圆孔,照射与孔相距 $r_0 = 1$ m 的屏幕。试问:屏幕正对孔中心的点 P_0 处,是亮点还是暗点;要使 P_0 点的情况与上述情况相反,至少要把屏幕移动多少距离。

解: 由 $N = \dfrac{\rho_N^2}{\lambda R}\left(1 + \dfrac{R}{r_0}\right)$,单色平行光照明时,$R \to \infty$,所以

$$N = \frac{D^2}{4\lambda r_0} = \frac{(2.6 \times 10^{-3})^2}{4 \times 0.5633 \times 10^{-6} \times 1} \approx 3(\text{取整})$$

观察点是亮点。

若要该点光强发生相反的变化,波带数 N 应变成偶数 2 或 4,相应的屏的位置分别为

$$r_0 = \frac{D^2}{4N\lambda} \approx 1.5 \text{ m 或 } 0.75 \text{ m}$$

因此,至少要把屏幕移近 0.25 m。

3-33 有一波带片,它的各个环的半径为 $r_m = 0.1\sqrt{m}$ cm$(m = 1, 2, \cdots)$。当 $\lambda = 0.5 \ \mu$m 时,计算其焦点的位置。

解: 波带片的焦距为 $f_N = \dfrac{\rho_N^2}{N\lambda}$,根据题意,给定波带片的 $N = m$,因此,焦距为

$$f_N = \frac{\rho_N^2}{N\lambda} = \frac{(0.001\sqrt{m})^2}{m \times 0.5 \times 10^{-6}} = 2 \text{ m}$$

除了这个主焦点外,还有一系对次焦点。给定波带片的焦点位置为

$$2 \text{ m}, \ \frac{2}{3} \text{ m}, \ \frac{2}{5} \text{ m}, \ \frac{2}{7} \text{ m}, \cdots$$

3-36 波长 632.8 nm 的单色平行光垂直入射到一圆孔屏上,在孔后中心轴上距圆孔 $r_0 = 1$ m 处的 P_0 点出现一个亮点,假定这时小圆孔对 P_0 点恰好露出第一个半波带。试求:

(1) 小圆孔的半径 ρ;

(2) 由 P_0 点沿中心轴从远处向小圆孔移动时,第一个暗点至圆孔的距离。

解: (1) 由 $N = \dfrac{\rho_N^2}{\lambda R}\left(1 + \dfrac{R}{r_0}\right)$,平行光入射时,$R \to \infty$,小孔的半径 ρ 为

$$\rho = \sqrt{N\lambda r_0} = \sqrt{0.6328 \times 10^{-6} \times 1} \text{ m} \approx 0.795 \text{ mm}$$

(2) 按题意,出现第一个暗点时,$N = 2$,由公式 $r_0 = \dfrac{\rho_N^2}{N\lambda}$ 计算,得

$$r_0 = \frac{(0.7955 \times 10^{-3})^2}{2 \times 0.6328 \times 10^{-6}} \text{ m} \approx 50 \text{ cm}$$

3-37 试计算一波带片前 10 个透光波带的内外半径的值。这波带片对 $0.63 \ \mu$m 红光的焦距为 20 m,并假设中心是一个透光带。

解: 由 $N = \dfrac{\rho_N^2}{\lambda R}\left(1 + \dfrac{R}{r_0}\right)$,平行光入射,$R \to \infty$,$\rho_N = \sqrt{N\lambda r_0}$;由焦距公式 $f_N = \dfrac{\rho_N^2}{N\lambda}$ 可见,$f_N = r_0$,所以

$$\rho_N = \sqrt{0.63 \times 10^{-6} \times 20N} \approx 3.55\sqrt{N} \text{ mm}$$

因波带片中心是一个透光带，所以相应于第 n 个透光带的波带内、外半径约为

$$3.55\sqrt{2(n-1)} \text{ mm}, \quad 3.55\sqrt{2n-1} \text{ mm}$$

由此计算得各个波带的内外半径如下：

透光带/n	1	2	3	4	5	6	7	8	9	10
内径/mm	0	5.020	7.100	8.696	10.04	11.23	12.30	13.28	14.20	15.06
外径/mm	3.550	6.148	7.826	9.392	10.65	11.77	12.80	13.75	14.64	15.47

3-39　一块菲涅耳波带片对波长 $0.50\ \mu m$ 的衍射光的焦距是 10 m，假定它的中心为开带，

(1) 求波带片上第 4 个开带外圆的半径；

(2) 将一点光源置于距波带片中心 2 m 处，求它的 +1 级像。

解：(1) 由波带片焦距公式 $f_N = \dfrac{\rho_N^2}{N\lambda}$，因为波带片的中心为开带，所以第 $n=4$ 个开带的外圆半径为

$$\rho_N = \sqrt{\lambda f_N (2n-1)} = \sqrt{0.5 \times 10^{-6} \times 10 \times 7} \text{ m} \approx 5.92 \text{ mm}$$

(2) 波带片各焦点焦距为 $f_m = \dfrac{1}{m}\left(\dfrac{\rho_N^2}{N\lambda}\right)$。相应于主焦点（$f_1 = f_N$），由公式 $\dfrac{1}{R} + \dfrac{1}{r_{01}} = \dfrac{1}{f_1}$ 可得

$$r_{01} = \frac{Rf_1}{R - f_1} = \frac{2 \times 10}{2 - 10} = -2.5 \text{ m}$$

即在 -2.5 m 处，产生 +1 级虚像；相应于 $f_N/3$、$f_N/5$ 焦点，不能成实像；相应于 $f_7 = f_N/7$ 焦点，

$$r_{07} = \frac{Rf_7}{R - f_7} = \frac{2 \times \dfrac{10}{7}}{2 - \dfrac{10}{7}} = 5 \text{ m}$$

即在 5 m 处，产生一个光强较弱的实像。

3-40　题 3-40 图是制作全息光栅的装置图，试推导其全息光栅的条纹间距公式。今要在干版处获得 1200 条/mm 的光栅，问两反射镜间的夹角是多少。

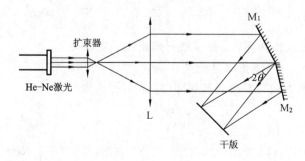

题 3-40 图

解：当两个平面镜之间夹角为 θ 时，其反射光之间的夹角为 2θ。根据全息光栅的制作

原理,当两束光以 2θ 角在全息版上相交,其干涉条纹间距为 $d=\dfrac{\lambda}{2n\,\sin\theta}$,所以

$$\sin\theta=\frac{\lambda}{2nd}=\frac{0.6328\times10^{-6}\times1200\times10^{3}}{2}\approx0.379\,68$$

$$\theta\approx22.31°$$

3-42 (1)在题 3-42 图所示的全息记录装置中,若 $\theta_0=\theta_R=\theta$,试证明全息图上干涉条纹的间距为 $e=\dfrac{\lambda}{2\,\sin\theta}$;

(2)若再现光波的波长和方向与参考光波相同,分析全息图的衍射光波;

(3)若再现光波的波长与参考光波相同,正入射照明全息图,分析全息图的衍射光波。

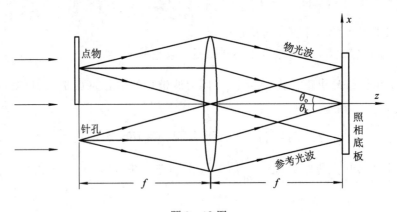

题 3-42 图

解:(1)在底版上,物光波和参考光波的光场复振幅分布分别为

$$E_O=Oe^{-ikx\,\sin\theta}$$

$$E_R=Re^{ikx\,\sin\theta}$$

因此,光强分布为

$$I=|E_O+E_R|^2=O^2+R^2+ORe^{-i2kx\,\sin\theta}+ORe^{i2kx\,\sin\theta}=O^2+R^2+2OR\,\cos[2kx\,\sin\theta]$$

这是一个周期为 2π 的函数,它是一组与 x 轴垂直的条纹。显然,对位于 x_1 和 x_2 的相邻条纹有

$$2kx_2\,\sin\theta=2kx_1\,\sin\theta+2\pi$$

所以,条纹的间距为

$$e=x_2-x_1=\frac{\lambda}{2\,\sin\theta}$$

(2)记录干版经线性处理后,振幅透射率正比于光强:

$$t=t_0+\beta(O^2+R^2+ORe^{-i2kx\,\sin\theta}+ORe^{i2kx\,\sin\theta})$$

当再现光波的波长和方向与参考光波相同时,入射光波为

$$C=e^{ikx\,\sin\theta}$$

则衍射光场复振幅为

$$E=Ct=\lfloor t_0+\beta(O^2+R^2)\rfloor e^{ikx\,\sin\theta}+\beta ORe^{-ikx\,\sin\theta}+\beta ORe^{i3kx\,\sin\theta}$$

显然,第一项 $\lfloor t_0+\beta(O^2+R^2)\rfloor e^{ikx\,\sin\theta}$ 为再现光波按原方向传播的透射平面波,与再现光波比较,只是振幅减少了;

第二项含有因子 $e^{-ikx\sin\theta}$，是物光波的再现波，振幅与原来的物光波有所不同；

第三项含有因子 $e^{i3kx\sin\theta}$，是方向进一步向上偏转的参考光波，在本题中，也可以看做是向上偏转的物光波的共轭波。

（3）当再现光波正入射时，入射光波为

$$C=e^{ikz}$$

则衍射光场复振幅为

$$E=Ct=\lfloor t_0+\beta(O^2+R^2)\rfloor e^{ikz}+\beta ORe^{-i2kx\sin\theta}e^{ikz}+\beta ORe^{i2kx\sin\theta}e^{ikz}$$

显然，第一项 $\lfloor t_0+\beta(O^2+R^2)\rfloor e^{ikz}$ 仍为再现光波按原方向传播的透射平面波；

第二项为向下偏转了的物光波的再现波；

第三项是方向向上偏转的物光波的共轭波。第二项和第三项以 z 轴对称。

3-44　求出题 3-44 图所示衍射屏的夫朗和费衍射图样的强度分布。设衍射屏由单位振幅的单色平面波垂直照明。

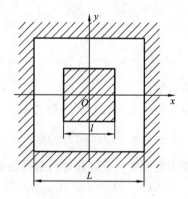

题 3-44 图

解：解法一　利用夫朗和费衍射公式求 z_1 处的衍射光场复振幅为

$$E(x,y)=-\frac{ie^{ikz_1}}{\lambda z_1}\cdot e^{ik\frac{x^2+y^2}{2z_1}}\iint\limits_{\Sigma}E(x_1,y_1)e^{-ik\frac{xx_1+yy_1}{z_1}}dx_1\,dy_1$$

$$=-\frac{ie^{ikz_1}}{\lambda z_1}\cdot e^{ik\frac{x^2+y^2}{2z_1}}\int e^{-ik\frac{xx_1}{z_1}}dx_1\int e^{-ik\frac{yy_1}{z_1}}dy_1$$

积分

$$\int e^{-ik\frac{xx_1}{z_1}}dx_1\int e^{-ik\frac{yy_1}{z_1}}dy_1=\left(\int_{-L/2}^{-l/2}e^{-ik\frac{xx_1}{z_1}}dx_1+\int_{l/2}^{L/2}e^{-ik\frac{xx_1}{z_1}}dx_1\right)\cdot\left(\int_{-L/2}^{L/2}e^{-ik\frac{xy_1}{z_1}}dy_1\right)$$

$$+\left(\int_{-L/2}^{-l/2}e^{-ik\frac{xy_1}{z_1}}dy_1+\int_{l/2}^{L/2}e^{-ik\frac{xy_1}{z_1}}dy_1\right)\cdot\left(\int_{-l/2}^{l/2}e^{-ik\frac{xx_1}{z_1}}dx_1\right)$$

其中

$$\int_{-L/2}^{-l/2}e^{-ik\frac{xx_1}{z_1}}dx_1+\int_{l/2}^{L/2}e^{-ik\frac{xx_1}{z_1}}dx_1=\frac{z_1}{-ikx}e^{-ik\frac{xx_1}{z_1}}\bigg|_{-L/2}^{-l/2}+\frac{z_1}{-ikx}e^{-ik\frac{xx_1}{z_1}}\bigg|_{l/2}^{L/2}$$

$$=\frac{2z_1}{kx}\left[\sin\left(k\,\frac{xL/2}{z_1}\right)-\sin\left(k\,\frac{xl/2}{z_1}\right)\right]$$

$$=L\,\text{sinc}\left(\frac{Lx}{\lambda z_1}\pi\right)-l\,\text{sinc}\left(\frac{lx}{\lambda z_1}\pi\right)$$

同样

$$\int_{-L/2}^{-l/2} e^{-ik\frac{xy_1}{z_1}} dy_1 + \int_{l/2}^{L/2} e^{-ik\frac{xy_1}{z_1}} dy_1 = L \operatorname{sinc}\left(\frac{Ly}{\lambda z_1}\pi\right) - l \operatorname{sinc}\left(\frac{ly}{\lambda z_1}\pi\right)$$

$$\int_{-L/2}^{L/2} e^{-ik\frac{xy_1}{z_1}} dy_1 = L \operatorname{sinc}\left(\frac{Ly}{\lambda z_1}\pi\right)$$

$$\int_{-l/2}^{l/2} e^{-ik\frac{xx_1}{z_1}} dx_1 = l \operatorname{sinc}\left(\frac{lx}{\lambda z_1}\pi\right)$$

故有

$$E(x, y) = -\frac{ie^{ikz_1}}{\lambda z_1} \cdot e^{ik\frac{x^2+y^2}{2z_1}} \left[L \operatorname{sinc}\left(\frac{Lx}{\lambda z_1}\pi\right) - l \operatorname{sinc}\left(\frac{lx}{\lambda z_1}\pi\right) \right] L \operatorname{sinc}\left(\frac{Ly}{\lambda z_1}\pi\right)$$

$$+ \left[L \operatorname{sinc}\left(\frac{Ly}{\lambda z_1}\pi\right) - l \operatorname{sinc}\left(\frac{ly}{\lambda z_1}\pi\right) \right] l \operatorname{sinc}\left(\frac{lx}{\lambda z_1}\pi\right)$$

$$= -\frac{ie^{ikz_1}}{\lambda z_1} \cdot e^{ik\frac{x^2+y^2}{2z_1}} \left[L^2 \operatorname{sinc}\left(\frac{Lx}{\lambda z_1}\pi\right) \operatorname{sinc}\left(\frac{Ly}{\lambda z_1}\pi\right) - l^2 \operatorname{sinc}\left(\frac{lx}{\lambda z_1}\pi\right) \operatorname{sinc}\left(\frac{ly}{\lambda z_1}\pi\right) \right]$$

z_1 处的衍射光强度分布为

$$I(x, y) = E(x, y)E^*(x, y)$$

$$= \left(\frac{1}{\lambda z_1}\right)^2 \left[L^2 \operatorname{sinc}\left(\frac{Lx}{\lambda z_1}\pi\right) \operatorname{sinc}\left(\frac{Ly}{\lambda z_1}\pi\right) - l^2 \operatorname{sinc}\left(\frac{lx}{\lambda z_1}\pi\right) \operatorname{sinc}\left(\frac{ly}{\lambda z_1}\pi\right) \right]^2$$

解法二 利用傅里叶光学求解。

题中衍射屏的透射系数为大小正方形的透射系数之差:

$$t(x, y) = \operatorname{rect}\frac{x}{L} \operatorname{rect}\frac{y}{L} - \operatorname{rect}\frac{x}{l} \operatorname{rect}\frac{y}{l}$$

因为由单位振幅的单色平面波垂直照明,所以透过衍射屏后的光场复振幅为

$$\widetilde{E}(x, y) = 1 \times t(x, y)$$

其傅里叶变换式为

$$F[\widetilde{E}(x, y)] = L^2 \operatorname{sinc}\left(\frac{Lx}{\lambda z_1}\pi\right) \operatorname{sinc}\left(\frac{Ly}{\lambda z_1}\pi\right) - l^2 \operatorname{sinc}\left(\frac{lx}{\lambda z_1}\pi\right) \operatorname{sinc}\left(\frac{ly}{\lambda z_1}\pi\right)$$

故夫朗和费衍射图样的强度分布为

$$I(x, y) = \left(\frac{1}{\lambda z_1}\right)^2 |F[\widetilde{E}(x, y)]^2|$$

$$= \left(\frac{1}{\lambda z_1}\right)^2 \left[L^2 \operatorname{sinc}\left(\frac{Lx}{\lambda z_1}\pi\right) \operatorname{sinc}\left(\frac{Ly}{\lambda z_1}\pi\right) - l^2 \operatorname{sinc}\left(\frac{lx}{\lambda z_1}\pi\right) \operatorname{sinc}\left(\frac{ly}{\lambda z_1}\pi\right) \right]^2$$

3-46 今有宽度为 a 的单狭缝夫朗和费衍射装置,在缝的宽度方向上(x 由 $(-a/2$ 到 $a/2)$ 覆盖着振幅透射系数 $t(x) = \cos\left(\frac{\pi x}{a}\right)$ 的膜片。试求夫朗和费衍射场的振幅分布,并和无膜片时的衍射场振幅分布做比较。

解: 题中单狭缝夫朗和费衍射光场复振幅为

$$E(x, y) = -\frac{ie^{ikz_1}}{\lambda z_1} \cdot e^{ik\frac{x^2+y^2}{2z_1}} \int_{-a/2}^{a/2} E(x_1) e^{-ik\frac{xx_1}{z_1}} dx_1$$

$$= -\frac{ie^{ikz_1}}{\lambda z_1} \cdot e^{ik\frac{x^2+y^2}{2z_1}} \int_{-a/2}^{a/2} \cos\left(\frac{\pi x_1}{a}\right) e^{-ik\frac{xx_1}{z_1}} dx_1$$

$$= -\frac{ie^{ikz_1}}{2\lambda z_1} \cdot e^{ik\frac{x^2+y^2}{2z_1}} \int_{-a/2}^{a/2} (e^{i\pi\left(\frac{1}{a}-\frac{2x}{\lambda z_1}\right)x_1} + e^{-i\pi\left(\frac{1}{a}+\frac{2x}{\lambda z_1}\right)x_1}) dx_1$$

其中，积分

$$\int_{-a/2}^{a/2} e^{i\pi\left(\frac{1}{a}-\frac{2x}{\lambda z_1}\right)x_1} dx_1 = \frac{1}{i\pi\left(\frac{1}{a}-\frac{2x}{\lambda z_1}\right)}\left(e^{i\pi\left(\frac{1}{a}-\frac{2x}{\lambda z_1}\right)a/2} - e^{-i\pi\left(\frac{1}{a}-\frac{2x}{\lambda z_1}\right)a/2}\right)$$

$$= \frac{2}{\pi\left(\frac{1}{a}-\frac{2x}{\lambda z_1}\right)}\sin\left[\pi\left(\frac{1}{a}-\frac{2x}{\lambda z_1}\right)\frac{a}{2}\right]$$

$$= a\,\text{sinc}\left(\frac{\pi}{2}-\frac{ax}{\lambda z_1}\pi\right)$$

$$\int_{-a/2}^{a/2} e^{-i\pi\left(\frac{1}{a}+\frac{2x}{\lambda z_1}\right)x_1} dx_1 = a\,\text{sinc}\left(\frac{\pi}{2}+\frac{ax}{\lambda z_1}\pi\right)$$

故题中单狭缝夫朗和费衍射光场为

$$E(x,y) = -\frac{ie^{ikz_1}}{\lambda z_1}e^{ik\frac{x^2+y^2}{2z_1}}\cdot\frac{a}{2}\left[\text{sinc}\left(\frac{\pi}{2}-\frac{ax}{\lambda z_1}\pi\right)+\text{sinc}\left(\frac{\pi}{2}+\frac{ax}{\lambda z_1}\pi\right)\right]$$

与无膜片时的单缝衍射光场进行比较：

$$E_1(P) = -\frac{ie^{ikz_1}}{\lambda z_1}e^{ik\frac{x^2+y^2}{2z_1}}a\cdot\text{sinc}\left(\frac{ax}{\lambda z_1}\pi\right)$$

题中单狭缝夫朗和费衍射光场振幅的主极大值向两边偏移了$\frac{\pi}{2}$。

3-47　一块透明片的振幅透过系数$t(x)=\exp(-\pi x^2)$，将其置于透镜的前焦平面上，并用单位振幅的单色光垂直照明，求透镜后焦平面上的振幅分布。

解：透镜后焦平面上的光场复振幅为

$$E(x,y) = -\frac{ie^{ikf}}{\lambda f}e^{ik\left(1-\frac{d_0}{f}\right)\frac{x^2+y^2}{2f}}F[E(x_1,y_1)]$$

$$= -\frac{ie^{ikf}}{\lambda f}e^{ik\left(1-\frac{d_0}{f}\right)\frac{x^2+y^2}{2f}}\int_{-\infty}^{+\infty}\int_{-\infty}^{+\infty} E(x_1,y_1)e^{-ik\frac{xx_1+yy_1}{f}} dx_1 dy_1$$

$$= -\frac{ie^{ikf}}{\lambda f}e^{ik\left(1-\frac{d_0}{f}\right)\frac{x^2+y^2}{2f}}\int_{-\infty}^{+\infty}\int_{-\infty}^{+\infty} e^{-\pi x_1^2}e^{-ik\frac{xx_1+yy_1}{f}} dx_1 dy_1$$

$$= -\frac{ie^{ikf}}{\lambda f}\int_{-\infty}^{+\infty} e^{-i2\pi\frac{yy_1}{f\lambda}} dy_1\int_{-\infty}^{+\infty} e^{-i2\pi\left(\frac{xx_1}{f\lambda}-i\frac{x_1^2}{2}\right)} dx_1$$

$$= -\frac{ie^{ikf}}{\lambda f}\delta\left(\frac{y}{f\lambda}\right)e^{-\pi\left(\frac{x}{f\lambda}\right)^2}\int_{-\infty}^{+\infty} e^{-\pi\left(x_1+i\frac{x}{f\lambda}\right)^2} dx_1$$

可以证明积分$\int_{-\infty}^{+\infty} e^{-(x_1+ib)^2} dx_1$的值与在实数域积分$\int_{-\infty}^{+\infty} e^{-x_1^2} dx_1$的值相同，所以上述积分为

$$E(x,y) = -\frac{ie^{ikf}}{\lambda f}\delta\left(\frac{y}{f\lambda}\right)e^{-\pi\left(\frac{x}{f\lambda}\right)^2}$$

第 4 章　　光在各向异性介质中的传播特性

第 1 章中，根据光的电磁理论讨论了光在各向同性介质中的传播特性。实际上，自然界中最一般存在的介质是光学各向异性介质，而光学各向同性介质只是光学各向异性介质的一种特殊情况。光在各向异性介质与各向同性介质中传播特性的最主要差别是其双折射特性。光学各向异性介质在光学、光电子技术中有着非常重要且广泛的应用。光学各向异性介质的典型代表是(无机、有机)晶体。

本章基于光的电磁理论，更一般地讨论光在各向异性介质中的传播特性，主要讨论晶体的光学各向异性，理想单色平面光波在晶体中的传播特性，平面光波在晶体表面上的反射和折射特性，晶体光学元件及晶体偏光干涉等应用。

4.1　　基　本　要　求

1. 基本要求

(1) 掌握晶体的光学各向异性概念和介电常数张量表示；

(2) 正确理解光在晶体中的传播特性，掌握理想单色平面光波在各向同性介质、单轴晶体中的传播特性，了解理想单色平面光波在双轴晶体中的传播特性；

(3) 掌握平面光波在介质界面上的反射和折射特性，正确理解双折射和双反射的概念；

(4) 掌握晶体光学元件——偏振棱镜、波片的工作原理和特性；

(5) 掌握晶体的偏光干涉特性。

2. 重点、难点

(1) 重点：理想单色平面光波在单轴晶体中及界面上的传播特性，晶体光学元件的工作原理。

(2) 难点：理想单色平面光波在晶体中的传播特性。

4.2　　基本概念和公式

本章首先介绍了描述晶体光学各向异性特性的电学参量——介电常数张量。然后，依据光的电磁理论，分析并给出了晶体中光电磁波的场结构、晶体光学的基本方程及理想单色平面光波在晶体中传播双折射特性的解析方法和几何方法描述，重点讨论光在各向同性、单轴晶体中的传播规律，以及平面光波在晶体表面上的反射和折射特性，得到了光在晶体中的传播特性：光在晶体中不同方向传播时的光学性质不同，一般情况下，相应于某一传播方向，有两个特定偏振方向的正交线偏振光，它们以不同的速度在晶体中独立传播，即具有双折射特性、偏振效应；光在晶体界面上会产生双反射和双折射，且相应的两束反射光和两束折射光分别为偏振方向正交的线偏振光。最后，介绍了晶体双折射特性和偏振效应的应用：晶体光学元件（偏振器、波片和补偿器）以及晶体的偏光干涉等。

1. 晶体的光学各向异性

1）晶体的光学各向异性

晶体是其组成基元在空间的有序排列，表现为一定的空间周期性和对称性。这种结构导致了晶体宏观性质的各向异性，也导致了晶体光学性质具有各向异性。

2）晶体的介电常数张量

介质的光学性质通常是指其电学性质，用介电常数描述。在各向异性介质中，介电常数 $\boldsymbol{\varepsilon}$ 是一个张量，其物质方程为

$$\boldsymbol{D} = \boldsymbol{\varepsilon} \cdot \boldsymbol{E} = \varepsilon_0 \varepsilon_r \cdot \boldsymbol{E}$$

由光的电磁理论，介电常数张量是一个对称张量，在主轴坐标系中，是对角张量，相对介电常数可表示为

$$\begin{bmatrix} \varepsilon_{11} & 0 & 0 \\ 0 & \varepsilon_{22} & 0 \\ 0 & 0 & \varepsilon_{33} \end{bmatrix}$$

ε_{11}、ε_{22}、ε_{33}（或常表示为 ε_1、ε_2、ε_3）称为主介电系数。由麦克斯韦关系式

$$n = \sqrt{\varepsilon_r}$$

还可以相应地定义三个主折射率 n_1、n_2、n_3。

3）晶体的分类

自然界中的晶体（介质）光学性质有各向同性和各向异性两大类。按主介电系数区分，有各向同性晶体（介质）（$\varepsilon_1 = \varepsilon_2 = \varepsilon_3$）、单轴晶体（$\varepsilon_1 = \varepsilon_2 = n_o^2$、$\varepsilon_3 = n_e^2$）和双轴晶体（$\varepsilon_1 \neq \varepsilon_2 \neq \varepsilon_3$）。

2. 单色平面光波在晶体中的传播特性

1）单色平面光波的光波场结构

在晶体中，一束单色平面光波具有横波特性：一般情况下，它的电场 $\boldsymbol{E}$ 与电位移矢量 $\boldsymbol{D}$ 的方向不一致，能量传播方向 $\boldsymbol{s}$ 和波法线方向 $\boldsymbol{k}$ 也不一致，且有 $\boldsymbol{E} \perp \boldsymbol{s}$、$\boldsymbol{D} \perp \boldsymbol{k}$，$\boldsymbol{E}$、$\boldsymbol{D}$、$\boldsymbol{s}$、$\boldsymbol{k}$ 共面；相应的磁场 $\boldsymbol{H}$ 与磁感应强度 $\boldsymbol{B}$ 方向一致，且与（$\boldsymbol{E}$，$\boldsymbol{D}$，$\boldsymbol{s}$，$\boldsymbol{k}$）面垂直，其光波场结构见教材第 231 页图 4-1。

在各向同性介质中，单色平面光波的光波场结构见教材第 236 页图 4-5，是一种特殊情况。

2）单色平面光波的速度

与各向同性介质不同，在晶体中，一般情况下，单色平面光波的相速度和光线速度不相同。

(1) 相速度 v_p。相速度是单色平面光波等相位面的传播速度,其表示式为

$$v_p = v_p k = \frac{c}{n} k$$

式中,n 为光波折射率。

(2) 光线速度 v_r。光线速度是单色平面光波能量的传播速度,其方向为能流密度(坡印廷矢量)的方向 s,大小等于单位时间内通过垂直于能流方向上的一个单位面积的能量除以能量密度,即

$$v_r = v_r s = \frac{|S|}{w} s = \frac{c}{n_r} s$$

式中,n_r 为光线折射率。

一般情况下,单色平面光波的相速度和光线速度分离,相速度是其光线速度在波阵面法线方向上的投影:

$$v_p = v_r s \cdot k = v_r \cos\alpha$$

3. 光在晶体中的传播特性

1) 光在晶体中传播特性的解析法描述

由光的电磁理论解析方法求解光在晶体中传播特性的问题,在数学上是一个本征值问题。

由麦克斯韦方程组可以直接推导出单色平面光波在晶体中传播时满足的基本方程:

$$D = \varepsilon_0 n^2 [E - k(k \cdot E)]$$

经过运算,得到波法线菲涅耳方程:

$$\frac{k_1^2}{\frac{1}{n^2} - \frac{1}{\varepsilon_1}} + \frac{k_2^2}{\frac{1}{n^2} - \frac{1}{\varepsilon_2}} + \frac{k_3^2}{\frac{1}{n^2} - \frac{1}{\varepsilon_3}} = 0$$

该波法线菲涅耳方程实际上是本征值问题的本征方程(久期方程)。

求解上述方程,可以得到单色平面光波在晶体中的传播特性:对应于每一给定的波法线方向 k,晶体中有两个本征模式,它们是具有特定振动方向的线偏振光,其 D 矢量相互垂直(因而振动面相互垂直),光线方向不同,它们具有不同的折射率 n,以不同的相速度 v_p 独立传播。

实际上,也可以由麦克斯韦方程组推导出另一种形式的基本方程:

$$E = \frac{c}{\varepsilon_0 n_r^2} [D - s(s \cdot D)]$$

从而得到另一种形式的本征方程(光线菲涅耳方程):

$$\frac{s_1^2}{n_r^2 - \varepsilon_1} + \frac{s_2^2}{n_r^2 - \varepsilon_2} + \frac{s_3^2}{n_r^2 - \varepsilon_3} = 0$$

求解这种形式的方程,可以得到单色平面光波在晶体中的传播特性的另一种表述:对应于每一给定的光线方向 s,晶体中有两个本征模式,它们是具有特定振动方向的线偏振光,其 E 矢量相互垂直(因而振动面相互垂直),波法线方向不同,它们具有不同的光线折射率 n_r,以不同的光线速度 v_r 独立传播。

2) 光在晶体中传播特性的几何法描述

解析法可以严格地描述单色平面光波在晶体中的传播规律,给出平面光波在晶体中传

播的所有信息。实际上，在光电子技术中经常运用的几何方法(几何图形)，能够更直观方便地给出平面光波在晶体中传播的某些信息。应当指出的是，几何方法的理论基础仍然是麦克斯韦理论。

(1) 折射率椭球。折射率椭球方程为

$$\frac{x_1^2}{n_1^2} + \frac{x_2^2}{n_2^2} + \frac{x_3^2}{n_3^2} = 1$$

对于给定的晶体，折射率椭球可以直接给出对应于晶体中任一 k 方向的两个本征模式的电位移矢量 D 的方向(d)和折射率 n 的大小。

折射率椭球可记为(d, n)曲面。

(2) 折射率曲面。折射率曲面方程为

$$\frac{k_1^2}{\frac{1}{n^2} - \frac{1}{n_1^2}} + \frac{k_2^2}{\frac{1}{n^2} - \frac{1}{n_2^2}} + \frac{k_3^2}{\frac{1}{n^2} - \frac{1}{n_3^2}} = 0$$

折射率曲面是一个双壳层的曲面。对于给定的晶体，可以直接给出对应于晶体中任一 k 方向的两个本征模式的折射率 n 的大小。

折射率曲面可记为(k, n)曲面。

(3) 波矢曲面。将折射率曲面的矢径长度乘以 ω/c，即得到波矢曲面。

波矢曲面也是一个双壳层的曲面。对于给定的晶体，可以直接给出对应于晶体中任一 k 方向的两个本征模式的波数 k 的大小。

波矢曲面可记为(k, k)曲面。

(4) 菲涅耳椭球。菲涅耳椭球方程为

$$\frac{x_1^2}{v_{r1}^2} + \frac{x_2^2}{v_{r2}^2} + \frac{x_3^2}{v_{r3}^2} = 1$$

式中，v_{r1}、v_{r2}、v_{r3} 表示在三个主轴方向上晶体的光线主速度。对于给定的晶体，菲涅耳椭球可以直接给出对应于晶体中任一 s 方向的两个本征模式的电场 E 的方向(e)和光线速度 v_r 的大小。

菲涅耳椭球可记为(e, v_r)曲面。

(5) 射线曲面。射线曲面方程为

$$\frac{s_1^2}{\frac{1}{v_r^2} - \frac{1}{v_1^2}} + \frac{s_2^2}{\frac{1}{v_r^2} - \frac{1}{v_2^2}} + \frac{s_3^2}{\frac{1}{v_r^2} - \frac{1}{v_3^2}} = 0$$

射线曲面是一个双壳层的曲面。对于给定的晶体，可以直接给出对应于晶体中任一 s 方向的两个本征模式的光线速度 v_r 的大小。

射线曲面可记为(s, v_r)曲面。实际上，射线曲面就是在晶体中完全包住一个单色点光源的波面。

3) 光在单轴晶体中的传播特性

(1) 单轴晶体的光学性质。单轴晶体的主介电系数为

$$\varepsilon_1 = \varepsilon_2 = n_o^2, \ \varepsilon_3 = n_e^2$$

单轴晶体中有一个光轴，沿 z 轴方向。

(2) 单轴晶体中的本征模式。单轴晶体中，相应于任一 k 方向的两个特许线偏振方向

的本征模式为寻常光（o 光）和非常光（e 光）。

① 寻常光（o 光）：E 矢量总与 D 矢量平行，并垂直于波法线 k 与光轴所确定的平面；折射率为 n_o，其大小与 k 方向无关；光线方向 s_o 与波法线方向 k 重合。

② 非常光（e 光）：一般情况下，E 矢量与 D 矢量不平行，都在波法线 k 与光轴所确定的平面内振动；折射率随 k 矢量的方向改变，用 $n_e(\theta)$ 表示；光线方向 s_e 与波法线方向 k 不重合。

a. e 光折射率 $n_e(\theta)$。e 光折射率与传播方向 k 有关，θ 是 k 方向与晶体光轴方向 z 的夹角。e 光折射率的表示式为

$$\frac{1}{n_e^2(\theta)} = \frac{\cos^2\theta}{n_o^2} + \frac{\sin^2\theta}{n_e^2}$$

可见：

$\theta = 0°$ 时，$n_e(\theta) = n_o$，该方向即为光轴方向，不发生双折射；

$\theta = 90°$ 时，$n_e(\theta) = n_e$，该方向与光轴方向垂直，有双折射；

θ 为 $0 \sim 90°$ 时，e 光折射率为 $n_e(\theta)$，在 $n_o \sim n_e$ 之间变化。

b. e 光离散角。一般情况下，e 光的 E 与 D、s_e 与 k_e 之间方向分离，离散角 α 满足：

$$\tan\alpha = \frac{1}{2}\sin2\theta\left(\frac{1}{n_o^2} - \frac{1}{n_e^2}\right)\left(\frac{\cos^2\theta}{n_o^2} + \frac{\sin^2\theta}{n_e^2}\right)^{-1}$$

可见：

$\theta = 0°$ 时，$\alpha = 0$，即沿光轴方向传播时，不发生分离；

$\theta = 90°$ 时，$\alpha = 0$，即沿垂直光轴方向传播时，也不发生分离，但有双折射；

θ 为 $0 \sim 90°$ 时，e 光方向发生分离，具体分离情况还取决于晶体特性：对于正单轴晶体（$n_o < n_e$），光线方向相对波法线方向靠近光轴，对于负单轴晶体（$n_o > n_e$），光线方向远离光轴。

c. e 光最大离散角。当波法线方向 k 与晶体光轴的夹角 θ 满足：

$$\tan\theta = \frac{n_e}{n_o}$$

时，有最大离散角

$$\alpha_M = \arctan\frac{n_e^2 - n_o^2}{2n_o n_e}$$

4）光在双轴晶体中的传播特性

（1）双轴晶体的光学性质。双轴晶体的三个主介电系数不相等，$\varepsilon_1 \neq \varepsilon_2 \neq \varepsilon_3$。双轴晶体中有两个光轴，若 $\varepsilon_1 < \varepsilon_2 < \varepsilon_3$，则两个光轴均在 xOz 坐标面内。

（2）双轴晶体中的本征模式。双轴晶体中，相应于任一 k 方向有两个特许线偏振方向的本征模式，它们均为非常光（e 光）。

一般情况下，两个 e 光的 E 矢量与 D 矢量不平行；光线方向 s_e 与波法线方向 k 不重合；折射率均随 k 矢量的方向改变，为 $n_{e_{1,2}}(\theta)$。

4. 光在晶体界面上的双折射和双反射

1）光在晶体界面上的折射定律和反射定律

根据光的电磁理论，光在晶体界面上的折射和反射现象仍遵从折射定律和反射定律：

$$(k_t - k_i) \cdot r = 0$$
$$(k_r - k_i) \cdot r = 0$$

或

$$n_i \sin\theta_i = n_t \sin\theta_t$$
$$n_i \sin\theta_i = n_r \sin\theta_r$$

　　从形式上看，光在晶体界面上的折射定律和反射定律与光在各向同性介质界面上的折射定律和反射定律相同，但是，由于晶体的光学各向异性，光在晶体中传播的双折射特性，光在晶体界面上将发生双折射和双反射，所产生的两束折射光或两束反射光都是线偏振光，它们的振动方向相互垂直，并且，在一般情况下，这两个折射光或反射光的折射率都与其传播方向有关，所以，$\sin\theta_i/\sin\theta_t$ 或 $\sin\theta_i/\sin\theta_r$ 不是恒量，这一点与光在各向同性介质界面上的折射定律和反射定律不相同，正因为此，它们都称为非常光。

　　2）光在晶体界面上的双反射和双折射特性

　　光在晶体界面上的双反射和双折射特性可以利用解析法和几何作图法描述。在一般情况下，由给定的入射角 θ_i 精确地确定折射角 θ_t 和反射角 θ_r 并不容易。通常，只是对于单轴晶体，或是双轴晶体在一些特殊的方向上才能比较容易地求出相应的折射角 θ_t 和反射角 θ_r。

　　(1) 应当明确，上述折射、反射定律中的光传播方向都是指光的波矢方向，式中的 θ_i、θ_r、θ_t 都是针对光波矢方向而言。当如教材第 253 页图 4-26 所示，一束单色平面光从空气垂直入射单轴晶体上时，在晶体中将产生两束折射光（o 光和 e 光），根据折射定律，该两折射光的折射角 $\theta_{to}=\theta_{te}=0$，即晶体中两折射光的波矢方向相同，均垂直入射界面；但是，由于单轴晶体中的 o 光波矢方向与光线方向相同，而 e 光的波矢方向与光线方向离散，所以在晶体内将会观测到两条离散方向传播的光线（能流）；进而根据折射定律，在晶体后界面上将垂直射出两束平行光，它们是振动方向正交的线偏振光。

　　(2) 在晶体中，光的折射率因传播方向、电场振动方向而异。如果一束光从空气斜入射晶体，则因两折射光的折射率不同（例如单轴晶体，o 光的折射率为 n_{to}，e 光的折射率为 $n_{te}(\theta)$），其折射角（θ_{to} 和 θ_{te}）、波矢方向（k_{to} 和 k_{te}）也不同，并且（e 光的）光线方向相对波矢方向还会有偏离。

　　(3) 如果如教材第 253 页图 4-27 所示，光从方解石晶体内（以 45°角）斜入射到晶体-空气界面上，则因晶体中有两个特许的线偏振光（o 光和 e 光）本征模式传播，可能会有两个反射光，它们的折射率不同（n_{ro} 和 $n_{te}(\theta)$），因而反射角也不同（o 光的反射角 $\theta_{ro}=45°$，e 光的反射角 $\theta_{re}>45°$），特别是，θ_{ro} 角方向既是 o 光反射光的波矢方向，也是其光线方向；而 θ_{re} 角方向是 e 光反射光的波矢方向，其光线方向还会稍有分离。

　　(4) 当用一束单色光照射双轴晶体界面时，所发生的折射和反射现象更加复杂。如教材第 254 页图 4-28 所示，用一束单色非偏振平行光垂直照射双轴晶片，且该晶片的两个平行面垂直于两个光轴之一时，会发生锥形折射现象。

　　(5) 还应当指出，相对于晶体界面上的一束入射光，尽管晶体中的折射光、反射光的波矢均在入射面内，但它们的光线有可能不在入射面内。相对于晶体界面上的一束入射光，在晶体界面内实际产生的反射和折射光情况，取决于入射光的方向、偏振状态，以及晶体的结构、光学各向异性。

3）单轴晶体的负折射和负反射现象

由于晶体的光学各向异性特性，在一定条件下，单轴晶体界面上会发生负折射和负反射现象。负折射和负反射现象是指入射光线和折射光线、反射光线位于界面法线同侧的现象。但是应当指出，这里讨论的单轴晶体负折射现象与左手材料的负折射现象机理完全不同。

5. 偏振棱镜

偏振棱镜是利用晶体的双折射特性制成的偏振器，通常是由两块晶体按一定的取向组合而成。在教材第 260 页图 4-39 所示的格兰-汤普森棱镜、第 262 页图 4-43 所示的格兰-傅科棱镜等单像棱镜中，利用光在晶体界面上的双反射特性，使其中一个偏振光全反射，而使另一个偏振光透射，实现单偏振光输出；在教材第 261 页图 4-41 所示的渥拉斯顿棱镜等双像棱镜中，利用光在晶体界面上的双折射特性，使两束正交偏振光的折射方向分离，实现双偏振光输出。

偏振棱镜在光电子技术中有广泛重要的应用，其主要特性参量是：通光面积，孔径角，消光比，抗损伤能力。

6. 波片

波片是使光矢量相互垂直的两束光产生相位延迟差的晶片。对于单轴晶体制作的波片，即使其内部传播的 o 光和 e 光之间产生相位延迟差。波片中所允许的两个特定振动方向，波速快的主轴方向叫快轴，与之垂直的主轴方向叫慢轴。

1）全波片

对于单轴晶体制作的全波片，其内传播的 o 光和 e 光间产生的相位延迟差为

$$\varphi = \frac{2\pi}{\lambda}(n_o - n_e)d = 2m\pi \qquad m = \pm 1, \pm 2, \cdots$$

全波片的厚度为

$$d = \left| \frac{m}{n_o - n_e} \right| \lambda$$

线偏振光通过全波片后，仍为线偏振光。全波片放入光路中，不改变光路的偏振状态。

2）半波片

对于单轴晶体制作的半波片，其内传播的 o 光和 e 光间产生的相位延迟差为

$$\varphi = \frac{2\pi}{\lambda}(n_o - n_e)d = (2m+1)\pi \qquad m = 0, \pm 1, \pm 2, \cdots$$

半波片的厚度为

$$d = \left| \frac{2m+1}{n_o - n_e} \right| \frac{\lambda}{2}$$

线偏振光经过半波片后，出射光仍为线偏振光，只是振动面的方位较入射光发生了旋转。若入射光线偏振方向与晶体内快慢轴夹角为 45°，则通过半波片后，偏振方向将旋转 90°。当入射光为圆偏振光时，半波片会将左旋圆偏振光转变为右旋圆偏振光（反之亦然）。

3）1/4 波片

对于单轴晶体制作的 1/4 波片，其内传播的 o 光和 e 光间产生的相位延迟差为

$$\varphi = \frac{2\pi}{\lambda}(n_o - n_e)d = (2m+1)\frac{\pi}{2} \qquad m = 0, \pm 1, \pm 2, \cdots$$

1/4 波片的厚度为

$$d = \left| \frac{2m+1}{n_o - n_e} \right| \frac{\lambda}{4}$$

线偏振光通过 1/4 波片后，将变为椭圆偏振光。若入射光线偏振方向与晶体内快慢轴夹角为 45°，则通过半波片后，变为圆偏振光。

7. 补偿器

能够连续改变 o 光和 e 光之间相位延迟差的晶体器件叫补偿器，如巴俾涅补偿器。

8. 晶体的偏光干涉

晶体的偏光干涉在光电子技术应用中有着非常重要的意义。

1) 平行光的偏光干涉

一束平行光通过教材第 269 页图 4-53 所示的平行光偏光干涉装置，其输出光强为

$$I = I_0 \left[\cos^2\beta - \sin 2\alpha \, \sin 2(\alpha - \beta) \sin^2 \frac{\varphi}{2} \right]$$

式中，φ 是晶片引起的二本征模的相位延迟差：

$$\varphi = \frac{2\pi}{\lambda}(n' - n'')d$$

如果在两个偏振器之间没有晶片，即 $\varphi = 0$，则

$$I = I_0 \cos^2\beta$$

这就是熟知的马吕斯定律。

若 P_1 和 P_2 的偏振轴正交，$\beta = \pi/2$，有

$$I_\perp = I_0 \sin^2 2\alpha \, \sin^2 \frac{\varphi}{2}$$

若 P_1 和 P_2 的偏振轴平行，$\beta = 0$，有

$$I_{/\!/} = I_0 \left(1 - \sin^2 2\alpha \, \sin^2 \frac{\varphi}{2} \right)$$

2) 会聚光的偏光干涉

当一束会聚光(或发散光)通过教材第 273 页图 4-57 所示的会聚光偏光干涉装置时，由于入射到晶片上的光线方向不是单一的，不同的入射光线有不同的入射角，甚至可能有不同的入射面，因此，会聚光的偏光干涉比较复杂。

对于 $P_1 \perp P_2$、晶片表面垂直于光轴的情况，会聚光干涉图是同心圆和一暗十字，且十字中心与圆环中心重合。

对于 $P_1 /\!/ P_2$、晶片表面垂直于光轴的情况，会聚光干涉图与正交情况互补，有一个亮十字贯穿于整个干涉图，十字中心点与圆环中心重合。

4.3　典型例题

例题 4-1　如例题 4-1 图所示，波长 $\lambda = 632.8$ nm 的 He-Ne 激光垂直入射方解石

晶片,晶片厚度 $d=0.013$ mm,晶片光轴与表面成 $60°$ 夹角,$n_o=1.658$,$n_e=1.486$。求:

(1)晶片内 o 光线和 e 光线的夹角;

(2)o 光线和 e 光线输出光的振动方向;

(3)o 光线和 e 光线通过晶片后的相位差。

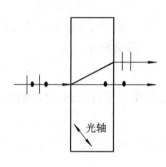

例题 4-1 图

解:本题首先需确定晶体内 o 光和 e 光的波法线方向、光线方向,然后再利用相关公式进行计算。

(1)根据折射定律,o 光的波法线方向垂直于表面,由于 o 光的光线方向与波法线方向一致,所以 o 光光线将不偏折地通过晶片;e 光的波法线的方向与 o 光的相同,与光轴的夹角 $\theta=90°-60°=30°$,其光线方向与光轴的夹角为

$$\varphi = \arctan\left(\frac{n_o^2}{n_e^2}\tan\theta\right) = \arctan\left(\frac{1.658^2}{1.486^2}\tan30°\right) \approx 35°42'$$

因此,o 光线和 e 光线的夹角为

$$\alpha = \varphi - \theta = 35°42' - 30° = 5°42'$$

(2)如该题图所示,由于 o 光线与 e 光线都在图面内,o 光的振动方向垂直于图面,以黑色表示,e 光的振动方向在图面内,以短线表示。

(3)e 光的波法线方向与光轴夹角为 $\theta=30°$,故折射率为

$$n(\theta = 30°) = \frac{n_o n_e}{\sqrt{n_e^2\cos^2\theta + n_o^2\sin^2\theta}}$$

$$= \frac{1.658 \times 1.486}{\sqrt{1.486^2\cos^2 30° + 1.658^2\sin^2 30°}} \approx 1.6095$$

因此,o 光和 e 光通过晶片后的相位差为

$$\delta = \frac{2\pi}{\lambda}(n_o - n_e(\theta))d = \frac{2\pi}{632.8 \times 10^{-6}}(1.658 - 1.6095) \times 0.013 \approx 2\pi$$

例题 4-2 一块负单轴晶体制成的棱镜如例题 4-2 图所示,自然光从左方正入射到棱镜,试证明 e 光线经棱镜斜面反射后与光轴的夹角 $\theta_e' = \frac{n_o^2 - n_e^2}{2n_e^2}$,并画出 o 光和 e 光的光路,确定它们的振动方向。

解:本题属于求解晶体内 o 光和 e 光的传播方向及界面双反射问题。

如例题 4-2 解图所示,自然光正入射到棱镜、并传播至界面 A 前,o 光和 e 光不分离,同向传播;o 光经界面反射后以平行光轴的方向传播,e 光经界面反射后其波法线(沿 AD 方向)与光轴的夹角为 θ_e,则 e 光波法线与界面法线 AN 的夹角,即反射角为 $(45° - \theta_e)$,

由反射定律有

$$n_e^i(90°)\sin45° = n_e^r(\theta_e)\sin(45° - \theta_e)$$

及

$$n_e^r(\theta_e) = \frac{n_o n_e}{\sqrt{n_o^2 \sin^2\theta_e + n_e^2 \cos^2\theta_e}}$$

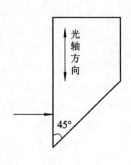

例题 4-2 图

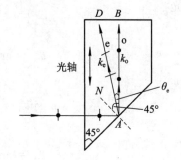

例题 4-2 解图

考虑到 $n_e^i(90°) = n_e$，由该两式消去 $n_e^r(\theta_e)$，经整理后得

$$\tan\theta_e = \frac{n_o^2 - n_e^2}{2n_o^2}$$

因此，e 光线与光轴的夹角 θ_e' 为

$$\tan\theta_e' = \frac{n_o^2}{n_e^2}\tan\theta_e = \frac{n_o^2 - n_e^2}{2n_e^2}$$

o 光和 e 光的光路及其振动方向见例题 4-2 解图。

例题 4-3　对于钠黄光，晶体的主折射率 $n_o = 1.6584$，$n_e = 1.4864$。若使一束钠黄光以 60°角入射到该晶体表面，设光轴与晶体表面平行，并垂直于入射面。

（1）试画图说明钠黄光在晶体内的传播情况，标示出 o 光和 e 光及相应的振动方向；

（2）试求出晶体中 o 光和 e 光的夹角。

解：本题属于求解晶体内 o 光和 e 光的传播问题，可以使用作图法来说明，也可以计算说明。

（1）为了说明钠黄光在晶体内的传播情况，可以采用惠更斯作图法，钠黄光在晶体内的传播情况及 o 光和 e 光及相应的振动方向，如例题 4-3 解图所示。

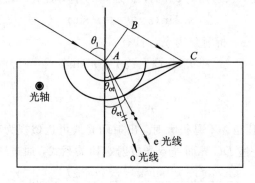

例题 4-3 解图

由于光轴垂直于入射面,所以 o 光和 e 光的波面与入射面的截线均为圆形,这时,不仅 o 光波法线方向与光线方向一致,e 光波法线方向与光线方向也一致,并且 o 光线和 e 光线的折射角分别满足折射定律。

(2) 单轴晶体内传播的 o 光和 e 光均满足折射定律

$$n_i \sin\theta_i = n_t \sin\theta_t$$

对于 o 光

$$n_i \sin\theta_i = n_o \sin\theta_{ot}$$

$$\theta_{ot} = \arcsin\frac{\sin60^\circ}{1.6584} \approx 31.48^\circ$$

对于 e 光

$$n_i \sin\theta_i = n_e(\theta)\sin\theta_{et}, \quad n_e(\theta) = n_e$$

可得

$$\theta_{et} = \arcsin\frac{\sin60^\circ}{1.4864} \approx 35.63^\circ$$

所以,两折射光之间的夹角为

$$\Delta\theta = \theta_{et} - \theta_{ot} = 35.63^\circ - 31.48^\circ = 4.15^\circ$$

例题 4-4 例题 4-4 图所示为一渥拉斯顿棱镜的截面,它是由两块顶角均为 α 的直角方解石棱镜黏合其斜面而成的,棱镜 ABC 的光轴平行于图截面,棱镜 ADC 的光轴垂直于图截面。试推导出一束自然光垂直 AB 面入射时,出射两光线夹角 γ 的关系式。若棱镜顶角 $\alpha = 30^\circ$,方解石的主折射率为 $n_o = 1.658$ 和 $n_e = 1.486$,试求 γ。

解: 首先推导出射两光的夹角公式,然后进行计算。

自然光垂直 AB 面入射后,由于棱镜 ABC 的光轴平行于 AB 面,其 o 光和 e 光同向传播;在 AC 界面处,由于棱镜 ADC 的光轴与棱镜 ABC 的光轴垂直,所以两束光进入棱镜 ADC 后,原来 o 光变为 e 光,原来 e 光变为 o 光,分别遵从如下折射定律:

$$n_e \sin\alpha = n_o \sin\theta_o$$
$$n_o \sin\alpha = n_e \sin\theta_e$$

例题 4-4

其中 θ_o 和 θ_e 分别为棱镜 ADC 中 o 光和 e 光在 AC 界面处的折射角;在 DC 界面上,o 光和 e 光再次折射:对于 o 光,入射角为 $\alpha - \theta_o$,折射角为 γ_o,且有

$$n_o \sin(\alpha - \theta_o) = n \sin\gamma_o$$

对于 e 光,入射角为 $\theta_e - \alpha$,折射角为 γ_e,且有

$$n_e \sin(\theta_e - \alpha) = n \sin\gamma_e$$

出射两光线夹角 γ 为

$$\gamma = \gamma_o + \gamma_e$$

不难证明,当棱镜顶角 α 不是很大时,出射两光线可近似视为对称分开,即 γ_o 和 γ_e 可近似为 $\gamma/2$。于是,由上述 DC 界面处 o 光折射定律关系式,通过三角函数运算,可得

$$\frac{\sin\alpha(n_o^2 - n_e^2 \sin^2\alpha - n_e^2 \cos^2\alpha)}{\sqrt{n_o^2 - n_e^2 \sin^2\alpha} + n_e \cos\alpha} \approx \sin\frac{\gamma}{2}$$

考虑到 n_o 与 n_e 相差很小，可近似为

$$\frac{\sin\alpha\,(n_o^2-n_e^2)}{n_o\cos\alpha+n_e\cos\alpha}\approx\sin\frac{\gamma}{2}$$

经简单运算可得

$$\gamma\approx 2\arcsin\left[(n_o-n_e)\tan\alpha\right]$$

将题示数据代入，可得

$$\gamma\approx 2\arcsin\left[(n_o-n_e)\tan\alpha\right]=2\arcsin\left[(1.658-1.486)\tan30°\right]\approx 11°24'$$

如果考虑 DC 界面处 o 光和 e 光折射角不同，对 o 光和 e 光分别计算其折射角 γ_o 和 γ_e，可得

$$\gamma_o\approx 5°37',\ \gamma_e\approx 5°49'$$

出射两光线夹角 γ 为

$$\gamma=5°37'+5°49'\approx 11°26'$$

与利用近似公式所得结果相差不大。

例题 4-5　一束线偏振的钠黄光($\lambda=589.3$ nm)垂直通过一块厚度为 8.0859×10^{-2} mm 的石英晶片。晶片折射率为 $n_o=1.544\,24$，$n_e=1.553\,35$，光轴沿 y 轴方向(如例题 4-5 图所示)。试对于以下三种情况，确定出射光的偏振态：

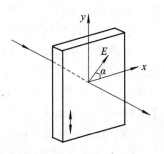

例题 4-5 图

(1) 入射线偏振光的振动方向与 x 轴成 45°角；

(2) 入射线偏振光的振动方向与 x 轴成 -45°角；

(3) 入射线偏振光的振动方向与 x 轴成 30°角。

解： 本题属于判断偏振光偏振态的问题。

据题意，入射线偏振光在波片中产生的 o 光和 e 光，出射波片时的相位延迟差为

$$\delta=\frac{2\pi}{\lambda}(n_e-n_o)d$$

$$=\frac{2\pi\times(1.553\,35-1.544\,24)\times 8.0859\times10^{-2}}{589.3\times10^{-6}}\approx 2.5\pi$$

(1) 设入射光振幅为 A，当 $\alpha=45°$ 时，在波片中的 o 光和 e 光振幅为

$$A_o=A\cos45°=\frac{\sqrt{2}}{2}A,\quad A_e=A\sin45°=\frac{\sqrt{2}}{2}A$$

因此，在波片出射表面的合成光场为

$$\boldsymbol{E}=\boldsymbol{E}_o+\boldsymbol{E}_e=\boldsymbol{e}_x\frac{\sqrt{2}}{2}A\cos(\omega t+2.5\pi)+\boldsymbol{e}_y\frac{\sqrt{2}}{2}A\cos\omega t$$

$$=\frac{\sqrt{2}}{2}A\left[\boldsymbol{e}_x\cos\left(\omega t+\frac{\pi}{2}\right)+\boldsymbol{e}_y\cos\omega t\right]$$

逆光传播方向观察时，出射光是左旋圆偏振光。

(2) 当 $\alpha=-45°$ 时，则波片中 o 光和 e 光振幅为

$$A_o=A\cos(-45°)=\frac{\sqrt{2}}{2}A,\quad A_o=A\sin(-45°)=-\frac{\sqrt{2}}{2}A$$

在波片出射表面的合成光场为

$$E = E_o + E_e = e_x \frac{\sqrt{2}}{2} A \cos(\omega t + 2.5\pi) - e_y \frac{\sqrt{2}}{2} A \cos\omega t$$

$$= \frac{\sqrt{2}}{2} A \left[e_x \cos\left(\omega t + \frac{\pi}{2}\right) + e_y \cos(\omega t + \pi) \right]$$

逆光传播方向观察时,出射光是右旋圆偏振光。

(3) 当 $\alpha = 30°$ 时,则波片中 o 光和 e 光振幅为

$$A_o = A \cos30° = \frac{\sqrt{3}}{2} A, \quad A_e = A \sin30° = \frac{1}{2} A$$

在波片出射表面的合成光场为

$$E = E_o + E_e = e_x \frac{1}{2} A \cos\left(\omega t + \frac{\pi}{2}\right) + e_y \frac{\sqrt{3}}{2} A \cos\omega t$$

逆光传播方向观察时,出射光是左旋椭圆偏振光。

例题 4-6 已知入射光为单色右旋圆偏振光,试利用一透光轴已知的偏振片确定由方解石制成的 1/4 波片的光轴方向。

解: 本题属于判断偏振光偏振态的问题。

据题意,方解石波片的光轴方向为快轴方向,若取快轴为 y 轴,慢轴为 x 轴,则入射右旋圆偏振光的 y 分量比 x 分量超前 $\pi/2$,经 1/4 波片后,y 分量又比 x 分量超前 $\pi/2$,总的相位差为 π,故入射的右旋圆偏振光经 1/4 波片后,出射光是在例题 4-6 解图中 II、IV 象限内振动的线偏振光。

故,为确定光轴方向,

① 令入射右旋圆偏振光先经 1/4 波片,再经偏振片;

② 旋转偏振片,当偏振片的透光轴 N 的位置与经 1/4 波片射出的线偏振光的振动方向垂直时,就出现消光。

③ 出现消光时,偏振片透光轴 N 的位置如图所示,把 N 逆时针转 45°角,即得方解石波片的光轴方向(亦即图中 y 轴的方向)。

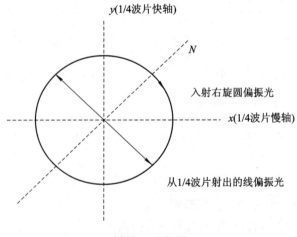

例题 4-6 解图

例题 4-7 如例题 4-7 图所示,两个平行偏振片 N_1 和 N_2 之间插入一晶片,其主截面(晶体光轴和界面法线组成的平面)与偏振片透光轴成 45°角,强度为 I_0、波长为 λ 的自然

光入射到该系统。求透射光强极小时晶片的最小厚度以及透射光与入射光光强之比。取 $\lambda = 0.600~\mu m$，$n_o = 1.543$，$n_e = 1.552$。

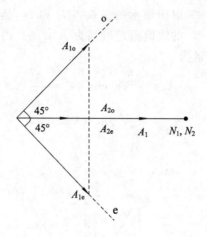

例题 4-7 图

解：本题属于求偏振光的干涉强度问题。

据题意，设透过偏振片 N_1 的光振幅为 A_1，有

$$I_0 = 2A_1^2, \quad A_1 = \frac{I_0}{\sqrt{2}}$$

在晶片内 o、e 光的振幅为

$$A_{1o} = A_{1e} = A_1 \cos45°$$

o、e 光透过偏振片 N_2（$/\!/ N_1$）的分量为

$$A_{2oN_2} = A_{2eN_2} = A_{1o} \cos45° = A_1 \cos^2 45°$$

则透过偏振片 N_2 的光强度为

$$I_{出} = A_{2oN_2}^2 + A_{2eN_2}^2 + 2A_{2oN_2} A_{2eN_2} \cos\left[\frac{2\pi l}{\lambda}(n_e - n_o)\right]$$

出射光强极小（对应 l_m）时有

$$\frac{2\pi l_m}{\lambda}(n_e - n_o) = \pi$$

故

$$l_m = \frac{\lambda}{2(n_e - n_o)} = \frac{0.600}{2 \times (1.552 - 1.543)} \approx 33.3~\mu m$$

相应出射光强为

$$I_{出} = A_{2oN_2}^2 + A_{2eN_2}^2 - 2A_{2oN_2}^2 = 0$$

例题 4-8　在偏振光干涉的装置中，两偏振片透振方向的夹角为 $60°$，两者之间插入一顶角 $\alpha = 30'$ 的石英尖劈，其光轴平行于表面，尖劈的主截面与两偏振片透振方向都成 $30°$ 角，令以波长为 589.3 nm 的钠黄光垂直入射，求：

（1）透射光的光强分布；

（2）干涉条纹的可见度。已知石英的折射率 $n_o = 1.544\,24$，$n_e = 1.553\,35$。

解：本题属于求偏振光的干涉强度分布问题。解题思路是，利用马吕斯定律求晶片中

的 o 光和 e 光通过检偏器的光振幅,再求出它们之间的相位差,代入相干光强公式,求出相干光强分布,然后再依据题意逐步求解。

据已知条件有如例题 4-8 解图所示的关系,N_1 和 N_2 是两个偏振片的透振方向,P 是石英尖劈的主截面。透出 N_1 的线偏振光振幅为 A_1,晶片内的 o 光和 e 光振幅为 A_{1o} 和 A_{1e},它们在 N_2 上的投影分量为

$$A_{2oN_2} = A_1 \cos^2 60° = \frac{A_1}{4}$$

$$A_{2eN_2} = A_1 \cos^2 30° = \frac{3}{4} A_1$$

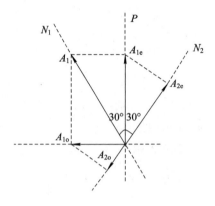

例题 4-8 解图

两者之间的相位差为

$$\varphi = \frac{2\pi}{\lambda}(n_e - n_o)d + \pi$$

式中,π 是投影在 N_2 上引起的相位差,d 是光在尖劈中传播的路径,它们在 N_2 方向的振动相干叠加后的强度为

$$I_2 = A_{2o}^2 + A_{2e}^2 + 2A_{2o}A_{2e}\cos\varphi = A_1^2\left\{\frac{1}{16} + \frac{9}{16} - \frac{6}{16}\cos\left[\frac{2\pi}{\lambda}(n_e - n_o)\right]d\right\}$$

$$= I_1\left\{\frac{5}{8} - \frac{3}{8}\cos\left[\frac{2\pi}{\lambda}(n_e - n_o)\right]d\right\}$$

式中,I_1 是透过第一个偏振片 N_1 后的光强。上式表明,透过第二偏振片 N_2 后的光强 I_2 取决于 d,当光从尖劈不同位置通过时,d 值不同,所以光强 I_2 也不同,从而形成与劈棱平行的亮暗相间的直线形状的干涉条纹,条纹的极小值满足:

$$\frac{2\pi}{\lambda}(n_e - n_o)d = 2k\pi \qquad k = 1, 2, 3, \cdots$$

相邻两暗纹所对应的尖劈厚度之差为

$$\Delta d = \frac{\lambda}{n_e - n_o}$$

故条纹间距为

$$\Delta l \approx \frac{\Delta d}{\alpha} = \frac{\lambda}{(n_e - n_o)\alpha} = \frac{589.3 \times 10^{-6}}{0.009\,11 \times 0.008\,73} \approx 7.41 \text{ mm}$$

由强度公式,极大值和极小值分别为

$$I_{\mathrm{M}} = I_1, \ I_{\mathrm{m}} = \frac{I_1}{4}$$

故干涉条纹的可见度为

$$V = \frac{I_{\mathrm{M}} - I_{\mathrm{m}}}{I_{\mathrm{M}} + I_{\mathrm{m}}} = 0.6$$

4.4　习 题 选 解

4－3　设 d 为 D 矢量方向的单位矢量，试求 d 的分量表示式，即求出与给定波法线方向 k 相应的 D 的方向。

解：设给定的法线方向为 k，则在主轴坐标系下，D 矢量的分量大小和模值分别为

$$D_i = \frac{\varepsilon_0 k_i (k \cdot E)}{\frac{1}{\varepsilon_{ii}} - \frac{1}{n^2}} \qquad i = 1, 2, 3$$

$$|D| = \left[\sum_{i=1}^{3} \left(\frac{\varepsilon_0 k_i (k \cdot E)}{\frac{1}{\varepsilon_{ii}} - \frac{1}{n^2}} \right)^2 \right]^{1/2}$$

在此坐标系下，单位矢量 d 分量的表达式为

$$d_i = \frac{D_i}{|D|} = \frac{\varepsilon_0 k_i (k \cdot E)}{\frac{1}{\varepsilon_{ii}} - \frac{1}{n^2}} \left[\sum_{i=1}^{3} \left(\frac{\varepsilon_0 k_i (k \cdot E)}{\frac{1}{\varepsilon_{ii}} - \frac{1}{n^2}} \right)^2 \right]^{-1/2}$$

$$= \frac{k_i}{\frac{1}{\varepsilon_{ii}} - \frac{1}{n^2}} \left[\sum_{i=1}^{3} \left(\frac{k_i}{\frac{1}{\varepsilon_{ii}} - \frac{1}{n^2}} \right)^2 \right]^{-1/2}$$

4－4　设 e 为 E 矢量方向的单位矢量，试求 e 的分量表示式，即求出与给定波法线方向 k 相应的 E 的方向。

解：设给定的法线方向为 k，则在主轴坐标系下，D 矢量的分量大小为

$$D_i = \frac{\varepsilon_0 k_i (k \cdot E)}{\frac{1}{\varepsilon_{ii}} - \frac{1}{n^2}} \qquad i = 1, 2, 3$$

相应的 E 矢量的分量大小和模值分别为

$$E_i = \frac{k_i (k \cdot E)}{\varepsilon_{ii} \left(\frac{1}{\varepsilon_{ii}} - \frac{1}{n^2} \right)} \qquad i = 1, 2, 3$$

$$|E| = \left[\sum_{i=1}^{3} \left(\frac{k_i (k \cdot E)}{\varepsilon_{ii} \left(\frac{1}{\varepsilon_i} - \frac{1}{n^2} \right)} \right)^2 \right]^{1/2}$$

在此坐标系下，单位矢量 e 分量的表达式为

$$e_i = \frac{E_o}{|E|} = \frac{k_i(\boldsymbol{k} \cdot \boldsymbol{E})}{\varepsilon_{ii}\left(\dfrac{1}{\varepsilon_{ii}} - \dfrac{1}{n^2}\right)} \left[\sum_{i=1}^{3}\left(\frac{k_i(\boldsymbol{k} \cdot \boldsymbol{E})}{\varepsilon_{ii}\left(\dfrac{1}{\varepsilon_{ii}} - \dfrac{1}{n^2}\right)}\right)^2\right]^{-1/2}$$

$$= \frac{k_i}{1 - \dfrac{\varepsilon_{ii}}{n^2}} \left[\sum_{i=1}^{3}\left(\frac{k_i}{1 - \dfrac{\varepsilon_{ii}}{n^2}}\right)^2\right]^{-1/2}$$

4 - 6　钠黄光正入射到石英晶片上,产生双折射。若石英晶体的主折射率 $n_o = 1.544$,$n_e = 1.553$,为使晶片中传播的 o、e 光线方向分离最大,晶片光轴方向应与晶片表面成多大角度?o、e 光线的最大离散角是多少?

解:　因为钠黄光正入射到石英晶片上,晶片中 o、e 光波法线方向均垂直表面,但 o 光光线方向与其波法线方向相同,而 e 光光线偏离波法线方向 α,依教材第 240 页图 4-6,有

$$\tan\alpha = \tan(\theta - \varphi)$$

采用教材第 241 页(4.2-51)式,可得

$$\tan\alpha = \left(1 - \frac{n_o^2}{n_e^2}\right)\frac{\tan\theta}{1 + \dfrac{n_o^2}{n_e^2}\tan^2\theta}$$

为求最大偏离角,令 $\dfrac{\mathrm{d}\tan\alpha}{\mathrm{d}\theta} = 0$,得

$$\left(1 - \frac{n_o^2}{n_e^2}\right)\frac{\sec^2\theta\left(1 - \dfrac{n_o^2}{n_e^2}\tan^2\theta\right)}{1 + \dfrac{n_o^2}{n_e^2}\tan^2\theta} = 0$$

解得

$$\tan\theta = \frac{n_e}{n_o}$$

$$\theta = \arctan\frac{n_e}{n_o} \approx 45.17°$$

所以,当晶片表面与光轴夹角约为 $90° - 45.17° = 44.83°$ 时,晶片中传播的 o、e 光线分离角最大。

o、e 光线的最大离散角为

$$\alpha = \arctan\left[\left(1 - \frac{n_o^2}{n_e^2}\right)\frac{\tan\theta}{\left(1 + \dfrac{n_o^2}{n_e^2}\right)\tan^2\theta}\right] = \arctan\left(\frac{n_e^2 - n_o^2}{2n_o n_e}\right) \approx 0.333°$$

4 - 8　设有主折射率 $n_o = 1.5246$,$n_e = 1.4792$ 的晶体,光轴方向与通光面法线成 45°,如题 4-8 图所示。现有一自然光垂直入射晶体,求在晶体中传播的 o、e 光光线方向,两光夹角 α 以及它们从晶体后表面出射时的相位差。($\lambda = 0.5\ \mu m$,晶体厚度 $d = 2\ cm$。)

解:　如题 4-8 图所示,平面光波正入射,光轴在入射面内,且与晶面斜交,所以 o 光和 e 光的波法线方向相同,但 o 光和 e 光的光线方向不同:o 光线沿界面法线方向传播,而 e 光线因为 $n_e < n_o$,较 o 光线远离光轴。

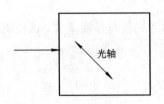 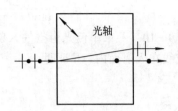

题 4-8 图   题 4-8 解图

e 光与 o 光的离散角 α 满足

$$\tan\alpha = \frac{1}{2}\sin2\theta\left(\frac{1}{n_e^2}-\frac{1}{n_o^2}\right)\left(\frac{\cos^2\theta}{n_o^2}+\frac{\sin^2\theta}{n_e^2}\right)^{-1}$$

$$= \frac{1}{2}\times\frac{(0.457\,03-0.430\,22)}{0.5\times(1/2.3244+1/2.1880)}\approx 0.030\,217$$

所以

$$\alpha = \arctan 0.030\,217 \approx 1°43'$$

其光路图如题 4-8 解图所示。

e 光与 o 光在晶体出射面上的相位差为

$$\Delta\varphi = \left|\frac{2\pi}{\lambda}(n_e(\theta)-n_o)d\right|$$

因为

$$n_e(\theta) = \frac{n_o n_e}{\sqrt{n_o^2\sin^2\theta+n_e^2\cos^2\theta}} \approx 1.5014$$

所以

$$\Delta\varphi \approx 4\pi\times10^6\times(1.5246-1.5014)\times2\times10^{-2} = 1856\pi$$

4-9 一细光束掠入射单轴晶体,晶体的光轴与入射面垂直,晶体的另一面与折射表面平行。实验测得 o、e 光在第二个面上分开的距离是 2.5 mm,若 $n_o=1.525$,$n_e=1.479$,计算晶体的厚度。

解:如题 4-9 解图所示,由于 e 光和 o 光的波法线方向与其光线方向相同,由折射定律:$n_i\sin\theta_i=n_t\sin\theta_t$,可知

$$1\times\sin90° = n_o\sin\theta_o$$
$$1\times\sin90° = n_e\sin\theta_e$$

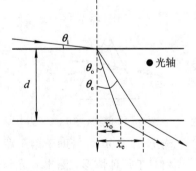

题 4-9 解图

所以

$$\theta_o \approx 40.976°, \quad \theta_e \approx 42.535°$$

又因

$$\tan\theta_o = \frac{x_o}{d}, \quad \tan\theta_e = \frac{x_e}{d}$$

故

$$\Delta x = x_e - x_o = d(\tan\theta_e - \tan\theta_o)$$

$$d = \frac{\Delta x}{\tan\theta_e - \tan\theta_o} \approx \frac{2.5 \times 10^{-1}}{0.9175 - 0.8686} \approx 5.1 \text{ cm}$$

4-10 一束单色光由空气入射到一单轴晶体,单轴晶体的光轴与界面垂直,试说明折射光线在入射面内,并证明

$$\tan\theta_e' = \frac{n_o \sin\theta_i}{n_e \sqrt{n_e^2 - \sin^2\theta_i}}$$

其中,θ_i 是入射角;θ_e' 是 e 折射光线与界面法线的夹角。

解:本题中入射界面的法线方向与光轴方向相同。设折射光波法线方向与光轴夹角为 θ,由折射定律 $n_i\sin\theta_i = n_e(\theta)\sin\theta$,以及 e 光折射率表达式知

$$\sin\theta_i = \frac{n_o n_e \sin\theta}{\sqrt{n_o^2 \sin^2\theta + n_e^2 \cos^2\theta}}$$

另外,折射光线与光轴夹角 θ_e' 与 θ 之间存在如下关系:

$$\tan\theta_e' = \frac{n_o^2}{n_e^2} \tan\theta$$

联立以上两式,化简整理可得

$$\tan\theta_e' = \frac{n_o \sin\theta_i}{n_e \sqrt{n_e^2 - \sin^2\theta_i}}$$

4-12 如题 4-12 图所示,一束光从方解石三棱镜的左边入射。方解石晶体的光轴可以有三种取向:分别与图中直角坐标系的三个轴平行。试分析每一种情况下出射光束的偏振状态,以及如何确定 n_o 和 n_e。

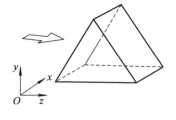

题 4-12 图

解:(1) 若方解石的光轴沿着 x 方向,则出射光束的偏振状态如题 4-12 解图(一)所示。

(2) 若方解石的光轴沿着 y 方向,则出射光束的偏振状态如题 4-12 解图(二)所示。

(3) 若方解石的光轴沿着 z 方向(与三棱镜底边平行),光束以最小偏向角入射,则光线经第一界面后将平行镜底边传播,o 光与 e 光不分离,且速度一样。出射光束的偏振状态如题 4-12 解图(三)所示。

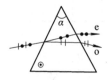
题 4-12 解图(一)

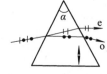
题 4-12 解图(二)

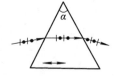
题 4-12 解图(三)

确定 n_o 和 n_e 可借助于第 7 章 7.8.5 节测量棱镜折射率的方法进行。

相对于每种情形,测出 o 光与 e 光的最小偏向角 $\delta_{\min o}$ 和 $\delta_{\min e}$ 及三棱镜顶角 α,代入教材第 376 页(7.8-6)式:

$$n = \frac{\sin\left(\frac{\alpha + \delta_{\min}}{2}\right)}{\sin\frac{\alpha}{2}}$$

可得到 o 光和 e 光在方解石中的 n_o 和 $n_e(\theta)$：对于光轴沿着 x 方向的情形，测得 n_o 和 n_e，对于光轴沿着 z 方向的情形，测得 $n_o = n_e(\theta = 0)$。

4-14　如题 4-14 图所示，两块方解石晶体平行薄板，按相同方式切割（图中斜线代表光轴），并平行放置，一细单色自然光束垂直入射，通过两块晶体后射至一屏幕上，设晶体的厚度足以使双折射的两束光分开，试分别说明当晶体板 2 在以下几种情况：

(1) 题 4-14 图所示；

(2) 绕入射光方向转过 π 角；

(3) 转过 π/2 角；

(4) 转过 π/4 角

时屏幕上光点的数目和位置

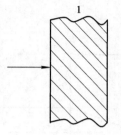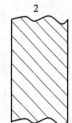

题 4-14 图

解：① 屏上有 2 个光点。e 光光点向上平移，o 光光点正对入射点。屏幕上显示的是逆着光传播方向看到的结果，如题 4-14 解图（一）所示，图中 o 光和 e 光是相对第一个晶体而言的（以下解答类同）。

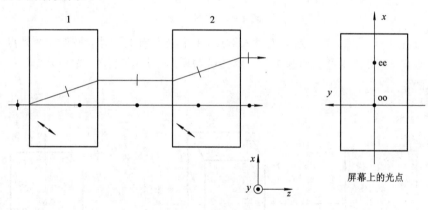

题 4-14 解图（一）

② 若两晶体的厚度 $d_1 = d_2$，则屏上只有 1 个光点；若 $d_1 \neq d_2$，则屏上有 2 个光点，$d_1 > d_2$，e 光光点上移，$d_1 < d_2$，e 光光点下移。

$d_1 = d_2$ 时的情形如题 4-14 解图（二）所示。

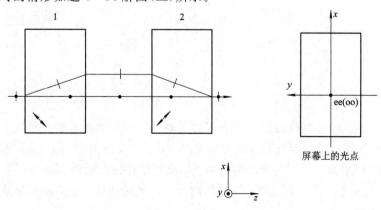

题 4-14 解图（二）

③ 屏上有 2 个光点。e 光光点垂直平移,o 光光点水平移动,移动的方向与第二个晶体的旋转方向有关,如题 4 - 14 解图(三)所示。

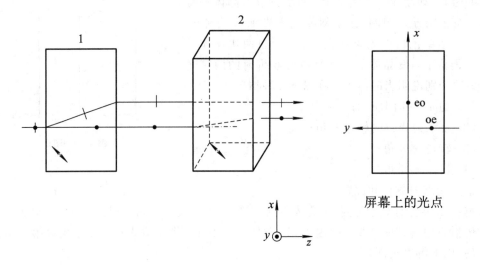

题 4 - 14 解图(三)

④ 屏上有 4 个光点。1 个光点正对入射点,1 个光点向上平移,另外 2 个光点分别相对这 2 个光点向 45° 方向平移。如题 4 - 14 解图(四)所示,其中对于 o 光和 e 光是相对第二个晶体而言的。

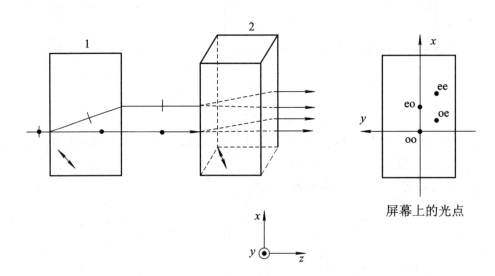

题 4 - 14 解图(四)

4 - 15　一块负单轴晶体按题 4 - 15 图方式切割。一束单色自然光从左方通光面正入射,经两个 45° 斜面全反射后从右方通光面射出。设晶体主折射率为 n_o、n_e,试计算 o、e 光线经第一个 45° 反射面反射后与光轴的夹角。画出光路并标上振动方向。

解: 自然光从左方正入射晶体,在晶体内及出射光路如题 4 - 15 解图所示。

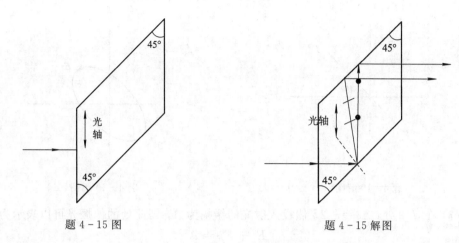

题 4 - 15 图　　　　　　　　　　　题 4 - 15 解图

在晶体内，o 光与 e 光沿同一方向射向第一个 45°斜面，在反射界面上发生双反射现象：对于 o 光，由反射定律 $n_o\sin45°=n_o\sin\theta_o$，得反射角 $\theta_o=45°$，由于 o 光波法线方向与光线方向相同，所以 o 光光线方向与光轴夹角为 0°；对于 e 光，考虑到负单轴晶体，假设反射光波法线方向与光轴夹角为 θ，光线方向与光轴夹角为 φ，结合 e 光在晶体中的光路特性有

$$n_e^i(90°)\sin45° = n_e^r(\theta_e)\sin(45°-\theta_e)$$

$$n_e^i(90°) = n_e,\quad n_e^r(\theta_e) = \frac{n_e n_o}{\sqrt{n_o^2\sin^2\theta_e + n_e^2\cos^2\theta_e}}$$

则 e 光波法线与光轴夹角的正切为

$$\tan\theta_e = \frac{n_o^2-n_e^2}{2n_o^2}$$

e 光线与光轴夹角的正切为

$$\tan\varphi = \frac{n_o^2}{n_e^2}\tan\theta_e$$

整理后可得

$$\varphi = \arctan\frac{n_o^2-n_e^2}{2n_e^2}$$

考虑到图示晶体的对称性及光路的可逆性，或者利用上述同样处理方法，可以得到图示第二个 45°斜面产生反射的光路。

4 - 19　设正入射的线偏振光振动方向与半波片的快、慢轴成 45°，试画出在半波片中距离入射表面分别为：0、$d/4$、$d/2$、$3d/4$、d 各点处，两偏振光叠加后的振动形式。按迎着光射来的方向观察画出。

解：（1）当距离为 0 时，半波片慢、快轴方向分量的相位差 $\Delta\varphi=0$，因此线偏振光为原偏振状态，如题 4 - 19 解图（一）所示。

（2）在 $d/4$ 处，$\Delta\varphi=\pi/4$。假设入射光的振幅为 A，则此处的偏振光可以表示为

$$E_s^2 + E_f^2 - \sqrt{2}E_s E_f = \frac{A^2}{4}$$

此处的偏振光为右旋椭圆偏振光，如题 4 - 19 解图（二）所示。

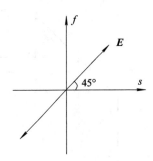

题 4 − 19 解图(一)

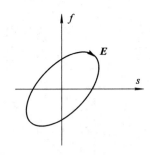

题 4 − 19 解图(二)

（3）在 $d/2$ 处，$\Delta\varphi = \pi/2$。假设入射光的振幅为 A，则此处的偏振光可以表示为

$$E_s^2 + E_f^2 = A^2$$

此处的偏振光为右旋圆偏振光，如题 4 − 19 解图(三)所示。

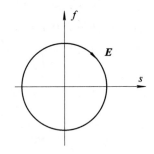

题 4 − 19 解图(三)

（4）在 $3d/4$ 处，$\Delta\varphi = 3\pi/4$。假设入射光的振幅为 A，则此处的偏振光可以表示为

$$E_s^2 + E_f^2 + \sqrt{2}\,E_s E_f = \frac{A^2}{4}$$

此处的偏振光为右旋椭圆偏振光，如题 4 − 19 解图(四)所示。

（5）当距离为 d 时，半波片慢、快轴方向分量的相位差 $\Delta\varphi = \pi$，因此出射光为线偏振光，取向相对于入射时旋转了 90°，如题 4 − 19 解图(五)所示。

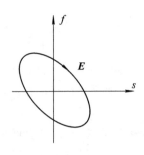

题 4 − 19 解图(四)

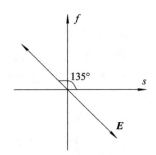

题 4 − 19 解图(五)

4 − 20 通过检偏器观察一束椭圆偏振光，其强度随着检偏器的旋转而改变。当检偏器在某一位置时，强度为极小，此时在检偏器前插入一块 1/4 波片，转动该 1/4 波片，使其快轴平行于检偏器的透光轴，再把检偏器沿顺时针方向转过 20°就完全消光。试问：

（1）该椭圆偏振光是右旋还是左旋；

（2）椭圆的长短轴之比是多少。

解：（1）如题 4-20 解图所示，设椭圆偏振光的长、短轴方向分别为 y 轴和 x 轴。

按题意，插入快轴平行于 x 轴的 1/4 波片后，入射椭圆偏振光变为线偏振光，且振动方向与 x 轴成 70°角，它的 y 方向振动分量与 x 方向振动分量同相位（相位差为零）。由于 1/4 波片的快轴平行于 x 轴，它将使 y 方向振动的光相对于 x 方向振动的光产生 $-\pi/2$ 的相位差。所以，入射椭圆偏振光的 y 方向振动分量相对于 x 方向振动分量有 $\pi/2$ 的相位差，故入射椭圆偏振光为右旋椭圆偏振光。

（2）由题 4-20 解图可见，椭圆长短轴之比为

$$\frac{E_y}{E_x} = \tan 70° \approx 2.747$$

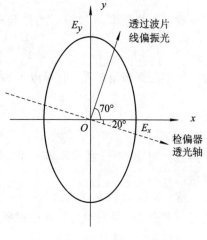

题 4-20 解图

4-21　为了决定一束圆偏振光的旋转方向，可将 1/4 波片置于检偏器之前，再将后者转至消光位置。此时 1/4 波片快轴的方位是这样的：须将它沿着逆时针方向转 45°才能与检偏器的透光轴重合。问该圆偏振光是右旋还是左旋。

解：左旋圆偏振光。

理由：假定选取 $\lambda/4$ 波片的快轴为 y 轴的直角坐标系。因为入射圆偏振光经过 $\lambda/4$ 波片后，将变成线偏振光，而当检偏器处于消光位置时，线偏振光的振动方向应垂直于检偏器的透光轴，所以按题意，透光轴在Ⅱ、Ⅳ象限中。

假设入射圆偏振光的两个垂直分量的相位差为

$$\varphi_y^{\mathrm{i}} - \varphi_x^{\mathrm{i}} = \Delta\varphi$$

经过 $\lambda/4$ 波片后，线偏振的两垂直分量的相位差为 $\varphi_y - \varphi_x = \Delta\varphi + \dfrac{\pi}{2}$，而因为此时线偏振光的振动方向在Ⅱ、Ⅳ象限中，其二垂直分量的相位差应为 $2m\pi$，故有

$$\Delta\varphi = 2m\pi - \frac{\pi}{2}$$

取 $m=1$，则有 $\Delta\varphi = \dfrac{3\pi}{2}$，即入射圆偏振光的 y 振动分量超前 x 振动分量 $\dfrac{3\pi}{2}$，故逆着光传播方向观察为左旋偏振光。

4-24　今用一起偏器和石英薄片产生一束椭圆偏振光，并使椭圆的长轴或短轴在光轴方向上，长短轴之比为 2:1，而且是左旋的。石英片应多厚？起偏器和石英薄片应如何放置？（$\lambda = 0.5893\ \mu\mathrm{m}$，$n_o = 1.5442$，$n_e = 1.5533$。）

解：为产生满足要求的椭圆偏振光，应适当调整起偏器和石英薄片的相对位置。如题 4-24 解图所示，将石英薄片光轴置于 y 方向，再将起偏器的透振方向置于Ⅰ、Ⅲ象限，且与 y 轴成 θ 角。

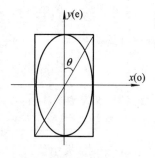

题 4-24 解图

由题意知

$$\tan\theta = \frac{1}{2}, \quad \theta = \arctan\frac{1}{2} \approx 26.565°$$

对于石英晶体，$n_e > n_o$，为使椭圆的长轴或短轴在光轴方向，薄片厚度应满足

$$\frac{2\pi}{\lambda}(n_e - n_o)d = (4m+1)\frac{\pi}{2}$$

为产生左旋椭圆偏振光，取相应于 $m=0$ 时的薄片厚度为

$$d = \frac{\lambda}{4(n_e - n_o)} = \frac{0.5893 \times 10^{-3}}{4 \times (1.5533 - 1.5442)} \approx 0.0162 \text{ mm}$$

4-27 将一块 1/8 波片插入两个偏振器之间，波片的光轴与两偏振器透光轴的夹角分别为 $-30°$ 和 $40°$，求光强为 I_0 的自然光通过这一系统的强度。（不考虑系统的吸收和反射损失。）

解： 光强 I_0 的自然光透过第一个偏振片后的光强为 $0.5I_0$，此时光为线偏振光。该光垂直入射到 1/8 波片上，在其中传播的 o 光和 e 光将产生相差 $\Delta\varphi = \pi/4$。

根据题意，波片的光轴与第一个偏振片夹角为 $-30°$，与另一个夹角为 $40°$，若假设光轴方向为 y 轴，则输入光分量振幅大小为 $E_y = E_1\cos30°$，$E_x = E_1\sin30°$；相应的输出两光振幅大小为和 $E_2' = E_y\cos40°$ 和 $E_2'' = E_x\sin40°$，它们的振动方向相反，有附加相位差 $\pi/2$。

所以，系统的输出光强为

$$I = I' + I'' + 2\sqrt{I'I''}\cos\varphi = E_2'^2 + E_2''^2 + 2E_2'E_2''\cos\left(\frac{\pi}{2} + \frac{\pi}{4}\right)$$

$$= 0.24E_1^2 = 0.24 \times \frac{1}{2}I_0 = 0.12I_0$$

4-28 在两个正交偏振器之间插入一块 1/2 波片，强度为 I_0 的单色光通过这一系统，如果将波片绕光的传播方向旋转一周。问：

（1）将看到几个光强的极大和极小值，相应的波片方位及光强数值是多少；

（2）用 1/4 波片和全波片代替 1/2 波片，又如何。

解：（1）强度为 I_0 的单色光通过起偏器后，变为线偏振光，光强为 $\frac{1}{2}I_0$。在正交偏振器情况下，系统的输出光强为

$$I_\perp = \frac{I_0}{2}\sin^2 2\alpha \sin^2\frac{\varphi}{2}$$

波片旋转一周，当 $\alpha = 0, \frac{\pi}{2}, \pi, \frac{3\pi}{2}$ 时，$\sin2\alpha = 0$，出现有四个极小值，出射光强为 $I_\perp = 0$；当 $\alpha = \frac{\pi}{4}, \frac{3\pi}{4}, \frac{5\pi}{4}, \frac{7\pi}{4}$ 时，$\sin2\alpha = \pm1$，出现四个极大值，因 1/2 波片产生相位差 $\varphi = \pi$，出射光强均为

$$I_\perp = \frac{I_0}{2}\sin^2\frac{\pi}{2} = \frac{1}{2}I_0$$

（2）改为全波片后，无任何变化，输出光强总为 $I_\perp = 0$；

改为 $\lambda/4$ 片后，$\varphi = \pi/2$，旋转波片一周，光强出现四次极大值和四次极小值：当 $\alpha = 0$，$\frac{\pi}{2}, \pi, \frac{3\pi}{2}$ 时，极小值为 $I_\perp = 0$；当 $\alpha = \frac{\pi}{4}, \frac{3\pi}{4}, \frac{5\pi}{4}, \frac{7\pi}{4}$ 时，极大值为 $I_\perp = \frac{I_0}{2}\sin^2\frac{\pi}{4} = \frac{1}{4}I_0$。

4 - 29　偏光干涉装置 P_1 的透光轴与 x 轴夹角为 α，P_2 的透光轴与 x 轴夹角为 β，晶片是楔角为 $30'$ 的石英楔形晶体，今若 $\alpha=15°$，$\beta=45°$，强度为 I_0 的钠黄光($\lambda=589.3$ nm)通过该装置，求石英晶片所生条纹的间距和条纹对比度。(石英晶片的主折射率 $n_o=1.544\,24$，$n_e=1.553\,35$。)

解： 依题意画出题 4 - 29 解图。

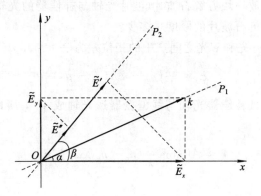

题 4 - 29 解图

入射波片的线偏振光的振幅为 A，则从波片透出的沿 x 轴和 y 轴方向振动的两束光(晶片内的 e 光和 o 光)的光场复振幅为

$$\widetilde{E}_x = A\cos\alpha,\ \widetilde{E}_y = A\sin\alpha e^{i\varphi}$$

式中，$\varphi=\dfrac{2\pi}{\lambda}(n_e - n_o)d$ 是波片的相位延迟角。这两束光通过检偏器时，只有光矢量平行于检偏器透光轴 P_2 的分量透过。两个分量分别为

$$\widetilde{E}' = \widetilde{E}_x\cos\beta = A\cos\alpha\cos\beta$$
$$\widetilde{E}'' = \widetilde{E}_y\sin\beta = A\sin\alpha\sin\beta e^{i\varphi}$$

这两个分量的振动方向相同，相位差恒定，其干涉光强应为

$$I = A^2\cos^2\alpha\cos^2\beta + A^2\sin^2\alpha\sin^2\beta + 2A^2\cos\alpha\cos\beta\sin\alpha\sin\beta\cos\varphi$$

将

$$\cos\varphi = 1 - 2\sin^2\frac{\varphi}{2} = 1 - 2\sin^2\frac{\pi(n_e - n_o)d}{\lambda}$$

代入上式，化简后得到

$$I = A^2\cos(\alpha - \beta) - A^2\sin2\alpha\sin2\beta\sin^2\frac{\pi(n_e - n_o)d}{\lambda}$$

参见例题 4 - 8，设石英楔角为 γ，则条纹间距为

$$e = \frac{\lambda}{(n_e - n_o)\gamma} = \frac{589.3\times10^{-6}}{(1.553\,35 - 1.544\,24)\times0.008\,73} \approx 7.41 \text{ mm}$$

由光强表达式，条纹光强最大值和最小值分别为

$$I_M = \frac{I_0}{2}\cos^2 30° = \frac{3}{8}I_0$$

$$I_m = \frac{I_0}{2}\cos^2 30° - \frac{I_0}{2}\sin 30°\sin 90° = \frac{1}{8}I_0$$

因此条纹对比度

$$V = \frac{I_\text{M} - I_\text{m}}{I_\text{M} + I_\text{m}} = \frac{3/8 - 1/8}{3/8 + 1/8} = 0.5$$

4-30 将巴俾涅补偿器置于两正交偏振器之间,并使补偿器光轴与线偏振器的透光轴成 45°角,补偿器用石英晶体制成,其光楔楔角为 2°30′。

(1) 在钠黄光照射下,补偿器产生的平行条纹间距是多少?

(2) 当在补偿器上放一块方解石波片(波片光轴与补偿器的光轴平行)时,发现条纹移动了 1/2 条纹间距,方解石波片的厚度是多少?

解:(1) 补偿器使 o 光和 e 光之间产生的相位差为

$$\varphi = \frac{2\pi}{\lambda}(n_\text{e} - n_\text{o})(d_1 - d_2)$$

由于两线偏振器正交,且补偿器光轴与线偏振器透光轴成 45°,所以透过第二块偏振器的光强为

$$I = A^2 \sin^2 \frac{\pi}{\lambda}(n_\text{e} - n_\text{o})(d_1 - d_2)$$

暗纹满足

$$\frac{\pi}{\lambda}(n_\text{e} - n_\text{o})(d_1 - d_2) = m\pi, \qquad m = 0, \pm 1, \pm 2, \cdots$$

当 $m=0$ 时,$d_1 = d_2$ 处有一暗纹;当 $m=1$ 时,$d_1 - d_2 = \dfrac{\lambda}{n_\text{e} - n_\text{o}}$,为相邻暗纹出现的位置。由题 4-30 解图所示的几何关系可得,暗纹的间距是

$$e = \frac{d_1 - d_2}{2\alpha} = \frac{\lambda}{2(n_\text{e} - n_\text{o})\alpha} = \frac{589.3 \times 10^{-6}}{2(1.5533 - 1.5442) \times 0.0436} \approx 0.743 \ \text{mm}$$

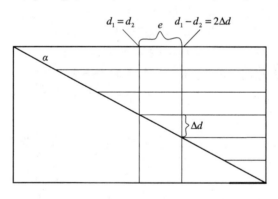

题 4-30 解图

(2) 设方解石波片的厚度为 d,放上方解石波片后,o 光和 e 光之间相位差的改变为

$$\varphi = \frac{2\pi}{\lambda}(n_\text{e}' - n_\text{o}')d$$

式中,$n_\text{o}' = 1.6584$,$n_\text{e}' = 1.4684$。由于相位差的改变使条纹移动了 1/2 条纹间距,因此

$$\varphi = \pi$$

所以

$$d = \frac{\lambda}{2(n_\text{o}' - n_\text{e}')} = \frac{589.3 \times 10^{-6}}{2(1.6584 - 1.4864)} \approx 1.71 \times 10^{-3} \ \text{mm}$$

4 - 31　在两个偏振面正交放置的偏振器之间，平行放一厚 0.913 mm 的石膏片。当 $\lambda_1 = 0.583\ \mu$m 时，视场全暗；然后改变光的波长，当 $\lambda_2 = 0.554\ \mu$m 时，视场又一次全暗。假设沿快、慢轴方向的折射率在这个波段范围内与波长无关，试求这个折射率差。

解：对于正交偏振情况，

$$I = I_0 \sin^2 2\theta \sin^2 \frac{\varphi}{2}$$

由于 θ 可以任意选取，因此要使 I 为 0，必须

$$\frac{\varphi}{2} = \frac{1}{2} \cdot \frac{2\pi}{\lambda}(n_o - n_e)d = m\pi \qquad m = 1, 2, 3, \cdots$$

所以 $\lambda = \dfrac{(n_o - n_e)d}{m}$ 时，视场会变暗。对于相邻暗视场所对应波长为

$$\lambda_1 = \frac{(n_o - n_e)d}{m}, \quad \lambda_2 = \frac{(n_o - n_e)d}{m+1}$$

消去 m 可以得到

$$(n_o - n_e)d\left(\frac{1}{\lambda_2} - \frac{1}{\lambda_1}\right) = 1$$

因此，快慢轴折射率之差为

$$\Delta n = \mid n_o - n_e \mid = \frac{\lambda_1 \lambda_2}{(\lambda_2 - \lambda_1)d} = \frac{0.583 \times 0.554}{(0.583 - 0.554) \times 913} \approx 0.0122$$

第 5 章　晶体的感应双折射

　　光在晶体中传播时,由晶体自身结构的各向异性决定的双折射传播特性叫自然双折射。当光通过受电场、应力、磁场等外界作用的晶体时,其双折射传播特性将发生变化。通常将这种由外场作用引起的晶体双折射传播特性的变化,叫感应双折射,感应双折射属于非线性光学效应。由于感应双折射可用于实现对光传播特性的控制,所以在光电子技术中获得了广泛的应用。

　　本章主要讨论电场、超声场和磁场作用于晶体,引起的感应双折射及应用。

5.1　基　本　要　求

1. 基本要求

(1) 掌握晶体的线性电光效应及应用;

(2) 了解声光效应(喇曼-乃斯衍射、布喇格衍射)及应用;

(3) 了解磁光效应及应用。

2. 重点、难点

(1) 重点:晶体线性电光效应的纵向运用。

(2) 难点:晶体的电光效应。

5.2　基本概念和公式

　　感应双折射是指晶体在外场作用下其光学各向异性(双折射)性质的变化。由于晶体外加电场、超声场和磁场时会改变其结构,从而改变其光学各向异性性质,而外加的电场、超声场和磁场可人为地控制,因此可以利用感应双折射人为地控制光的传播特性,所以,感应双折射被广泛地应用于光电子技术,特别是光束传播的控制中。本章将基于光的电磁理论,讨论晶体在电场、超声场和磁场作用下的电光效应、声光效应和磁光效应,重点讨论晶体的线性电光效应及其在电光调制和电光偏转等方面的应用。

1. 电光效应

外加电场使晶体光学性质发生变化的效应称为电光效应。

依据前面讨论的晶体光学各向异性的几何描述方法,折射率椭球在直角坐标系中的一

般形式为

$$\frac{x_i x_j}{n_{ij}^2} = 1 \qquad i, j = 1, 2, 3$$

或表示为

$$B_{ij} x_i x_j = 1$$

式中

$$B_{ij} = \frac{1}{n_{ij}^2}$$

由于外加电场引起晶体光学性质发生变化，因此引起折射率椭球发生变化，具体的变化可通过折射率椭球系数的变化 ΔB_{ij} 表征，且

$$B_{ij} = B_{ij}^0 + \Delta B_{ij}$$

式中，B_{ij} 是外加电场后晶体的感应折射率椭球系数；B_{ij}^0 是没有加外电场的晶体折射率椭球系数。ΔB_{ij} 可以表示为

$$\Delta B_{ij} = \gamma_{ijk} E_k + h_{ijpq} E_p E_q + \cdots \qquad i, j, k, p, q = 1, 2, 3$$

等号右边第一项描述了线性电光效应（或称普克尔效应），$[\gamma_{ijk}]$ 是线性电光系数；等号右边第二项描述了二次电光效应（或称克尔效应），$[h_{ijpq}]$ 是二次电光系数。

1）线性电光效应

（1）线性电光系数。线性电光系数 $[\gamma_{ijk}]$ 是一个三阶张量，考虑到对称性，可以简化为 6×3 的线性电光系数矩阵 $[\gamma_{ij}]$，$i = 1, 2, \cdots, 6$；$j = 1, 2, 3$。常用的电光晶体是 KDP、LiNbO$_3$、GaAs 等。

（2）KDP 晶体的线性电光效应。KDP 晶体是负单轴晶体，光轴方向为 x_3 轴，主折射率为 n_o 和 n_e，自然双折射时的折射率椭球为旋转椭球。外加电场后，KDP 晶体变成了双轴晶体，感应折射率椭球变为一般椭球。

① KDP 晶体外加电场平行于光轴的线性电光效应。若平行于 KDP 晶体的光轴方向（x_3 轴）外加电场，其感应折射率椭球的感应主轴方向（x_1'，x_2'，x_3'）由晶体的主轴坐标绕 x_3 轴旋转 $45°$ 得到，三个感应主折射率为

$$n_1' = n_o \left(1 - \frac{1}{2} n_o^2 \gamma_{63} E_3 \right)$$

$$n_2' = n_o \left(1 + \frac{1}{2} n_o^2 \gamma_{63} E_3 \right)$$

$$n_3' = n_e$$

a. γ_{63} 的纵向运用。外加电场平行于 x_3 轴，光也沿 x_3 轴方向传播的运用，叫 γ_{63} 的纵向运用。

外加电压 $U = 0$ 时，入射前与入射后光的偏振状态不变；外加电压 $U \neq 0$ 时，沿两个感应主轴方向振动的偏振光以不同的折射率（n_1' 和 n_2'）沿 x_3' 轴（即 x_3 轴）传播，当它们通过长度为 d 的晶体后，其间相位差（电光延迟）为

$$\varphi = \frac{2\pi}{\lambda}(n_2' - n_1')d = \frac{2\pi}{\lambda}n_o^3 \gamma_{63} Ed = \frac{2\pi}{\lambda}n_o^3 \gamma_{63} U$$

显见，电光延迟与外加电压成正比，这正体现了线性电光效应的特征。

在实际应用中，经常通过改变晶体的外加电压改变其电光延迟，从而使晶体构成了一

种可变波片。当电光延迟 $\varphi = \pi$ 时,晶体的作用可视为半波片,相应的外加电压叫半波电压,以 $U_{\lambda/2}$ 或 U_π 表示:

$$U_{\lambda/2} = \frac{\lambda}{2n_o^3 \gamma_{63}}$$

半波电压是电光效应应用中的一个非常重要的参量。

b. γ_{63} 的横向运用。当外加电压平行于 x_3 轴方向,光沿垂直于 x_3 轴的方向传播时,称为 γ_{63} 的横向运用。

当沿 x_3 轴方向外加电压,光沿感应主轴方向 x_2' 传播时,电光延迟为

$$\varphi = \frac{2\pi}{\lambda}(n_1' - n_3')l = \frac{2\pi}{\lambda}(n_o - n_e)l - \frac{\pi}{\lambda}\frac{l}{d}n_o^3\gamma_{63}U$$

式中,d 为晶体在电场方向上的厚度;l 为传播方向上的长度。显见,横向运用时,电光延迟除了线性电光效应的贡献外,还有自然双折射的影响。在实际应用中,自然双折射对于电光效应的影响通常需要消除。

2) 二次电光效应

自然界有许多光学各向同性的固体、液体和气体,它们在强电场作用下会变成光学各向异性,而且电场引起的双折射和电场强度的平方成正比,这就是二次电光效应,或称为克尔效应。克尔效应是一种典型的三阶非线性光学效应,在非线性光学中有非常重要的应用。

3) 电光效应的应用

在光电子技术中,电光效应有非常广泛的应用。

(1) 电光调制。将调制电压信息加载到光波上的技术叫光调制技术。利用电光效应实现的调制叫电光调制。

一种典型的电光强度调制器如教材第 302 页图 5-8 所示,如果调制电压 $U_m = U_0 \sin\omega_m t$,其输出光强为

$$I \approx I_0\left(\frac{1}{2} + \frac{\pi}{2}\frac{U_0}{U_{\lambda/2}}\sin\omega_m t\right)$$

(2) 电光偏转。利用电光效应实现的光束偏转技术叫电光偏转。一种典型的双 KDP 楔形棱镜偏转器如教材第 304 页图 5-11 所示。

2. 声光效应

1) 声光效应

介质中存在弹性应力或应变时,介质的光学性质(折射率)会发生变化,这就是弹光效应。弹光效应可以通过压光系数矩阵 $[\Pi_{mn}]$ 或弹光系数矩阵 $[P_{mn}]$ 描述,$[\Pi_{mn}]$ 和 $[P_{mn}]$ 都是一个 6×6 矩阵。超声波是一种弹性波,通常将超声波引起的弹光效应叫做声光效应。

弹光效应可以通过介质折射率椭球的形状和取向的改变来描述。

$m3m$ 立方晶体受到平行于立方体轴的单向应力作用,由光学各向同性变成了单轴晶体,相应的三个感应主折射率为

$$n_1 = n_o - \frac{1}{2}n_o^3\Pi_{11}\sigma$$

$$n_2 = n_o - \frac{1}{2}n_o^3\Pi_{12}\sigma$$

$$n_3 = n_o - \frac{1}{2}n_o^3 \Pi_{12}\sigma$$

2）声光衍射

声光效应主要应用于声光衍射。

（1）喇曼-乃斯衍射。当超声波频率 ω_s 较低，声光作用区的长度较短，频率为 ω 的平行光平行于超声波面入射（即垂直于超声波传播的方向入射）声光晶体时，波长为 λ_s 的超声行波的作用可将声光晶体视为平面折射率光栅，将产生喇曼-乃斯衍射。

光的电磁理论分析表明，各级衍射光的衍射角 θ 满足如下关系：

$$\lambda_s \sin\theta = m\lambda \qquad m = 0, \pm 1, \cdots$$

相应于第 m 级衍射的极值光强为

$$I_m = I_i J_m^2(V)$$

式中，I_i 是入射光强；V 表示光通过声光介质后，由于折射率变化引起的附加相移；$J_m(V)$ 是第 m 阶贝塞尔函数。各级衍射光强的对称分布是喇曼-乃斯衍射的主要特征之一。相应各级衍射光的频率为 $\omega + m\omega_s$，即衍射光相对入射光有一个多普勒频移。

（2）布喇格衍射。当超声波频率较高，声光作用区较长，光束与超声波波面以布喇格角斜入射声光晶体时，超声行波的作用可将声光晶体视为体折射率光栅，将产生布喇格衍射。

① 布喇格条件。以布喇格角 θ_B 入射的平面光波，满足：

$$\sin\theta_B = \frac{\lambda}{2\lambda_s}$$

时，将产生布喇格衍射。通常将这个条件称为布喇格衍射条件，也称为布喇格方程。入射角 θ_B 叫布喇格角，满足该条件的声光衍射叫布喇格衍射。

② 布喇格衍射光强。布喇格衍射只能出现 0 级和 +1 级或 -1 级的衍射光束，且衍射角 $\theta_d = \theta_B$。对于频率为 ω 的入射光，其布喇格衍射的 ± 1 级衍射光的频率为 $\omega \pm \omega_s$，相应的 0 级和 1 级衍射光强分别为

$$I_0 = I_i \cos^2 \frac{V}{2}$$

$$I_1 = I_i \sin^2 \frac{V}{2}$$

式中，V 是光通过声光介质后，由折射率变化引起的附加相移。可见，当 $V/2 = \pi/2$ 时，$I_0 = 0$，$I_1 = I_i$，即通过适当地控制入射超声功率（因而控制介质折射率的变化），可以将入射光功率全部转变为 1 级衍射光功率。根据这一突出特点，可以制作出转换效率很高的声光器件。

3. 磁光效应

1）晶体的旋光现象

线偏振光通过旋光介质时，其振动平面会相对原方向转过一个角度，转过的角度与光在该介质中传播的距离成正比，这种现象称为旋光现象。旋光现象是旋光介质光学各向异性的必然结果，也称为自然圆双折射特性。

2）法拉第效应

外加磁场以后，本来不具有旋光性的介质也会使光矢量发生旋转，这种现象叫磁致旋

光效应,或法拉第效应。

法拉第效应在光电子技术中有着非常重要的应用。

5.3 典 型 例 题

例题 5-1 如例题 5-1 图所示,将一块切成长方体的 KDP 晶体放在两平行偏振器之间,晶体的两正方形端面与光轴垂直,并在两端面间加一个强电场。若晶体内线偏振模式的光矢量方向与两线偏振器的透光轴成 45°角。

(1) 试写出从第二偏振器透出的光强表示式;

(2) 计算入射光波长为 550 nm 的半波电压。已知 $\gamma_{63}=10.6\times10^{-12}$ m/V, $n_o=1.51$。

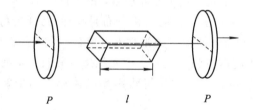

P   l   P

例题 5-1 图

解:(1) 根据 KDP 晶体的线性光电效应,在感应主轴方向上振动的二偏振光的折射率差 $n'-n''$ 为

$$n'-n''=n_o^3\gamma_{63}\frac{U}{l}$$

从晶体射出的二偏振光的相位差为

$$\varphi=\frac{2\pi}{\lambda}(n'-n'')l=\frac{2\pi}{\lambda}n_o^3\gamma_{63}U$$

因此,从检偏器透出的光强为

$$I=I_0\left[1-\sin^2\left(\frac{\pi}{\lambda}n_o^3\gamma_{63}U\right)\right]$$

式中,I_0 是射向晶体的线偏振光的光强。由上式可见,从系统输出的光强随外加电压改变,利用这一性质,可以实现光束的光强调制。

(2) $\varphi=\pi$ 对应的调制电压为半波电压:

$$U_{\lambda/2}=\frac{\lambda}{2n_o^3\gamma_{63}}=\frac{550\times10^{-9}}{2\times(1.51)^3\times10.6\times10^{-12}}\approx7.5\times10^3 \text{ V}$$

例题 5-2 一按 x_3-切割的 $\mathrm{KD^*P}$ 晶体,$l=2.5$ cm, $d=1$ cm。在波长 $\lambda=0.6328$ μm 时,$n_o=1.51$, $n_e=1.47$, $\gamma_{63}=23.6\times10^{-12}$ m·V^{-1}。试比较该晶体分别为纵向和横向运用、相位延迟为 $\varphi=\pi$ 时,外加电压的大小。

解: $\mathrm{KD^*P}$ 晶体纵向运用和横向运用(不计自然双折射的影响)时,外加电压引起的相位延迟分别为

$$\varphi_l=\frac{2\pi}{\lambda}n_o^3\gamma_{63}U, \quad \varphi_t=\frac{\pi}{\lambda}\frac{l}{d}n_o^3\gamma_{63}U$$

纵向运用，$\varphi=\pi$ 时，半波电压为

$$U_l = \varphi_l \frac{\lambda}{2\pi n_o^3 \gamma_{63}} = \pi \frac{0.6328 \times 10^{-6}}{2\pi \times 1.51^3 \times 23.6 \times 10^{-12}} \approx 3.89 \times 10^3 \text{ V}$$

横向运用，$\varphi=\pi$ 时，半波电压为

$$U_t = \varphi_t \frac{\lambda d}{\pi n_o^3 l \gamma_{63}} = \pi \frac{0.6328 \times 10^{-6} \times 10^{-2}}{\pi \times 1.51^3 \times 23.6 \times 10^{-12} \times 2.5 \times 10^{-2}} \approx 3.12 \times 10^3 \text{ V}$$

可见，横向运用时，可以通过调整晶体的长厚比降低半波电压。

例题 5 - 3　以 GaAs 各向同性立方晶体为例，证明当其受到平行于立方体轴（例如 x_1 方向）的单向应力作用时，晶体由光学各向同性变成了单轴晶体。

解： 本题属于声光效应致感应双折射问题，可利用几何法——折射率椭球讨论。解题思路是，先求出不加应力时的折射率椭球方程，再利用晶体的压光（弹光）效应求出加应力后的折射率椭球方程，进而根据感应折射率椭球判断晶体的光学（折射率）特性。

假设立方晶体的三个主轴为 x_1，x_2，x_3，应力平行于 x_1 方向。未加应力时的折射率椭球为旋转球面：

$$B^0(x_1^2 + x_2^2 + x_3^2) = 1$$

式中，$B^0 = \dfrac{1}{n_0^2}$。在应力作用下，折射率椭球发生了变化，可表示如下：

$$B_1 x_1^2 + B_2 x_2^2 + B_3 x_3^2 + 2B_4 x_2 x_3 + 2B_5 x_3 x_1 + 2B_6 x_1 x_2 = 1$$

根据折射率椭球系数变化的关系式

$$\Delta B_m = \Pi_{mn} \sigma_n \qquad m,\ n = 1,\ 2,\ \cdots,\ 6$$

及立方晶体的 $[\Pi_{mn}]$ 矩阵形式，有

$$\begin{bmatrix} \Delta B_1 \\ \Delta B_2 \\ \Delta B_3 \\ \Delta B_4 \\ \Delta B_5 \\ \Delta B_6 \end{bmatrix} = \begin{bmatrix} \Pi_{11} & \Pi_{12} & \Pi_{13} & 0 & 0 & 0 \\ \Pi_{13} & \Pi_{11} & \Pi_{12} & 0 & 0 & 0 \\ \Pi_{12} & \Pi_{13} & \Pi_{11} & 0 & 0 & 0 \\ 0 & 0 & 0 & \Pi_{44} & 9 & 9 \\ 0 & 0 & 0 & 0 & \Pi_{44} & 9 \\ 0 & 0 & 0 & 0 & 0 & \Pi_{44} \end{bmatrix} \begin{bmatrix} \sigma \\ 0 \\ 0 \\ 0 \\ 0 \\ 0 \end{bmatrix} = \begin{bmatrix} \Pi_{11}\sigma \\ \Pi_{13}\sigma \\ \Pi_{12}\sigma \\ 0 \\ 0 \\ 0 \end{bmatrix}$$

由此可得

$$B_1 = B^0 + \Delta B_1 = \frac{1}{n_0^2} + \Pi_{11}\sigma$$

$$B_2 = B^0 + \Delta B_2 = \frac{1}{n_0^2} + \Pi_{13}\sigma$$

$$B_3 = B^0 + \Delta B_3 = \frac{1}{n_0^2} + \Pi_{12}\sigma$$

$$B_4 = B_5 = B_6 = 0$$

故感应折射率椭球方程为

$$\left(\frac{1}{n_0^2} + \Pi_{11}\sigma\right)x_1^2 + \left(\frac{1}{n_0^2} + \Pi_{13}\sigma\right)x_2^2 + \left(\frac{1}{n_0^2} + \Pi_{12}\sigma\right)x_3^2 = 1$$

可见，当晶体沿 x_1 方向加单向应力时，折射率椭球由旋转球变成了椭球，主轴仍为

x_1、x_2、x_3，立方晶体变成双轴晶体，相应的三个主折射率为

$$n_1 = n_0 - \frac{1}{2} n_0^3 \Pi_{11} \sigma$$

$$n_2 = n_0 - \frac{1}{2} n_0^3 \Pi_{13} \sigma$$

$$n_3 = n_0 - \frac{1}{2} n_0^3 \Pi_{12} \sigma$$

由于 GaAs 晶体属 $\overline{43}m$ 立方晶体，它的 $\Pi_{12} = \Pi_{13}$，所以

$$n_1 = n_0 - \frac{1}{2} n_0^3 \Pi_{11} \sigma$$

$$n_2 = n_0 - \frac{1}{2} n_0^3 \Pi_{12} \sigma$$

$$n_3 = n_0 - \frac{1}{2} n_0^3 \Pi_{12} \sigma$$

即 GaAs 晶体由光学各向同性变成了单轴晶体，得证。

例题 5-4 石英对波长为 589.3 nm 的钠黄光的旋光率为 21.7°/mm，将其放置在透振方向正交的两个偏振片之间时，入射光恰好能够顺利通过，求石英旋光片的最小厚度和相对钠黄光的左右旋圆偏振光的折射率之差。

解： 依题意，石英旋光晶片必须能将入射的线偏振光的偏振面旋转 $\pi/2$ 的奇数倍，对应最小厚度的旋转角为 $\theta = \pi/2$，即有

$$\theta = \alpha d_m = \frac{\pi}{2}$$

得到

$$d_m = \frac{\pi}{2\alpha} = \frac{180°}{2 \times 21.7°} \approx 4.15 \text{ mm}$$

又依据晶体的旋光率与折射率差之间的关系，有

$$\theta = \alpha d = \frac{\pi}{\lambda} \Delta n d$$

可得石英晶体中左右旋圆偏振光的折射率差为

$$\Delta n = \frac{\alpha \lambda}{\pi} = \frac{21.7°}{180°} \times 0.5893 \times 10^{-3} \approx 7.1 \times 10^{-5}$$

5.4 习 题 选 解

5-2 一 CdTe 电光晶体，外加电场垂直于(110)面，尺寸为 33 mm×4.5 mm×4.5 mm，对于光波长 $\lambda = 10.6 \text{ μm}$，它的折射率 $n_o = 2.67$，电光系数 $\gamma_{41} = 6.8 \times 10^{-12} \text{ m} \cdot \text{V}^{-1}$。为保证相位延迟 $\varphi = 0.056 \text{ rad}$，外加电压为多大？

解： CdTe 电光晶体外加电场垂直于(110)面时，有

$$\varphi = \frac{2\pi}{\lambda} \frac{l}{d} n_o^3 \gamma_{41} U$$

因此

$$U = \varphi \frac{\lambda d}{2\pi n_o^3 l \gamma_{41}} = 0.056 \times \frac{10.6 \times 10^{-6} \times 4.5 \times 10^{-3}}{2\pi \times 2.67^3 \times 33 \times 10^{-3} \times 6.8 \times 10^{-12}} \approx 100 \text{ V}$$

5-3　为什么 KDP 晶体沿 x_3 方向加电场的横向运用，通光方向不能是 x_1 方向或 x_2 方向？

解： 当沿 x_3 方向加电场时，感应折射率椭球的表达式为

$$\frac{x_1^2 + x_2^2}{n_o^2} + \frac{x_3^2}{n_e^2} + 2\gamma_{63}E_3 x_1 x_2 = 1$$

当通光方向是 x_1 方向时，折射率椭球中所对应的截面椭圆方程为

$$\frac{x_2^2}{n_o^2} + \frac{x_3^2}{n_e^2} = 1$$

该方程中不包含电光效应的贡献，因此通光方向不能是 x_1 方向；同理，通光方向也不能是 x_2 方向。

5-4　题 5-4 图为一横向运用 KDP 晶体的 γ_{41} 组合调制器，求光线通过该组合调制器后的相位延迟。

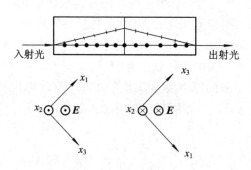

题 5-4 图

解： KDP 晶体的感应折射率椭球方程为

$$B_1^0 x_1^2 + B_2^0 x_2^2 + B_3^0 x_3^2 + 2\gamma_{41}(E_1 x_2 x_3 + E_2 x_3 x_1) + 2\gamma_{63}E_3 x_1 x_2 = 1$$

当电场沿 x_2 时，折射率椭球变为

$$B_1^0 x_1^2 + B_2^0 x_2^2 + B_3^0 x_3^2 + 2\gamma_{41}E_2 x_3 x_1 = 1$$

可以证明，该晶体的感应主轴方向是由原主轴方向绕 x_2 轴旋转一个小角度 φ 得到，但因 φ 角很小（角分的量级），可视感应主轴方向仍为原主轴方向。

进一步可以证明，x_2 方向加电压时不能纵向运用；对于图示与 x_1、x_3 成 45°角方向传光时，相应两个正交线偏振光的折射率为

$$n_2 = n_o$$

$$n_1' = \frac{\sqrt{2}\,n_e n_o}{\sqrt{n_o^2 + n_e^2}} - \sqrt{2}\left(\frac{1}{n_o^2} + \frac{1}{n_e^2}\right)^{-3/2}\gamma_{41}E_2$$

当采用组合形式时，可以消除自然双折射的影响。考虑到 n_o 和 n_e 的差别很小，计算中可视 $n_o \approx n_e$，则组合的相位延迟为

$$\varphi = \frac{2\pi}{\lambda}n_o^3\gamma_{41}E_2 l = \frac{2\pi}{\lambda}n_o^3\gamma_{41}\frac{U_2}{d}l$$

5-6 题 5-6 图所示为一电光开关示意图,P_1、P_2 是透振方向正交的偏振片,电光晶体是纵向运用的 KDP 晶体,试述其工作原理。

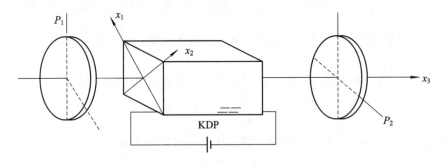

题 5-6 图

解:断电时,一束自然光通过 P_1 变成竖直方向振动的线偏振光,当其通过 KDP 晶体时,偏振状态不变,该光通过与 P_1 方向垂直的偏振片 P_2 时,其透射光强为零,此时,电光开关的工作状态为"关"。

通电后,自然光通过 P_1 仍为竖直方向振动的线偏振光,而此时 KDP 晶体因半波电压的作用,变成半波片,则入射偏振光通过 KDP 晶体后,其振动方向将旋转 2θ 角,当 KDP 晶体的放置(感应主轴方向与 P_1 方向成 45°角)使得 $2\theta = 90°$ 时,光可完全通过偏振片 P_2,透射光强最大,此时,电光开关的工作状态为"开"。

5-7 在声光介质中,激励超声波的频率为 500 MHz,声速为 3×10^5 cm/s,求波长为 0.5 μm 的光波由该声光介质产生布喇格衍射时的入射角 θ_B。

解:超声波波长为

$$\lambda_s = \frac{v}{\nu} = \frac{3 \times 10^3}{5 \times 10^8} = 6 \times 10^{-6} \text{ m}$$

由布喇格衍射条件可求得布喇格角为

$$\theta_B = \arcsin \frac{\lambda}{2\lambda_s} = \arcsin \frac{0.5 \times 10^{-6}}{2 \times 6 \times 10^{-6}} \approx 2.39°$$

5-8 一钼酸铅声光调制器对 He-Ne 激光进行声光调制。已知声功率 $P_s = 1$ W,声光作用长度 $L = 1.8$ mm,压电换能器宽度 $H = 0.8$ mm,品质因素 $M_2 = 36.3 \times 10^{-15} \text{ s}^3 \cdot \text{kg}^{-1}$,求这种声光调制器的布喇格衍射效率。

解:光通过调制器的附加相移为

$$V = \frac{\pi}{\lambda} \sqrt{M_2} \sqrt{\frac{2P_s L}{H}} = \frac{\pi}{0.6328 \times 10^{-6}} \times \sqrt{36.3 \times 10^{-15}} \times \sqrt{\frac{2 \times 1 \times 1.8}{0.8}}$$

$$\approx 2.000\ 398 \text{ rad}$$

布喇格衍射效率为

$$\eta = \sin^2 \left(\frac{V}{2} \right) \approx 71\%$$

5-10 一个长 10 cm 的磷冕玻璃放在磁感应强度为 0.1 T 的磁场内,一束线偏振光通过时,偏振面转过多少度?若要使偏振面转过 45°,外加磁场需要多大?为了减小法拉第工作物质的尺寸或者磁场强度,可以采取什么措施?

解：由题意知

$$\theta = VBL = 4.86 \times 0.1 \times 0.1 \text{ rad} = 2.78°$$

因此偏振面旋转了 $2.78°$；为了使偏振面旋转 $45°$，外加磁场必须满足：

$$B = \frac{\theta}{VL} = \frac{\pi/4}{4.86 \times 0.1} \approx 1.62 \text{ T}$$

为了减小法拉第工作物质的尺寸 L，可增加磁感应强度 B 的大小，或者换用一种维尔德常数 V 较大的工作物质；为了减小磁感应强度 B，可增加工作物质的尺寸 L，或者换用一种维尔德常数 V 较大的工作物质。

第6章　光的吸收、色散和散射

　　光在介质中传播时，通常会产生光的吸收、色散和散射现象。

　　本章利用光与介质相互作用的经典理论，简单地讨论了光在介质中的吸收、色散和散射现象。

6.1　基　本　要　求

1. 基本要求

(1) 了解光与介质相互作用的经典理论；

(2) 了解光的吸收、光的色散、光的散射概念。

2. 重点、难点

(1) 重点：光的吸收、色散、散射概念。

(2) 难点：光与介质相互作用的经典理论。

6.2　基本概念和公式

　　众所周知，光在介质中的传播过程就是光波与介质相互作用的过程。根据极化理论，光在介质中传播时，将感应产生极化强度；又根据电动力学，所产生的极化强度作为源将辐射光波，这样一个动态过程，描述了光与介质的相互作用和光波的传播过程。前面几章，我们根据光的电磁理论讨论了光在均匀、无耗的各向同性、各向异性介质中的传播特性，这一章将根据光与介质相互作用的经典理论，讨论光在有耗、非均匀介质中的传播，介绍光在吸收介质中的损耗衰减特性、光在非均匀介质中的散射现象和不同波长的光波在介质中传播时的色散现象。

1. 光与介质相互作用的经典理论

1) 洛伦兹电子理论

　　根据极化理论，组成介质的原子或分子内的带电粒子(电子、离子)被准弹性力束缚在它们的平衡位置附近，并且具有一定的固有振动频率；在入射光的作用下，介质发生极化，带电粒子依入射光频率做强迫振动；由于带正电荷的原子核质量比电子大许多倍，可视正电荷中心不动，而负电荷相对于正电荷作振动，正、负电荷电量的绝对值相同，构成了一

个电偶极子，其电偶极矩为

$$p = qr$$

式中，q 是电荷电量；r 是从负电荷中心指向正电荷中心的矢径。同时，这个电偶极子将辐射次光波，这样一种极化和辐射的动态过程，可以描述光在介质中传播过程的吸收、色散和散射现象。

2）经典理论的基本方程

在光场 $E(t) = \widetilde{E} e^{-i\omega t}$ 作用下，电子的运动方程为

$$\frac{d^2 r}{dt^2} + \gamma \frac{dr}{dt} + \omega_0^2 r = -\frac{e}{m} E$$

式中，r 为电子离开平衡位置的距离（位移）；γ 为衰减系数；ω_0 为电子的固有振动频率；e 为电子电荷。求解这个方程，可以得到电子在入射光作用下的位移：

$$r(t) = \frac{-e/m}{(\omega_0^2 - \omega^2) - i\gamma\omega} \widetilde{E} e^{-i\omega t}$$

则单位体积中的极化强度为

$$P(t) = -Ner(t) = \frac{Ne^2/m}{(\omega_0^2 - \omega^2) - i\gamma\omega} \widetilde{E} e^{-i\omega t}$$

由此可得描述介质极化特性的电极化率 χ 的表达式为

$$\chi = \frac{Ne^2}{\varepsilon_0 m} \cdot \frac{1}{(\omega_0^2 - \omega^2) - i\gamma\omega} = \chi' + i\chi''$$

复折射率为

$$\widetilde{n} = n + i\eta$$

式中

$$\begin{cases} n = 1 + \dfrac{Ne^2}{2\varepsilon_0 m} \dfrac{\omega_0^2 - \omega^2}{(\omega_0^2 - \omega^2)^2 + \gamma^2 \omega^2} \\[3mm] \eta = \dfrac{Ne^2}{2\varepsilon_0 m} \dfrac{\gamma\omega}{(\omega_0^2 - \omega^2)^2 + \gamma^2 \omega^2} \end{cases}$$

复折射率描述了介质对光传播特性的作用，其中，实部 n 是表征介质影响光传播相位特性的量，即通常所说的折射率；虚部 η 是表征介质影响光传播振幅特性的量，通常称为消光系数，通过它们即可描述光在介质中传播的吸收和散射特性。

2. 光的吸收

1）光吸收定律

（1）朗伯定律。光在均匀介质中传播时，遵从朗伯定律：

$$I = I_0 e^{-Kl}$$

式中，K 为吸收系数，它与消光系数的关系为

$$K = \frac{4\pi}{\lambda} \eta$$

l 为通过介质的厚度。

（2）比尔定律。光在浓度较小的液体中传播时，遵从比尔定律：

$$I = I_0 e^{-\alpha cl}$$

式中，溶液的吸收系数 K 与液体浓度 c 成正比，$K = \alpha c$。

2) 介质的吸收光谱

由上述理论分析可见，介质的吸收系数 K 是光波长(频率)的函数，在一定波长范围内，若吸收系数 K 很小，并且近似为常数，这种吸收叫一般性吸收；反之，如果吸收较大，且随波长有显著变化，称为选择性吸收。

介质的吸收系数 K 随光波长的变化关系曲线称为吸收光谱。介质不同，吸收光谱也不相同。

3. 光的色散

1) 正常色散与反常色散

根据光的电磁理论，光在介质中的传播速度均与波长有关，介质中的光速(或折射率)随光波波长变化的现象叫光的色散现象。光的色散效应在光电子技术应用中，特别是对于光信息传递和处理，影响极大。折射率 $n(\lambda)$ 随着波长增加(或光频率的减少)而减小的色散叫正常色散；随着波长增加(或光频率的减少)而增加的色散叫反常色散。正常色散的经验公式由科希色散公式给出：

$$n = A + \frac{B}{\lambda^2} + \frac{C}{\lambda^4}$$

式中，A、B 和 C 是由所研究的介质特性决定的常数。

2) 色散率 ν

色散率是用来表征介质色散程度，即量度介质折射率随波长变化程度的物理量，定义为

$$\nu = \frac{\mathrm{d}n}{\mathrm{d}\lambda}$$

当波长间隔不太大时，科希公式可只取前两项，色散率为

$$\nu = -\frac{2B}{\lambda^3}$$

4. 光的散射

光的散射是指光束通过不均匀介质时，所产生的偏离原来传播方向向四周散射的现象。

1) 瑞利散射

微粒线度比光波长小(不大于$(1/5\sim1/10)\lambda$)的浑浊介质的散射称为瑞利散射。瑞利散射的特点是：

(1) 散射光强度与入射光波长的四次方成反比，即

$$I(\theta) \propto \frac{1}{\lambda^4}$$

式中，$I(\theta)$ 为相应于某一观察方向(与入射光方向成 θ 角)的散射光强度。

(2) 散射光强度随观察方向变化。对于自然光入射，散射光强 $I(\theta)$ 与 $(1+\cos2\theta)$ 成正比。

(3) 散射光是偏振光，不论入射光是自然光还是偏振光都如此，该偏振光的偏振度与观察方向有关。

2) 米氏散射

散射粒子的尺寸接近或大于波长(即大粒子)时的散射称为米氏散射。这种散射的研究

目前还不很完善。

米氏散射的主要特点是：

(1) 散射光强与偏振特性随散射粒子的尺寸变化。

(2) 散射光强随波长的变化规律是与波长 λ 的较低幂次成反比，即

$$I(\theta) \propto \frac{1}{\lambda^n}$$

其中，$n = 1, 2, 3$。n 的具体取值取决于微粒尺寸。

(3) 散射光的偏振度随 r/λ 的增加而减小，这里 r 是散射粒子的线度，λ 是入射光波长。

(4) 当散射粒子的线度与光波长相近时，散射光强度对于光矢量振动平面的对称性被破坏，随着悬浮微粒线度的增大，沿入射光方向的散射光强将大于逆入射光方向的散射光强。

3) 分子散射

在纯净介质中，或因分子热运动引起密度起伏，或因分子各向异性引起分子取向起伏，或因溶液中浓度起伏引起介质光学性质非均匀，这时所产生光的散射称为分子散射。

4) 喇曼散射

喇曼散射是散射光的方向和波长相对于入射光均发生变化的一种散射。喇曼散射的特点是：

(1) 在每一条原始的入射光谱线旁边都伴有散射线，在原始光谱线的长波长方向的散射谱线称为红伴线或斯托克斯线，在短波长方向上相应的散射线称为紫伴线或反斯托克斯线，它们各自和原始光的频率差相同，只是反斯托克斯线相对斯托克斯线出现得少而弱。

(2) 这些频率差的数值与入射光波长无关，只与散射介质有关。

(3) 每种散射介质都有自己的一套频率差 $\Delta\nu_1 = \nu_0 - \nu_1'$，$\Delta\nu_2 = \nu_0 - \nu_2'$，$\Delta\nu_3 = \nu_0 - \nu_3'$，…，其中有些和红外吸收的频率相等，它们表征了散射介质的分子振动频率。

5) 退偏(振)度

介质散射光的偏振度将变差，用退偏度表征。退偏度定义为

$$\Delta = 1 - P$$

退偏度与分子的性质有关。可以通过测量退偏度来判断分子的各向异性程度及分子结构。上式中的偏振度为

$$P = \left| \frac{I_y - I_x}{I_y + I_x} \right|$$

6.3　典　型　例　题

例题 6-1　空气吸收系数为 $10^{-5}/\mathrm{cm}$，若光束通过 20 m 厚的空气与通过 1 cm 厚的介质吸收的光强相等，求该介质的吸收系数。

解：本题属于求解光的吸收问题，可以利用朗伯定律求解。

由朗伯定律可知

$$I_1 = I_0 e^{-K_1 l_1}, \quad I_2 = I_0 e^{-K_2 l_2}$$

将已知条件代入以上两式,可得

$$K_2 = \frac{K_1 l_1}{l_2} = \frac{10^{-5} \times 2000}{1} = 2 \times 10^{-2} \text{ cm}^{-1}$$

例题 6-2 人眼能觉察的光强是太阳到达地面光强的 $1/10^{18}$,若人在 20 m 深的海水里还能看见光亮,求海水的吸收系数。

解: 本题属于求解光的吸收问题,可以利用朗伯定律求解。

由朗伯定律 $I = I_0 e^{-Kl}$ 可得

$$K = -\frac{1}{l} \ln \frac{I}{I_0}$$

代入已知条件得

$$K = -\frac{1}{20} \times \ln \frac{1}{10^{18}} \approx 2.07 \text{ m}^{-1}$$

例题 6-3 玻璃相对于 400 nm 光波的折射率为 1.66,相对 600 nm 光波的折射率为 1.63,求相对 800 nm 光波的折射率和色散率。

解: 本题属于求解光的色散问题,可以利用科希色散公式求解。

由科希公式 $n = A + \dfrac{B}{\lambda_0^2}$ 可得

$$1.66 = A + \frac{B}{400^2}, \quad 1.63 = A + \frac{B}{600^2}$$

解得 $A \approx 1.61$,$B \approx 0.86 \times 10^4 \text{ nm}^2$,代入科希公式得

$$n = 1.61 + \frac{0.86 \times 10^4}{800^2} \approx 1.62$$

$$\frac{dn}{d\lambda} = -2B \frac{1}{\lambda_0^3} = -2 \times 0.86 \times 10^4 \times \frac{1}{800^3} \approx -3.36 \times 10^{-5} \text{ nm}^{-1}$$

例题 6-4 以波长为 770 nm 的红光和波长为 550 nm 的绿光为例计算说明,虽然人眼对波长为 550 nm 的黄绿光最敏感,但指示危险和停止的信号灯都采用红光的原因。

解: 本题属于光的散射问题,可利用瑞利散射定律来求解。

由瑞利散射光的强度与波长的四次方成反比的关系可知,两种波长的散射光强比为

$$\frac{I_1}{I_2} = \left(\frac{\lambda_2}{\lambda_1}\right)^4 = \left(\frac{550}{770}\right)^4 \approx 0.26$$

显然,红光的散射光强只是黄绿光散射光强的 0.26,从远处观察时,红光显得更明亮,容易看到,因此危险和停止的信号灯都采用红光。

6.4 习题选解

6-3 一个 60° 的棱镜由某种玻璃制成,其色散特性可用科希公式中的常数 $A = 1.416$,$B = 1.72 \times 10^{-10} \text{ cm}^2$ 来表示,棱镜的放置使它对 0.6 μm 波长的光产生最小偏向角,这个棱镜的角色散率(rad/μm)为多大?

解: 科希公式为

$$n = A + \frac{B}{\lambda^2} + \frac{C}{\lambda^4}$$

在考虑波长范围不大时，可以用前两项表示，即

$$n = A + \frac{B}{\lambda^2}$$

由此解得棱镜对 $0.6\ \mu m$ 波长光的折射率为

$$n = 1.416 + \frac{1.72 \times 10^{-14}}{0.36 \times 10^{-12}} \approx 1.464$$

对科希公式两边微分可得

$$\frac{\mathrm{d}n}{\mathrm{d}\lambda} = -\frac{2B}{\lambda^3} \tag{1}$$

根据第 7 章 7.8.5 节测量棱镜折射率的方法，棱镜顶角 α、最小偏向角 δ_m 和棱镜材料的折射率 n 有如下关系（教材第 376 页(7.8 - 6)式）：

$$n = \frac{\sin\frac{1}{2}(\alpha + \delta_m)}{\sin\frac{\alpha}{2}}$$

可以解得最小偏向角 $\delta_m = 34.1086°$，对公式两端微分可得

$$\frac{\mathrm{d}\delta_m}{\mathrm{d}n} = \frac{2\sin\frac{\alpha}{2}}{\cos\frac{1}{2}(\alpha + \delta_m)} \tag{2}$$

联立(1)、(2)方程，可得角色散率为

$$\frac{\mathrm{d}\delta_m}{\mathrm{d}\lambda} = -\frac{2\sin\frac{\alpha}{2}}{\cos\frac{1}{2}(\alpha + \delta_m)} \cdot \frac{2B}{\lambda^3} = -\frac{2\sin 30°}{\cos\dfrac{60° + 34.1086°}{2}} \times \frac{2 \times 1.72 \times 10^{-2}}{0.6^3}$$

$$\approx -0.234\ \mathrm{rad}/\mu m$$

6 - 4 光学玻璃对水银蓝光 $0.4358\ \mu m$ 和水银绿光 $0.5461\ \mu m$ 的折射率分别为 $n = 1.652\ 50$ 和 $1.624\ 50$。用科希公式计算：

(1) 此玻璃的 A 和 B；

(2) 它对钠黄光 $0.5890\ \mu m$ 的折射率；

(3) 在此黄光处的色散。

解：(1) 依题意有

$$\begin{cases} 1.652\ 50 = A + \dfrac{B}{(0.4358 \times 10^{-6})^2} \\ 1.624\ 50 = A + \dfrac{B}{(0.5461 \times 10^{-6})^2} \end{cases}$$

可解得

$$A \approx 1.575\ 40,\ B \approx 1.464\ 31 \times 10^{-14}\ \mathrm{m}^2$$

(2) 由公式 $n = A + \dfrac{B}{\lambda^2}$，可计算对钠黄光 $0.5890\ \mu m$ 的折射率为

$$n = 1.575\ 40 + \frac{1.464\ 31 \times 10^{-14}}{(0.5890 \times 10^{-6})^2} \approx 1.617\ 61$$

(3) 由公式 $\dfrac{\mathrm{d}n}{\mathrm{d}\lambda} = -\dfrac{2B}{\lambda^3}$，可计算得

$$\frac{\mathrm{d}n}{\mathrm{d}\lambda} = -\frac{2 \times 1.464\ 31 \times 10^{-14}}{(0.5890 \times 10^{-6})^3} \approx -1.4332 \times 10^5 \ \mathrm{m}^{-1}$$

6-6 同时考虑吸收和散射损耗时，透射光强表示式为 $I = I_0 \mathrm{e}^{-(K+h)l}$。若某介质的散射系数等于吸收系数的 $1/2$，光通过一定厚度的这种介质，只透过 20% 的光强。现若不考虑散射，其透过光强可增加多少？

解: 将公式 $I = I_0 \mathrm{e}^{-(K+h)l}$ 变化为相对光强形式：$\dfrac{I}{I_0} = \mathrm{e}^{-(K+h)l}$，依题意有

$$\mathrm{e}^{-1.5Kl} = 0.2$$

可得

$$\mathrm{e}^{-Kl} = 0.2^{\frac{1}{1.5}} \approx 0.3420$$

若只考虑吸收，不考虑散射，其透过光强可增加 $0.3420 - 0.2 = 0.1420$。

6-7 一长为 $35\ \mathrm{cm}$ 的玻璃管，由于管内细微烟粒的散射作用，使透过光强只为入射光强的 65%。待烟粒沉淀后，透过光强增加为入射光强的 88%。试求该管对光的散射系数和吸收系数(假设烟粒对光只有散射而无吸收)。

解: 由公式 $\dfrac{I}{I_0} = \mathrm{e}^{-(K+h)l}$，得方程组

$$\begin{cases} \mathrm{e}^{-(K+h) \times 0.35} = 0.65 \\ \mathrm{e}^{-K \times 0.35} = 0.88 \end{cases}$$

可解得吸收系数为

$$K \approx 0.365\ 24\ \mathrm{m}^{-1}$$

散射系数为

$$h \approx 0.865\ 57\ \mathrm{m}^{-1}$$

6-9 一束光通过液体，用尼科尔检偏器正对这束光进行观察。当偏振轴竖直时，光强达到最大值；当偏振轴水平时，光强为零。再从侧面观察散射光，当偏振轴为竖直和水平两个位置时，光强之比为 $20:1$，计算散射光的退偏程度。

解: 这个散射光的偏振度为

$$P = \frac{I_M - I_m}{I_M + I_m} = \frac{20 - 1}{20 + 1} \approx 0.904\ 76$$

其退偏程度为

$$\Delta = 1 - P \approx 0.095\ 24$$

6-10 苯(C_6H_6)的喇曼散射中较强的谱线与入射光的波数差为 607、992、1178、1568、3047、$3062\ \mathrm{cm}^{-1}$。今以氩离子激光 $\lambda = 0.4880\ \mu\mathrm{m}$ 为入射光，计算各斯托克斯及反斯托克斯线的波长。

解: 本题思路是按光谱学规定，波数为 $\dfrac{1}{\lambda}$，故应有

$$\nu_i = \nu_0 \pm \Delta\nu$$

即

$$\frac{1}{\lambda_1} = \frac{1}{\lambda_0} \mp \frac{1}{\lambda_0^2} \Delta\lambda$$

所以有

$$波数差 = \frac{1}{\lambda_0^2} \Delta\lambda = \left| \frac{1}{\lambda_i} - \frac{1}{\lambda_0} \right|$$

由此可以求出 λ_i。

入射光波长为 $\lambda_0 = 0.4880\ \mu m$，其波数

$$\frac{1}{\lambda_0} = \frac{1}{488 \times 10^{-7}} \approx 20\ 491.8\ cm^{-1}$$

近 $0.488\ \mu m$ 谱线两侧的斯托克斯谱线的波数 $1/\lambda_i'$ 为

$$\frac{1}{\lambda_i'} = \frac{1}{\lambda_0} - \frac{1}{\Delta\lambda_i} \qquad i = 1,\, 2,\, 3,\, \cdots$$

其中，$1/\Delta\lambda_i$ 是喇曼散射与入射光的波数差。据已知条件，近 $0.488\ \mu m$ 谱线两侧的喇曼散射与入射光的波数差分别为

$$\frac{1}{\Delta\lambda_1} = 607\ cm^{-1}, \quad \frac{1}{\Delta\lambda_2} = 992\ cm^{-1}, \quad \frac{1}{\Delta\lambda_3} = 1178\ cm^{-1}$$

$$\frac{1}{\Delta\lambda_4} = 1568\ cm^{-1}, \quad \frac{1}{\Delta\lambda_5} = 3047\ cm^{-1}, \quad \frac{1}{\Delta\lambda_6} = 3062\ cm^{-1}$$

所以，斯托克斯谱线的波长为

$$\lambda_1' = \frac{1}{\dfrac{1}{\lambda_0} - \dfrac{1}{\Delta\lambda_1}} \approx \frac{1}{20\ 491.8 - 607}\ cm \approx 502.90\ nm$$

$$\lambda_2' = \frac{1}{\dfrac{1}{\lambda_0} - \dfrac{1}{\Delta\lambda_2}} \approx \frac{1}{20\ 491.8 - 992}\ cm \approx 512.83\ nm$$

$$\lambda_3' = \frac{1}{\dfrac{1}{\lambda_0} - \dfrac{1}{\Delta\lambda_3}} \approx \frac{1}{20\ 491.8 - 1178}\ cm \approx 517.76\ nm$$

$$\lambda_4' = \frac{1}{\dfrac{1}{\lambda_0} - \dfrac{1}{\Delta\lambda_4}} \approx \frac{1}{20\ 491.8 - 1568}\ cm \approx 528.94\ nm$$

$$\lambda_5' = \frac{1}{\dfrac{1}{\lambda_0} - \dfrac{1}{\Delta\lambda_5}} \approx \frac{1}{20\ 491.8 - 3047}\ cm \approx 573.24\ nm$$

$$\lambda_6' = \frac{1}{\dfrac{1}{\lambda_0} - \dfrac{1}{\Delta\lambda_6}} \approx \frac{1}{20\ 491.8 - 3062}\ cm \approx 573.73\ nm$$

近 $0.488\ \mu m$ 谱线两侧的反斯托克斯波长的波数为 $1/\lambda_i''$，而

$$\lambda_i'' = \frac{1}{\dfrac{1}{\lambda_0} + \dfrac{1}{\Delta\lambda_i}} \qquad i = 1,\, 2,\, 3,\, \cdots$$

所以，反斯托克斯谱线的波长为

$$\lambda_1'' = \cfrac{1}{\cfrac{1}{\lambda_0} + \cfrac{1}{\Delta\lambda_1}} \approx \frac{1}{20\ 491.8 + 607}\ \text{cm} \approx 473.96\ \text{nm}$$

$$\lambda_2'' = \cfrac{1}{\cfrac{1}{\lambda_0} + \cfrac{1}{\Delta\lambda_2}} \approx \frac{1}{20\ 491.8 + 992}\ \text{cm} \approx 465.47\ \text{nm}$$

$$\lambda_3'' = \cfrac{1}{\cfrac{1}{\lambda_0} + \cfrac{1}{\Delta\lambda_3}} \approx \frac{1}{20\ 491.8 + 1178}\ \text{cm} \approx 461.47\ \text{nm}$$

$$\lambda_4'' = \cfrac{1}{\cfrac{1}{\lambda_0} + \cfrac{1}{\Delta\lambda_4}} \approx \frac{1}{20\ 491.8 + 1568}\ \text{cm} \approx 452.94\ \text{nm}$$

$$\lambda_5'' = \cfrac{1}{\cfrac{1}{\lambda_0} + \cfrac{1}{\Delta\lambda_5}} \approx \frac{1}{20\ 491.8 + 3047}\ \text{cm} \approx 424.83\ \text{nm}$$

$$\lambda_6'' = \cfrac{1}{\cfrac{1}{\lambda_0} + \cfrac{1}{\Delta\lambda_6}} \approx \frac{1}{20\ 491.8 + 3062}\ \text{cm} \approx 424.56\ \text{nm}$$

第 7 章　几何光学基础

7.1　基 本 要 求

1. 基本要求

(1) 掌握几何成像光学的理论基础和研究方法，包括关键的基本定律、概念；

(2) 掌握折射球面、球面反射镜、平面镜、透镜、折射平面、平板以及棱镜等基本光学元件的结构、成像关系、使用方法和物像关系的计算；

(3) 掌握共轴球面光学系统及其成像分析的一般方法；

(4) 了解光路计算在成像分析中的意义和作用，熟悉共轴球面光学系统子午面内光路计算的基本方法，并能完成简单光路的计算。

2. 重点、难点

(1) 重点：折射球面近轴区成像关系，球面镜和平面镜成像。

(2) 难点：符号法则，折射球面近轴区成像。

7.2　基本概念和公式

前面几章基于光的电磁场理论讨论了光波通过物理光学元件(介质)时，其物理性质(大小、偏振方向、相位和传播方向等)的变化规律，特别强调了光的波动特性。后面几章主要讨论光波通过常用的几何光学元件(例如透镜、球面镜、平板等)及其组合系统时，光波波面的变化和光学成像规律。原则上，几何光学元件及其组合系统对于光波传播的影响仍然可以利用光的电磁场理论直接讨论，但是这种处理方法往往比较复杂。实际上，在光的电磁场理论建立起来以前，已经形成了研究光波通过几何光学元件构成的成像系统的理论，即几何光学成像理论。几何光学成像理论通过引入"光线"的概念，不仅很好地给出了光波通过几何光学元件的传播规律，同时也是研究和分析几何成像光学系统中成像问题最为有效的方法。

几何光学成像理论在历史上是建立在实验定律基础之上的。但是光的电磁场理论建立以后，几何光学中基本的定律，例如光的反射和折射定律，可以由光的电磁场理论直接推导出来。进一步的研究认为，几何光学成像理论实际上是在介质(几何光学元件)的结构尺寸远大于光波波长时，忽略光的衍射效应条件下电磁场理论($\lambda \to 0$)的近似。这不仅给出了几何光学成像理论的适用条件，同时也表明几何光学成像理论的物理基础是光的电磁场理论。应该指出，几何光学是一种非常直观而简单的描述光波传播的方法，而基于光的电磁场理论的描述则能更深入理解和研究几何光学成像问题，例如光通过透镜既可以看做折射，也可以看做波形的变换；光学系统像差的分析，既可以从光线分析，也可以从波面分析；基于光的电磁场理论能容易理解光学系统的有限的分辨率等。

由上所述，本书应用光学部分内容基于几何光学理论进行讨论。本章首先介绍与光线传播有关的基本概念和基本定律，以及光学成像系统的一些基本概念，它们是成像光学的理论基础；然后通过光路分析方法研究基本几何光学元件的成像关系。

1. 符号法则

几何光学中引入了符号法则，通过规定线度量和角度量的符号，能够采用纯数学方法描述光学系统的结构，并且研究光线在几何光学元件中的传播问题和光学系统的成像问题，例如确定物像的位置关系、大小关系等。符号法则包括四个方面内容：

1）正方向的规定

依据光路可逆性，正方向可以任意规定。一般规定光的传播方向为正方向，习惯为从左向右。

2）线度量的规定

通常光学系统关于光轴旋转对称，所以几何光学的多数问题可以限制在通过光轴的一个截面即子午面上研究问题。在子午面上的线度量包括沿垂直于光轴方向的线度即横向线度和沿着光轴方向的线度即轴向线度。任一点相对光轴的横向线度的大小为该点到光轴的距离，横向线度的符号规定为：光轴以上点的线度为正，光轴以下点的线度为负；从参考点到另外一点的轴向线度的大小等于该点到参考点线段沿光轴方向的长度，它的符号规定为：从参考点到该点的方向，与正方向相同时轴向线度为正，与正方向相反时轴向线度为负。

3）角度量的规定

夹角是由两条直线形成的，几何光学用到的直线有光轴、光线和法线。任意两条直线形成的夹角角度规定为，按照图 7-1 选择起始直线，按照锐角方向旋转到另外一条直线，旋转方向为顺时针时，两直线的夹角为正，旋转方向为逆时针时，两直线的夹角为负。按照这个规定，角度的取值范围为($-\pi/2, \pi/2$]。

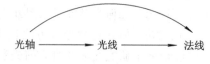

光轴 —————→ 光线 —————→ 法线

图 7-1　确定角度符号时起始轴线的选择

4）长度均为正值

在光路图形表示中，表示的是角度的大小和线度的长度，均应为正值。

应当强调指出，线度的规定不仅可以从数值上定量地确定光学系统的物像关系，同时也可以确定几何结构。例如，图 7-2 所示的折射球面，可以是左凸球面(a)，也可以是右凸球面(b)。当选择折射球面顶点 O 作为轴向线度的参考点，定义球面曲率中心相对参考点的线度为球面的曲率半径时，左凸球面的 $R>0$，右凸球面的 $R<0$。

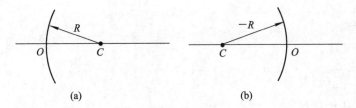

图 7-2　符号规则下球面半径正负的确定
(a) 左凸球面；(b) 右凸球面

根据规则(4)，图 7-2 中表示的是球面的曲率半径的大小，图(a)中表示的为 R，图(b)中表示的为 $-R$。于是，当给出球面曲率半径 R 时，由其正负可以判断球面凸的方向。类似地，透镜的结构可以由构成透镜的两个球面曲率半径的正负确定。

2. 几何光学基本定律

1) 光的直线传播定律

在各向同性的均匀介质中光线按直线传播。

2) 光的反射、折射定律

光从折射率为 n 的介质入射到折射率为 n' 的介质中，设入射角、反射角和折射角分别为 I、I'' 和 I'，它们的正负遵从前面几何光学的符号法则，则

(1) 入射光线和反射光线、折射光线分居法线两侧，并且它们和法线共面；

(2) $I=-I''$；

(3) $n \sin I=n' \sin I'$。

3) 费马原理

费马原理：光线沿光程为极值的路径传播，其数学表示为

$$\delta L = \delta \int_A^B n(s) \mathrm{d}s = 0$$

应当指出，由于上式中变量为路径的函数，因而光程为函数的函数，即为范函数，所以极值为变分形式。

4) 马吕斯定理

马吕斯定理：垂直于入射波面的入射光束，经过任意次的反射和折射后，其出射光束仍然垂直于出射波面，并且在入射波面和出射波面间所有光线的光程相等。

3. 单个折射球面子午面内光路计算公式

单个折射球面子午面内光路图及参数表示见图 7-3。

光路计算的基本思路是已知 L 和 U，求解 L' 和 U'，分为四步：

(1) 求入射角 I。

原理：正弦定理。

公式：$\sin I=\dfrac{L-r}{r} \sin U$

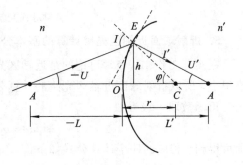

图 7-3　光线经单个球面折射

特例：当 $U=0$，即 $L \rightarrow \infty$ 时，确定入射光线的参数为入射光线距离光轴的线度 h，公式为 $\sin I = h/r$。

（2）求折射角 I'。

原理：折射定律。

公式：$\sin I' = \dfrac{n}{n'} \sin I$

（3）求像方孔径角 U'。

原理：三角形外角公式。

公式：$\varphi = I + U = I' + U'$，即 $U' = I + U - I'$

（4）求像方截距 L'。

原理：正弦定理。

公式：$L' = r + \dfrac{r \sin I'}{\sin U'}$

特例：当 $U'=0$，即 $L' \rightarrow \infty$ 时，确定出射光线的参数为出射光线距离光轴的线度 h'，公式为 $h' = r \sin I'$。

4. 共轴球面光学系统子午面内光路计算公式

共轴球面光学系统可以看作由多个球面组合而成，其光路计算由单个折射球面的光路计算公式结合转面公式求解。假设有 m 个球面，计算流程见图 7-4。

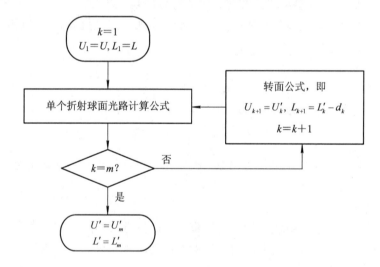

图 7-4　共轴球面光学系统子午面内光路计算流程

5. 折射球面近轴区光路计算的基本公式

在实际工作中，经常讨论的是近轴区光线的传播问题。由于折射球面近轴区光线的角度很小，所以折射球面近轴区光路的计算公式可以通过对折射球面子午面内光路计算公式的三角函数取一级近似：

$$\sin \alpha \approx \alpha, \qquad \cos \alpha \approx 1$$

即可得到。相应的四个计算公式如下：

$$i = \frac{l-r}{r}u$$

$$i' = \frac{n}{n'}i$$

$$u' = i + u - i'$$

$$l' = r + r\frac{i'}{u'}$$

进一步，由这四个公式可以得到折射球面的三个关键公式：

$$n\left(\frac{1}{r} - \frac{1}{l}\right) = n'\left(\frac{1}{r} - \frac{1}{l'}\right) = Q \leftarrow \text{阿贝不变量}$$

$$\frac{n'}{l'} - \frac{n}{l} = \frac{n'-n}{r} = \varphi \leftarrow \text{光焦度}$$

$$n'u' - nu = \frac{n'-n}{r}h$$

在近轴区折射球面成完善像，定义像位于光轴上无穷远的物点为折射球面的物方焦点；光轴上无穷远的物点所成的像点定义为折射球面的像方焦点。物方焦点和像方焦点相对于折射球面顶点的轴向线度分别称为折射球面物方和像方的焦距，表示为 f 和 f'，即

$$f = l\,|_{l' \to \infty} = -\frac{nr}{n'-n}$$

$$f' = l'\,|_{l \to \infty} = \frac{n'r}{n'-n}$$

用焦距表示的折射球面公式有高斯公式和牛顿公式，这些公式以及放大率公式见表 7-1。

表 7-1　折射球面成像的高斯公式、牛顿公式及放大率公式

成像公式	高斯公式	牛顿公式
	$\dfrac{f'}{l'} + \dfrac{f}{l} = 1$	$xx' = ff'$
垂轴放大率 $\beta = \dfrac{y'}{y}$	$\dfrac{nl'}{n'l}$	$-\dfrac{x'}{f'} = -\dfrac{f}{x}$
轴向放大率 $\alpha = \dfrac{\mathrm{d}l'}{\mathrm{d}l}$	$\dfrac{nl'^2}{n'l^2} = \dfrac{n'}{n}\beta^2$	$-\dfrac{x'}{x}$
角放大率 $\gamma = \dfrac{u'}{u}$	$\dfrac{l}{l'} = \dfrac{n}{n'\beta}$	$\dfrac{x}{f'} = \dfrac{f}{x'}$

6. 基本几何光学元件近轴区成像公式及特点

一般几何光学元件都是由均匀介质构成的，光通过一般几何光学元件进行传播等效为光通过不同介质进行传播，这时只有不同介质界面处光线的反射和折射能够改变光线的传播方向。故一般几何光学元件的成像，包括光学系统的成像，都可以看作光波经过一个或多个介质界面（通常为球面）的反射或折射。从数学形式上来看，在介质界面上光的反射规律可以看作折射规律的特殊形式。因此，基于单个折射球面的光路计算公式，可以研究一

般几何光学元件包括光学系统的光路、物的成像和成像质量分析,以及近轴区的光路计算和成像问题。同样,在研究单个折射球面成像时定义的成像参量,譬如焦点、焦距、光焦度、成像公式等,也可以推广到各个基本光学元件和成像光学系统。

1) 折射球面

利用折射球面近轴区光路计算公式,可以得到折射球面成像的基本公式:

焦距与结构参数的关系:

$$f = -\frac{n}{n'-n}r = -\frac{n}{\varphi}$$

$$f' = \frac{n'}{n'-n}r = \frac{n'}{\varphi}$$

成像关系:

$$\frac{n'}{l'} - \frac{n}{l} = \frac{n'-n}{r}$$

放大率:见表 7-1。

2) 反射球面

在折射球面的计算公式中作变换 $n' \to -n$,可以得到反射球面成像的基本公式。

焦距与结构参数的关系:

$$f = f' = \frac{r}{2}$$

成像关系:

$$\frac{1}{l'} + \frac{1}{l} = \frac{2}{r}$$

放大率:

$$\beta = -\frac{l'}{l}, \quad \alpha = -\frac{l'^2}{l^2}, \quad \gamma = \frac{l}{l'}$$

3) 薄透镜

在折射球面的计算公式中令 $n' = n$,可以得到薄透镜成像的基本公式:

焦距与结构参数的关系:

$$f' = -f = \frac{n}{n_0 - n}\left(\frac{1}{r_1} - \frac{1}{r_2}\right)^{-1}$$

其中 n_0 为透镜材料折射率,n 为透镜外介质的折射率;

成像关系:

$$\frac{1}{l'} - \frac{1}{l} = \frac{1}{f'}$$

放大率:

$$\beta = \frac{l'}{l}, \quad \alpha = \frac{l'^2}{l^2}, \quad \gamma = \frac{l}{l'}$$

薄透镜成像的三组重要成像位置:

当 $l = -3f'$ 时,

$$l' = 1.5f', \quad \beta = -0.5$$

当 $l=-2f'$ 时，

$$l'=2f', \quad \beta=-1$$

当 $l=-1.5f'$ 时，

$$l'=3f', \quad \beta=-2$$

4) 平面镜

在反射球面计算公式中令 $r\to\infty$，可以得到平面镜成像的基本公式：

物像关系：

$$l'=-l$$

成像特点：成镜像；

放大率：

$$\beta=1, \quad \alpha=-1, \quad \gamma=-1$$

5) 折射平面

在折射球面计算公式中作变换 $r\to\infty$，可以得到折射平面成像的基本公式：

光路计算公式：

$$\Delta L = L'-L = L\left(\frac{\sqrt{n'^2-n^2\sin^2U}}{n\cos U}-1\right)$$

成像关系：

$$l'=\frac{n'}{n}l, \quad \Delta l = l'-l = l\left(\frac{n'}{n}-1\right)$$

放大率：

$$\beta=1, \quad \alpha=\frac{n'}{n}, \quad \gamma=\frac{n}{n'}$$

6) 平板

光路计算公式：

$$\Delta L = d\left(1-\frac{n\cos U}{\sqrt{n_0^2-n^2\sin^2U}}\right)$$

成像关系：像相对物移动的线度为

$$\Delta l = d\left(1-\frac{n}{n_0}\right)$$

放大率：

$$\beta=\alpha=\gamma=1$$

7) 反射棱镜

简单的反射棱镜可以对各个反射面，采取平面镜光路展开的办法，最终可以得到一个等效平板，进而在等效平板光路中研究其近轴区成像。

多个棱镜构成的系统，如果各个棱镜的主截面相互平行，称该棱镜系统为单一主截面棱镜系统。一般的棱镜系统可以看做由多个单一主截面棱镜系统构成。棱镜可以改变光轴的方向，当光学系统中存在棱镜系统时，系统的光轴将变为折线，这时了解像空间正方向对于像的分析非常重要。对于单一主截面棱镜系统成像方向的判定方法，可以分为四步，以一次等腰直角屋脊棱镜为例：

(1) 在棱镜系统物空间按照右手系建立坐标系，$O-xyz$，如图 7-5 所示，Oz 沿物空间光轴方向，Oy 沿棱镜棱线方向（垂直于主截面），物空间直角坐标系在棱镜像空间成像后坐标系为 $O'-x'y'z'$；

（2）按照反射和折射定律确定棱镜系统像空间的光轴，即 $O'z'$ 方向；

（3）当棱镜系统存在偶数个屋脊面时，$O'y'$ 轴与 Oy 轴平行；当存在奇数个屋脊面时，$O'y'$ 轴与 Oy 轴反向。在图 7-5 中，有一个屋脊面，所以 $O'y'$ 轴与 Oy 轴反向。

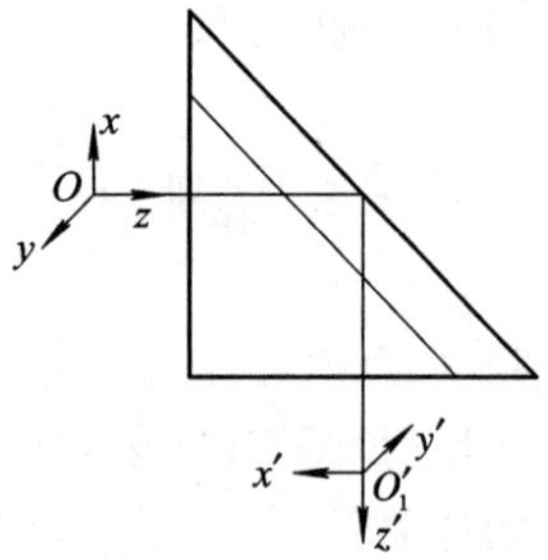

（4）当棱镜系统存在偶数个反射面（一个屋脊面算两个反射面），则系统成一致像，所以 $O'-x'y'z'$ 为右手系，

图 7-5　等腰直角屋脊棱镜系统

按照右手系确定坐标轴 $O'x'$；当棱镜系统存在奇数个反射面，则系统成非一致像，所以 $O'-x'y'z'$ 为左手系，按照左手系确定坐标轴 $O'x'$。在图 7-5 中，有两个反射面，所以 $O'-x'y'z'$ 为右手系。

7.3　典型例题

例 7-1　有一个放置在空气中的透镜由折射率为 1.5163 的材料构成，它的结构参数为 $r_1=-10$ mm，$r_2=50$ mm，$d=4$ mm，试求 $L=-100$ mm，$U=-2°$ 的光路。

解：该题为共轴球面光学系统子午面内光路计算问题。透镜有两个折射球面，所以要将折射球面光路计算公式依次应用到两个折射球面上。首先由题意已知入射光线的参数，即物方截距和物方孔径角，可以在第一个面上应用折射球面的光路计算公式求得第一个折射球面的出射光线参数；然后根据两个球面间的转面公式，可以得到第二个折射球面入射光线的参数；最后在第二个折射球面上应用光路计算公式，就可以得到最终出射光线的参数。假如两个球面的相关的光路计算参数依次用下标 1 和 2 表示，则题意已知 $L_1=-100$ mm，$U_1=-2°$，$n_1=1.0$，$n_1'=1.5163$，$r_1=-10$ mm，$n_2=1.5163$，$n_2'=1.0$，$r_2=50$ mm，$d_1=4$ mm，该题既可以采用列表法求解，也可以直接采用折射球面光路计算公式计算。

解法一　直接采用折射球面光路计算公式计算。首先计算经过第一个球面的光路。由计算公式，有

$$\sin I_1 = \frac{L_1 - r_1}{r_1} \sin U_1 = \frac{-100+10}{-10} \sin(-2°) \approx -0.314\ 095$$

$$\sin I_1' = \frac{n_1}{n_1'} \sin I_1 \approx \frac{1.0}{1.5163} \times (-0.314\ 095) \approx -0.207\ 146$$

$$U_1' = I_1 + U_1 - I_1' \approx \arcsin(-0.314\ 095) + U_1 - \arcsin(-0.207\ 146)$$

$$\approx -18.306\ 217° - 2° + 11.955\ 152° = -8.351\ 065°$$

$$L_1' = r_1 + r_1 \frac{\sin I_1'}{\sin U_1'} \approx -10 + 10 \times \frac{0.207\ 146}{-0.145\ 238} \approx -24.262\ 515 \text{ mm}$$

由转面公式有

$$U_2 = U_1' \approx -8.351\ 065°, \quad L_2 = L_1' - d_1 \approx -24.262\ 515 - 4 = -28.262\ 515 \text{ mm}$$

然后计算经过第二个球面的光路，即

$$\sin I_2 = \frac{L_2 - r_2}{r_2}\sin U_2 \approx \frac{-28.262\,515 - 50}{50} \times (-0.145\,238) \approx 0.227\,334$$

$$\sin I_2' = \frac{n_2}{n_2'}\sin I_2 \approx \frac{1.5163}{1.0} \times 0.227\,334 \approx 0.344\,706$$

$$U_2' = I_2 + U_2 - I_2' \approx \arcsin 0.227\,334 + U_2 - \arcsin 0.344\,706$$

$$\approx 13.140\,158° - 8.351\,065° - 20.163\,874° = -15.374\,781°$$

$$\sin U_2' \approx -0.265\,132$$

$$L_2' = r_2 + r_2\frac{\sin I_2'}{\sin U_2'} \approx 50 + 50 \times \frac{0.344\,706}{-0.265\,132} \approx -15.006\,487 \text{ mm}$$

所以相对于透镜的后顶点，出射光线参数为

$$U' = -15.374\,781°, \qquad L' = -15.006\,487 \text{ mm}$$

解法二 列表法。透镜光路列表计算如表 7 - 2 所示。

表 7 - 2 透镜光路列表计算

参数或函数		i	
		1	2
	n_i	1.0	1.5163
	n_i'	1.5163	1.0
	r_i	-10	50
	d_i	4	—
	U_i	$-2°$	$-8.351\,07°$
	L_i	-100	-28.2625
$-$	r_i	-10	50
	$L_i - r_i$	-90	-78.2625
$\times$	$\sin U_i$	$-0.034\,899$	$-0.145\,238$
$\div$	r_i	-10	50
	$\sin I_i$	$-0.314\,095$	$0.227\,334$
$\times$	n_i	1.0	1.5163
$\div$	n_i'	1.5163	1.0
	$\sin I_i'$	$-0.207\,146$	$0.344\,706$
$\times$	r_i	-10	50
$\div$	$\sin U_i'$	$-0.145\,238$	$-0.265\,132$
$+$	r_i	-10	50
	L_i'	-24.2625	-15.0065
$-$	d_i	4	
	L_{i+1}	-28.2625	
	U_i	$-2°$	$-8.351\,07°$
$+$	I_i	$-18.3062°$	$13.1402°$
$-$	I_i'	$-11.9552°$	$20.1639°$
	U_i'	$-8.351\,07°$	-15.3748

例题 7-2　一个直径为 100 mm 的玻璃球，折射率为 1.5，观察球内的两个气泡，看到其横向直径均为 3 mm，一个正好在球心，另一个在球的表面与球心的正中间，试求这两个气泡的实际横向直径和位置。

解：该题为折射球面的近轴区成像问题，问题的关键在于确定折射球面成像的具体参数。气泡为成像物体，由它出射的光线在玻璃球中传播到与空气的界面处发生折射而成像，所以物空间的折射率 $n=1.5$，像空间为空气，即 $n'=1.0$，则球面的光焦度 $\varphi=10D$。

设两个气泡的实际位置为 l_1 和 l_2，如例题 7-2 解图所示，看到的是气泡经过折射球面成的像，由题意 $l_1'=-50$ mm，$l_2'=-25$ mm，所以是已知像求解物。

由折射球面近轴区成像公式 $\dfrac{n'}{l'}-\dfrac{n}{l}=\dfrac{n'-n}{r}$ 可得

$$l_1=-50 \text{ mm}, \quad l_2=-30 \text{ mm}$$

即一个位于球心位置，一个位于球内距离球表面 30 mm 处。

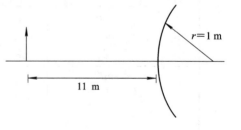

例题 7-2 解图

再由横向放大率公式 $\beta=\dfrac{nl'}{n'l}$，可得

$$\beta_1=1.5, \quad \beta_2=1.25$$

又 $\beta=\dfrac{y'}{y}$，$2y'=3$ mm，所以

$$2y_1=2 \text{ mm}, \quad 2y_2=2.4 \text{ mm}$$

即位于球心的气泡的实际横向直径为 2 mm，位于球内距离球表面 30 mm 处的气泡的横向直径为 2.4 mm。

例题 7-3　在马路的十字路口有一个凸球面反射镜 $r=1.0$ m，有一人身高 1.6 m，在凸球面反射镜前 11 m 处，试求这个人经过此凸球面反射镜后所成像的大小和正倒。

解：该题为单个反射球面镜成像，问题的关键是能够根据题意给出光学系统的结构和物的相对位置。根据题意，成像关系见例题 7-3 解图，并且有

$$r=1 \text{ m}, l=-11 \text{ m}$$

由球面镜成像公式 $\dfrac{1}{l'}+\dfrac{1}{l}=\dfrac{2}{r}$，可得

$$l'=\frac{11}{23} \text{ m}$$

例题 7-3 解图

由垂轴放大率公式 $\beta=-\dfrac{l'}{l}$，可得

$$\beta=\frac{1}{23}$$

因此成正立的虚像，像的大小为

$$y'=\beta y=\frac{1.6}{23}\approx 0.0696 \text{ m}$$

例题 7 - 4　实物与屏间的距离为 L，在中间某一位置放置一个透镜，可使实物的像清晰地投于屏上。将透镜移动距离 d 之后，屏上又出现一个清晰的像。

（1）试计算两次像的大小的比值；

（2）证明透镜的焦距为 $\dfrac{L^2 - d^2}{4L}$。

解： 这是薄透镜的成像问题。透镜在物像共轭距不变的条件下，两次成像，关键是清楚两次成像过程之间的关系。当第一次成像时，物距和像距的大小不相等时，由光路可逆性，当将物距大小调整到第一次成像的像距大小时，显然能够再次成像，可见两次成像的物距和像距大小正好互换。

（1）设第一次成像时物距和像距分别为 l 和 l'，其中 $l < 0$，$l' > 0$，假设 $l' > -l$，则第二次成像的物距和像距分别为 $-l'$ 和 $-l$。根据题意，则

$$l' - l = L, \qquad l' + l = d$$

所以

$$l' = \frac{L + d}{2}, \qquad l = \frac{d - L}{2}$$

由薄透镜垂轴放大率公式 $\beta = \dfrac{l'}{l}$，可得第一次成像的垂轴放大率为

$$\beta_1 = \frac{L + d}{L - d}$$

由于两次成像的垂轴放大率互为倒数，从而两次像大小比值为 $\left(\dfrac{L + d}{L - d}\right)^2$。

（2）由薄透镜成像公式 $\dfrac{1}{l'} - \dfrac{1}{l} = \dfrac{1}{f'}$，可得

$$f' = \frac{ll'}{l - l'} = \frac{L^2 - d^2}{4L}$$

例题 7 - 5　如例题 7-5 图所示，一激光管发出的光束扩散角为 $7'$，经等腰直角反射棱镜（$n' = 1.5163$）转折，问在斜面上是否需要再镀增加反射率的金属膜？

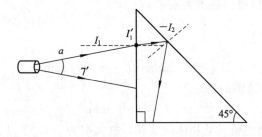

例题 7-5 图

解： 为在反射棱镜的反射面上获得比较高的反射率，当入射光束中各光线在反射面上的入射角均大于界面处发生全反射的临界角时，不需要镀金属膜；如果有光线在反射面上的入射角小于界面的临界角，就需要在反射面上镀金属膜。题中激光管中心光线垂直入射在棱镜的入射面上，在反射面上的入射角为 $45°$；在中心光线以下的光线斜入射在棱镜的入射面上，在反射面上的入射角均大于 $45°$；在中心光线以上的光线传播到反射面上时，入射角均小于 $45°$，其中上边缘的光线，即图中 a 光线，在反射棱镜的反射面上的入射角大小

最小,显然,如果该入射角大于棱镜反射面上的全反射的临界角,则不需要镀金属膜,否则需要镀金属膜。

设激光管上边缘光线在棱镜的入射面上的入射角和折射角分别为 I_1 和 I_1',在反射面上的入射角为 I_2,由题意,$I_1=3.5'$,由折射定律可得

$$\sin I_1' = \frac{\sin 3.5'}{n'} \approx 0.000\ 671\ 442$$

解得

$$I_1' \approx 0.038\ 47°$$

由角度之间的关系有 $I_1'+(-I_2)=45°$,因此

$$I_2 = I_1' - 45° \approx -44.961\ 53°$$

又在反射面上全反射,得临界角为

$$\theta_C = \arcsin\frac{1}{n} = \arcsin\frac{1}{1.5163} \approx 41.261\ 75°$$

因为 $|I_2|>\theta_C$,所以光线在界面上均将发生全反射,不需要再镀增加反射率的金属膜。

例题 7-6 要使一个薄透镜成像时,共轭距(物像间的距离)为 250 mm,垂轴放大率 $\beta=-4$,当物体分别为实物和虚物时,薄透镜的焦距各为多少?

解:该题关键是清楚实物和虚物的概念以及在成像公式中的表示。设物距和像距分别为 l 和 l',对于实物成像,由 $\beta=-4<0$,可知这时实物应该成实像,物距和像距的正负为 $l<0$,$l'>0$,由题意可以得到如下关系:

$$l'+(-l)=250\text{ mm}, \quad l'=-4l$$

求解可得

$$l=-50\text{ mm}, \quad l'=200\text{ mm}$$

由薄透镜成像公式 $\frac{1}{l'}-\frac{1}{l}=\frac{1}{f'}$,可得透镜的焦距为

$$f'=40\text{ mm}$$

当物体为虚物时,由 $\beta=-4<0$,可知这时虚物应该成虚像,物距和像距的正负为 $l>0$,$l'<0$,由题意可以得到如下关系:

$$l+(-l')=250\text{ mm}, \quad l'=-4l$$

求解可得

$$l=50\text{ mm}, \quad l'=-200\text{ mm}$$

由薄透镜成像公式可得透镜的焦距为

$$f'=-40\text{ mm}$$

例题 7-7 一个薄透镜对某物体成实像,放大率为 -1,今以另一个薄透镜紧贴在第一透镜上,则发现像向透镜方向移动了 20 mm,放大率为原来的 3/4,求两块透镜的焦距。

解:该题是由两个薄透镜构成的成像系统,已知两个薄透镜的成像关系来确定两个透镜的焦距。设物体经过两个透镜逐次成像的物距和像距依次表示为 l_1、l_1'、l_2 和 l_2',由于两个薄透镜紧贴,所以

$$l_2 = l_1'$$

由第二个透镜成像后,第一个透镜的像向透镜移动了 20 mm,所以

$$l_1' - l_2' = 20\text{ mm}$$

由组合系统放大倍率关系 $\beta = \beta_1 \beta_2$，可得

$$\beta_1 = -1, \quad \beta_2 = \frac{3}{4}$$

由薄透镜放大率公式 $\beta = l'/l$，可得

$$l_1' = -l_1, \quad l_2' = \frac{3l_2}{4}$$

由以上 l_1、l_1'、l_2 和 l_2' 的关系可以得到：

$$l_1 = -80 \text{ mm}, \quad l_1' = l_2 = 80 \text{ mm}, \quad l_2' = 60 \text{ mm}$$

由薄透镜成像公式可得

$$f_1' = 40 \text{ mm}, \quad f_2' = 240 \text{ mm}$$

例题 7-8　如例题 7-8 图所示，一个焦距为 20 cm 的薄透镜位于一次反射等腰直角棱镜前 30 cm 处，棱镜的折射率为 1.5，直角边长为 12 cm。如果在薄透镜前 30 cm 处有一个高为 1 cm 的物体，试求物体经过由透镜和棱镜构成系统成像的位置和像的大小，并在图中画出像。

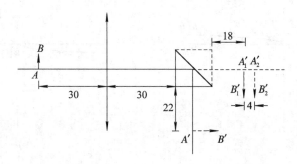

例题 7-8 图

解：棱镜有两个折射平面和一个反射平面参与成像，如果采用逐次成像法，可将系统看做四个基本光学元件构成。由于棱镜的存在，改变了光轴的方向，使问题求解比较麻烦。该题可以采用棱镜展开法求解。首先将棱镜按照像空间展开成如例题 7-8 图所示的平板，这时光轴变为直线，成像系统可以看做是由薄透镜和平板构成的。

由题意，薄透镜成像时，$l_1 = -30$ cm，$f_1' = 20$ cm，由成像公式 $\dfrac{1}{l'} - \dfrac{1}{l} = \dfrac{1}{f'}$，可得

$$l_1' = 60 \text{ cm}, \quad \beta_1 = -2$$

即图中 $A_1' B_1'$。

平板成像时像沿光轴相对物体移动了一段距离，由平板近轴区成像公式 $\Delta l = d \left(1 - \dfrac{n}{n_0} \right)$，可得

$$\Delta l_2' = 12 \times \left(1 - \frac{1}{1.5} \right) = 4 \text{ cm}, \quad \beta_2 = 1$$

即图中 $A_2' B_2'$。

$A_2' B_2'$ 并不是实际透镜和棱镜系统成的像，而是实际像关于棱镜反射平面的镜像，所以作 $A_2' B_2'$ 关于棱镜反射平面的镜像，即为物体的实际像 $A'B'$，见例题 7-8 图，这时在棱镜底面下 22 cm 处。

系统的垂轴放大率为

$$\beta = \beta_1 \beta_2 = 1 \times (-2) = -2$$

所以像高为

$$y' = y\beta = 1 \times (-2) = -2 \text{ cm}$$

例题 7 - 9 试分析透镜和球面反射镜成像时物像的变化关系。

解：单个薄透镜和球面反射镜作为几何光学基本的光学元件，了解它们的物像间的位置关系和成像特点，对进行光学系统分析和设计有重要的帮助。它们成像的物像位置函数关系通过图形更为直观。记透镜及球面反射镜的像方焦距的大小为 f_0，例题 7 - 9 解图分别给出了正薄透镜、负薄透镜、凹球面反射镜和凸球面反射镜系统中相对物距(l/f_0)和相对像距(l'/f_0)的变化关系。

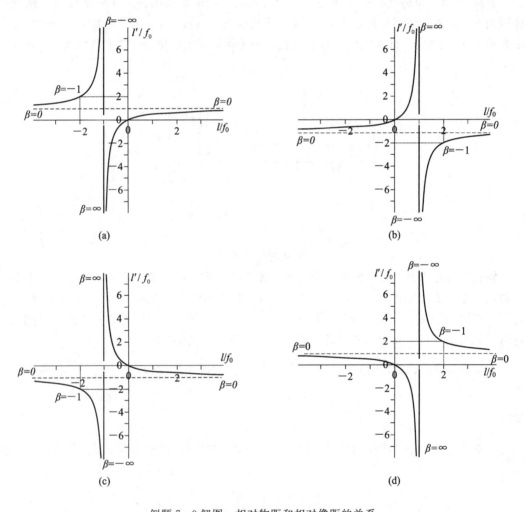

例题 7 - 9 解图　相对物距和相对像距的关系
(a) 焦距 $f' = f_0$，为正透镜；(b) 焦距 $f' = -f_0$，为负透镜；
(c) 焦距 $f' = -f_0$，为凹球面反射镜；(d) 焦距 $f' = f_0$，为凸球面反射镜

当物面穿越整个空间时，像面也穿越整个空间。对于透镜图例题 7 - 9 解图(a)和(b)，当物面沿光轴从负无穷远移动到正无穷远时，像面从像方焦点出发，先向右移动到

正无穷远，然后跃变到负无穷远，继续向右移动，从左侧回到像方焦点。而对于球面反射镜图例题 7-9 解图(c)和(d)，当物面沿光轴从负无穷远移动到正无穷远时，像面从像方焦点出发，先向左移动到负无穷远，然后跃变到正无穷远，继续向左移动，从右侧回到像方焦点。

　　曲线的斜率正好为轴向放大率，对于透镜其总是大于零，对于球面反射镜其总是小于零。因此，透镜中物面和像面的移动方向总是相同的，正如上面，当物面沿光轴从左向右移动时，像面也自左向右移动；而对于球面反射镜，物面和像面的移动方向总是相反的。

　　例题 7-9 解图中也标出了垂直放大率的变换关系。从图可见，四种光学元件成像时，垂直放大率可以取任一实数。当物面沿光轴从负无穷远移动到正无穷远时，垂直放大率都从 0 开始，遍及所有实数，又回到 0。对于正薄透镜图例题 7-9 解图(a)和凹球面反射镜例题 7-9 解图(c)，垂直放大率从 0 开始，连续减小到负无穷大后，跃变为正无穷大，然后继续连续减小到 0；而对于负薄透镜图例题 7-9 解图(b)和凸球面反射镜图例题 7-9 解图(d)，垂直放大率从 0 开始，连续增大到正无穷大后，跃变为负无穷大，然后继续连续增大到 0。

　　虽然四种光学元件成像时垂直放大率可以取任一值，但是使用和功能上互补。譬如要成倒立的像，即垂直放大率小于 0，对于正的薄透镜图例题 7-9 解图(a)和凹球面反射镜图例题 7-9 解图(c)，只能是实物成实像；要使虚物成虚像，必须采用负的薄透镜图例题 7-9 解图(b)和凸球面反射镜图例题 7-9 解图(d)。成正立的像时，对于正的薄透镜图例题 7-9 解图(a)和凹球面反射镜图例题 7-9 解图(c)，实物成放大的虚像(正薄透镜可以用作放大镜，凹球面反射镜可以作为汽车的后视镜放大汽车后面的物体)，虚物成缩小的实像，而对于负的薄透镜图例题 7-9 解图(b)和凸球面反射镜图例题 7-9 解图(d)，实物成缩小的虚像(凸球面反射镜可以作为汽车的后视镜，增加视场)，虚物成放大的实像。

7.4　习 题 选 解

　　7-1　有一玻璃球，折射率为 $\sqrt{3}$，今有一光线射到球面上，入射角为 $60°$，求反射光线和折射光线间的夹角。如果入射点处球面的切面和水平面的夹角为 $30°$，试确定入射光线、反射光线和折射光线的方向。

　　解：由折射定律和反射定律有：

$$\theta_r = 60°, \quad \sqrt{3}\ \sin\theta_t = \sin60° = \frac{\sqrt{3}}{2}$$

得 $\theta_t = 30°$，所以反射光线和折射光线的夹角为

$$180° - (\theta_t + \theta_r) = 90°$$

如果在子午面内建立如题 7-1 解图所示坐标系，界面的法向单位矢量为

$$\boldsymbol{n}^0 = -\frac{\sqrt{3}}{2}\boldsymbol{e}_x + \frac{1}{2}\boldsymbol{e}_z$$

根据题意，入射光线矢量为 $\boldsymbol{A}_i = \boldsymbol{e}_z$，根据折射定律和反射定律的矢量确定折射和反射

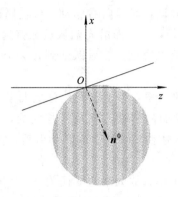

题 7 - 1 解图

光线的方向。这时折射和反射偏向常数为

$$F_t = \sqrt{(n')^2 - n^2 + (\boldsymbol{A}_i \cdot \boldsymbol{n}^0)^2} - \boldsymbol{A}_i \cdot \boldsymbol{n}^0 = 1$$
$$F_r = -2\boldsymbol{A}_i \cdot \boldsymbol{n}^0 = -1$$

则折射光线矢量为

$$\boldsymbol{A}_t = \boldsymbol{A}_i + F_t \boldsymbol{n}^0 = \sqrt{3}\left(-\frac{1}{2}\boldsymbol{e}_x + \frac{\sqrt{3}}{2}\boldsymbol{e}_z\right)$$

反射光线矢量为

$$\boldsymbol{A}_r = \boldsymbol{A}_i + F_r \boldsymbol{n}^0 = \frac{\sqrt{3}}{2}\boldsymbol{e}_x + \frac{1}{2}\boldsymbol{e}_z$$

所以折射光线和反射光线的方向矢量分别为

$$\boldsymbol{A}_t^0 = -\frac{1}{2}\boldsymbol{e}_x + \frac{\sqrt{3}}{2}\boldsymbol{e}_z, \quad \boldsymbol{A}_r^0 = \frac{\sqrt{3}}{2}\boldsymbol{e}_x + \frac{1}{2}\boldsymbol{e}_z$$

7 - 2　水槽有水 20 cm 深，槽底有一个点光源，水的折射率为 1.33，水面上浮一不透明的纸片，使人从水面上任意角度都看不到光，则这一纸片最小面积是多少?

解: 如题 7 - 2 解图所示，在水面上，距离光源正上方 O 点越远，从光源到达该点的光线在水面上折射时的入射角越大;当入射角大于界面上全反射的临界角时，光线将不能够传播到空气中，所以这时能够传播到空气中的界面为一圆面，其边缘和光源形成一个直圆锥，圆锥的锥角正好为全反射的临界角，纸片的最小面积应该等于该圆的面积。所以有 $S = \pi r^2 = \pi(h \tan\theta_C)^2$。又

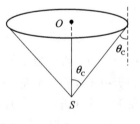

题 7 - 2 解图

$$1.33 \sin\theta_C = \sin 90° = 1$$

即

$$\tan\theta_C = \frac{1}{\sqrt{1.33^2 - 1}}$$

所以

$$S = \pi r^2 = \frac{400\pi}{1.33^2 - 1} \approx 1634.3 \text{ cm}^2$$

7 - 5　简化眼把人眼的成像归结为只有一个曲率半径为 5.7 mm，介质折射率为 1.333 的单球面折射，求这种简化眼的焦点位置和光焦度。

解：眼球是将眼睛外的物体成像在视网膜上，所以物空间折射率 $n=1.0$，像空间折射率 $n'=1.333$，$r=5.7$ mm，由折射球面的焦距和光焦度公式有

$$\varphi = \frac{n'-n}{r} \approx 58.4D$$

$$f = -\frac{n}{\varphi} \approx -17.12 \text{ mm}$$

$$f' = \frac{n'}{\varphi} \approx 22.83 \text{ mm}$$

7-7　有一玻璃球，折射率为 $n=1.5$，半径为 R，放在空气中。

（1）物在无穷远时，经过球成像在何处？

（2）物在球前 $2R$ 处时像在何处？像的大小如何？

解：将玻璃球成像看做两个折射球面的成像，采用逐次成像法。这时两个成像的折射球面的参数为 $n_1=1.0$，$n_1'=1.5$，$r_1=R$，$n_2=1.5$，$n_2'=1.0$，$r_2=-R$，由折射球面的成像公式可得

（1）当 $l_1=\infty$ 时：

$$l_1' = 3R, \quad l_2 = l_1' - 2R = R, \quad l_2' = \frac{R}{2}$$

即像位于玻璃球后顶点以后的 $R/2$ 处。

（2）当物在球前 $2R$ 处，即 $l_1=-2R$ 时，

$$l_1' = \infty, \quad l_2 = \infty, \quad l_2' = 2R, \quad \beta = \beta_1\beta_2 = -1$$

这时成一个倒立的等大的像，像位于玻璃球后顶点以后的 $2R$ 处。

7-9　一球面镜对其前面 200 mm 处的物体成一缩小 $1/2$ 的虚像，求该球面镜的曲率半径。

解：由于成像过程为实物成缩小 $1/2$ 的虚像，所以 $\beta=1/2$，由题意 $l=-200$ mm，结合 $\beta=-\dfrac{l'}{l}=\dfrac{1}{2}$，可得

$$l' = 100 \text{ mm}$$

由球面镜成像公式 $\dfrac{1}{l'}+\dfrac{1}{l}=\dfrac{2}{r}$，可得球面的曲率半径为

$$r = 400 \text{ mm}$$

7-10　有一个放映机，使用一个凹面反光镜进行聚光照明，光源经过反光镜反射以后成像在投影物平面上。光源长 10 mm，投影物高为 40 mm，要求光源像等于投影物高，并且反光镜离投影物平面距离为 600 mm，求该反光镜的曲率半径。

解：该题为单个反射球面的成像问题。根据题意，像距 $l'=-600$ mm，物高 $y=10$ mm，由于是实物成实像，像高 $y'=-40$ mm，所以垂轴放大率为 $\beta=-4$。

根据垂直放大率公式 $\beta=-\dfrac{l'}{l}$ 可得

$$l = -150 \text{ mm}$$

根据折射球面成像公式

$$\frac{1}{l'} + \frac{1}{l} = \frac{2}{r}$$

可得

$$r = -240 \text{ mm}$$

7-13 身高为 1.8 m 的人站在照相机前 3.6 m 处拍照,若拟拍成 100 mm 高的像,照相机镜头的焦距为多少?

解: 照相机成像可以看做单个薄透镜成像,由题意有

$$l = -3.6 \text{ m}, \qquad \beta = \frac{l'}{l} = -\frac{1}{18}$$

求解可得

$$l' = 0.2 \text{ m}$$

由薄透镜成像公式有

$$f' = \frac{ll'}{l - l'} \approx 0.19 \text{ m}$$

7-14 单透镜成像时,若共轭距为 250 mm,求下列情况下透镜的焦距:

(1) 实物成像,$\beta = -4$;

(2) 实物成像,$\beta = -1/4$;

(3) 虚物成像,$\beta = -4$。

解: 由题意

(1) $\beta = \dfrac{l'}{l} = -4$,$l' - l = 250$ mm,得

$$l = -50 \text{ mm}, \quad l' = 200 \text{ mm}$$

透镜焦距为

$$f' = 40 \text{ mm}$$

(2) $\beta = \dfrac{l'}{l} = -\dfrac{1}{4}$,$l' - l = 250$ mm,得

$$l = -200 \text{ mm}, \quad l' = 50 \text{ mm}$$

透镜焦距为

$$f' = 40 \text{ mm}$$

(3) $\beta = \dfrac{l'}{l} = -4$,$l - l' = 250$ mm,得

$$l = 50 \text{ mm}, \quad l' = -200 \text{ mm}$$

透镜焦距为

$$f' = -40 \text{ mm}$$

7-15 一个薄透镜焦距为 100 mm,当一个长为 40 mm 的物体平放在透镜的光轴上时,其中点位于薄透镜前 200 mm 处,求:

(1) 物体中心的像点及物体像的长度;

(2) 当物体绕其中心旋转 90°时,它的像的位置和大小。

解: (1) 这时物体沿光轴的两端点和中心的物距分别表示为 l_1、l_2 和 l_3,由题意为

$$l_1 = -220 \text{ mm}, \quad l_2 = -180 \text{ mm}, \quad l_3 = -200 \text{ mm}$$

根据薄透镜成像公式,相应各点的像距为

$$l_1' = \frac{550}{3} \text{ mm}, \quad l_2' = 225 \text{ mm}, \quad l_3' = 200 \text{ mm}$$

所以物中心的像点位于薄透镜后 200 mm 处，整个物体的像沿光轴的长度为

$$L = 225 - \frac{550}{3} = \frac{125}{3} \text{ mm}$$

（2）当物体绕其中心旋转 90°时，这时物体与光轴垂直，物距为 200 mm，根据薄透镜成像公式和相应的放大率公式，可得

$$l' = 200 \text{ mm}, \qquad \beta = -1$$

所以像位于透镜后 200 mm 处，像高为 -40 mm。

7-20　用显微镜观察裸露物体时，物平面 AB 离显微镜物镜定位面 CD 的距离为 45 mm，如果在物平面上覆盖一个厚度为 1.5 mm、折射率为 1.525 的盖玻片（题 7-20 图中虚线所示），则为保持像面位置不变，物平面到定位面 CD 间的实际距离应为多少？

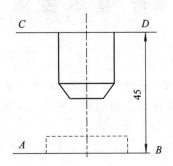

题 7-20 图

解：当有盖玻片时，光学系统的成像关系发生了变化，这时物体首先经过平板成像，显微镜观察的是平板的像。要使平板存在后，显微镜观察的像面保持不变，则物体经过平板成像后，像面到显微镜的定位面的距离应该为 45 mm。由于平板成像时，像和物大小完全相同，只是将物体沿光轴移动了

$$\Delta l' = d\left(1 - \frac{1}{n}\right) = 1.5 \times \left(1 - \frac{1}{1.525}\right) = 0.516 \text{ mm}$$

所以只有将物体沿远离显微镜方向移动 0.516 mm，这时物体经过平板成像后像面位置与平板不存在时物面的位置相同，所以这时物面到显微镜定位面 CD 的间距为

$$45 + 0.516 = 45.516 \text{ mm}$$

7-21　有一等边折射率三棱镜，其折射率为 1.65，求光线经该棱镜的两个折射面折射后产生最小偏向角时的入射角和最小偏向角。

解：产生最小偏向角时，光线入射到棱镜后的传播方向应该和棱镜的底面平行，所以光线在第一个折射面上的折射角为

$$\theta_t = 30°$$

根据折射定律，第一个面上的入射角为

$$\theta_i = \arcsin(1.65 \sin 30°) \approx 55.6°$$

所以最小偏向角为

$$\delta_{min} = 2(\theta_i - \theta_t) \approx 51.2°$$

第8章 理想光学系统

8.1 基 本 要 求

1. 基本要求

(1) 掌握理想光学系统的基本概念,了解研究理想光学系统的意义;

(2) 掌握理想光学系统的基点和基面的基本概念,并能够根据基点和基面的性质通过作图和计算来确定理想光学系统的物像关系;

(3) 能够根据理想光学系统的定义,确定简单光学系统近轴区成像对应等效光组的基点;

(4) 掌握双光组和正切法、截距法确定光学系统等效光组的基点和基面;

(5) 了解研究理想光学系统和实际光学系统近轴区成像的矩阵法,以及描述基模高斯光束传播的 *ABCD* 法则。

2. 重点、难点

(1) 重点:理想光学系统基点与基面,理想光学系统的物像关系,双光组组合及多光组组合。

(2) 难点:双光组组合,*ABCD* 法则。

8.2 基本概念和公式

这一章主要讨论理想光学系统的成像问题。研究理想光学系统成像关系不仅有利于设计、分析实际成像光学系统的物像关系,同时也可以作为衡量光学系统成像质量的标准,具有重要的意义。

几何光学元件一般仅在近轴区才能够成完善像,这给实际成像问题的研究带来了许多限制。为了方便地研究几何光学系统的成像问题,建立了几何光学系统的理想模型——理想光学系统。如果一个实际的光学系统的在近轴近似下的成像关系与一个理想光学系统的成像关系相同,就可以在该等效的理想光学系统中研究对应的实际光学系统的近轴区物像关系。本章主要介绍理想光学系统的基点和基面的基本概念以及它们的确定方法,然后介绍理想光学系统的物像关系,同时介绍矩阵法在成像光学系统近轴区成像和基模高斯光束传输中的应用。

1. 理想光学系统

理想光学系统是指对任意大的物体以任意宽的光束均能够成完善像的光学系统。

1) 理想光学系统的基面

理想光学系统共引入三组基面，分别是：

(1) 物方主平面和像方主平面：为一对共轭面，共轭面间 $\beta=1$；

(2) 物方焦平面和像方焦平面：不互为共轭面，其中物方焦平面的共轭面为位于无穷远的像平面，而像方焦平面的共轭面为位于无穷远的物平面；

(3) 物方节平面和像方节平面：为一对共轭面，共轭面间 $\gamma=1$。

2) 理想光学系统的基点

理想光学系统的六个基面和光轴的交点形成 6 个基点，分别为物方主点(H)、像方主点(H')、物方焦点(F)、像方焦点(F')、物方节点(J)和像方节点(J')。

若光学系统的物方主点、像方主点、物方焦点、像方焦点确定，则物方节点和像方节点也确定。一般理想光学系统只给出物方主点、像方主点、物方焦点和像方焦点。若光学系统的物方空间和像方空间的折射率相同，则物方主点和物方节点重合，像方主点和像方节点重合。

3) 理想光学系统的焦距和光焦度

在理想光学系统中由基点定义了物方和像方的焦距以及光学系统的光焦度。

(1) 理想光学系统的焦距。

① 物方焦距：物方焦点相对于物方主点的轴向线度，表示为 f。

② 像方焦距：像方焦点相对于像方主点的轴向线度，表示为 f'。

③ 如果物方和像方介质的折射率分别为 n 和 n'，则

$$\frac{f}{f'}=-\frac{n}{n'}$$

(2) 理想光学系统的光焦度定义为

$$\varphi\overset{\text{def}}{=}\frac{n'}{f'}=-\frac{n}{f}$$

2. 图解法确定理想光学系统的物像关系

在物空间和像空间中，光线为直线，根据两条直线相交于一点，所以确定一个物点的高斯像点时，需要作出两条由物点发出的光线的光路；又因两点确定一条直线，所以在确定一条光路时至少需要用到两个基点(面)。

利用图解法确定理想光学系统的物像关系时，经常用到的三条光路：

(1) 平行于光轴的入射光线，出射光线经过像方焦点，用到的基点为 H' 和 F'；

(2) 经过物方焦点的入射光线，出射光线平行于光轴，用到的基点为 H 和 F；

(3) 经过物方节点的光线，出射光线平行于入射光线，并且经过像方节点，用到的基点为 J 和 J'。

3. 理想光学系统的物像关系

理想光学系统的物像关系包括物像公式和放大率公式，见表 8-1。表 8-1 和表 7-1

的唯一区别是角放大率的定义不同，理想光学系统中的角放大率定义为 $\gamma=\tan U'/\tan U$。

表 8-1　理想光学系统成像公式及其放大率公式

成像公式	放大率公式	
	$\dfrac{f'}{l'}+\dfrac{f}{l}=1$	$xx'=ff'$
垂轴放大率 $\beta=\dfrac{y'}{y}$	$\dfrac{nl'}{n'l}$	$-\dfrac{x'}{f'}=-\dfrac{f}{x}$
轴向放大率 $\alpha=\dfrac{\mathrm{d}l'}{\mathrm{d}l}$	$\dfrac{nl'^2}{n'l^2}=\dfrac{n'}{n}\beta^2$	$-\dfrac{x'}{x}$
角放大率 $\gamma=\dfrac{\tan U'}{\tan U}$	$\dfrac{l}{l'}=\dfrac{n}{n'\beta}$	$\dfrac{x}{f'}=\dfrac{f}{x'}$

4. 光组组合的物像关系

知道了光学系统的基点和基面，就可以根据理想光学系统的物像关系研究实际光学系统近轴区的成像问题。对于简单的光学系统，可以通过近轴区的成像关系直接由理想光学系统基点的定义确定基点。当光学系统的结构比较复杂时，直接采用定义确定基点比较麻烦。此时，可以将实际光学系统看作为若干个简单光学系统的组合，其中任一简单光学系统称为一个光组，各个光组的基点比较容易确定，于是，根据各个光组的基点，就可以利用光组的组合公式得到整个光学系统的基点。

光组组合公式有双光组组合法，正切法和截距法。

1) 双光组组合公式

如图 8-1 所示，假设第一个光组的物方和像方焦距分别为 f_1 和 f_1'，第二个光组的物方和像方焦距分别为 f_2 和 f_2'，第二个光组的物方主点相对于第一个光组的像方主点的轴向线度定义为两个光组的空间间隔，表示为 d，第二个光组的物方焦点相对于第一个光组的像方焦点的轴向线度定义为两个光组的光学间隔，表示为 Δ。

d 和 Δ 的关系为

$$d=\Delta+f_1'-f_2$$

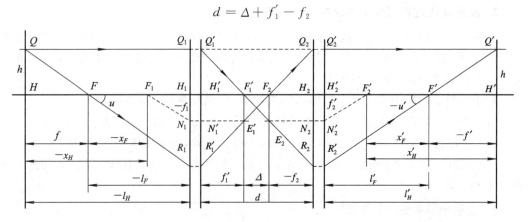

图 8-1　双光组组合图

则两个光组组合系统的焦点、焦距和主点的基本公式为

焦点公式：

$$x'_F = -\frac{f_2 f'_2}{\Delta}, \qquad x_F = \frac{f_1 f'_1}{\Delta}$$

焦距公式：

$$f' = -\frac{f'_1 f'_2}{\Delta}, \qquad f = \frac{f_1 f_2}{\Delta}$$

主点公式：

$$l'_H = \frac{d f'_2}{\Delta}, \qquad l_H = \frac{d f_1}{\Delta}$$

光焦度公式：

$$\varphi = \varphi_1 + \varphi_2 - \frac{d \varphi_1 \varphi_2}{n_2}$$

2）正切法

正切法一次计算只能够确定一个空间的基点，整个系统物方和像方基点的确定需要分别计算。假设整个系统有 m 个光组，其中第 k 个光组的物方参数用下标 k 表示，像方参数加撇，h_k 表示第 k 个光组的入射和出射光线与该光组物方和像方主平面交点相对于光轴的垂轴线度，图 8-2 给出了由三个光组构成的系统，则正切法求解光组像方基点流程和公式如图 8-3 所示。同理，倒置光学系统可以求得物方基点。

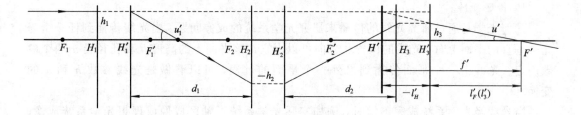

图 8-2　三光组组合

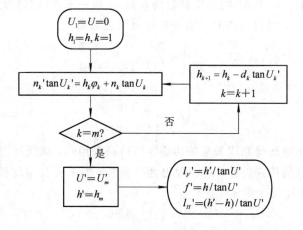

图 8-3　正切法计算光组组合流程图

3）截距法

截距法与正切法类似，需要分别求解整个系统的物方和像方基点。

假设有 m 个光组，第 k 个光组的物距和像距为 l_k 和 l'_k，对于像方基点的确定方法是，采用逐次成像法计算光轴上无穷远的物点($l_1 = \infty$)逐次经过每个光组成像的物距和像距，则像方基点公式为

$$L'_F = l'_m$$

$$f' = \frac{\prod\limits_{i=1}^{m} l'_i}{\prod\limits_{i=2}^{m} l_i}$$

对于物方基点的确定，可以通过倒置光学系统，按照确定像方基点的方法确定；也可以采用逐次成像法，计算形成整个光学系统像空间光轴上无穷远的像点($l'_m = \infty$)的每个光组成像的物距和像距，则物方基点公式为

$$L_F = l_1$$

$$f = \frac{\prod\limits_{i=1}^{m} l_i}{\prod\limits_{i=1}^{m-1} l'_i}$$

5. 近轴光学系统成像的矩阵方法

1）传递矩阵

几何光学是通过研究光线的传播来研究光学系统的成像问题。当光线传播到任一个与光轴垂直的平面上时，光线的位置和方向可以由它在该平面上的高度 h 和孔径角 u 两个参数确定。光线由一个平面传播到另外一个平面的过程，可以看做是光线参数 h 和 u 的变换。

当光线经光学系统成完善像时，例如实际光学系统近轴区成像或理想光学系统成像，不同平面间光线参数的变换是线性关系，可以通过一个矩阵表示。如果前一个平面(例如光学系统物空间中的任一平面)的光线参数为 h 和 u，后一平面(例如像空间中的一个平面)的光线参数为 h' 和 u'，则它们的关系通过矩阵可以表示为

$$\begin{bmatrix} h' \\ -u' \end{bmatrix} = \begin{bmatrix} A & B \\ C & D \end{bmatrix} \begin{bmatrix} h \\ -u \end{bmatrix}$$

其中矩阵

$$\boldsymbol{M} = \begin{bmatrix} A & B \\ C & D \end{bmatrix}$$

称为光学系统两个横截面间光线矢量的传递矩阵或高斯矩阵，该矩阵表征了光线通过该光学系统两个横截面间的传输特性。对于理想光学系统，如果孔径角比较大，则孔径角应该用它的正切值代替，即

$$\begin{bmatrix} h' \\ -\tan u' \end{bmatrix} = \begin{bmatrix} A & B \\ C & D \end{bmatrix} \begin{bmatrix} h \\ -\tan u \end{bmatrix}$$

基本几何光学元件(系统)的高斯矩阵或特征传递矩阵如表 8-2 所示。

表 8 − 2　基本几何光学元件（系统）的高斯矩阵

光学元件名称	特征传递矩阵	说　　明
厚度为 d 的均匀介质	$\boldsymbol{M}=\begin{bmatrix}1 & d\\ 0 & 1\end{bmatrix}$	
折射球面	$\boldsymbol{M}=\begin{bmatrix}1 & 0\\ -\dfrac{1}{f'} & \dfrac{n}{n'}\end{bmatrix}$ $=\begin{bmatrix}1 & 0\\ -\dfrac{n'-n}{n'r} & \dfrac{n}{n'}\end{bmatrix}$	n 为物方折射率； n' 为像方折射率； r 为球面的曲率半径； f' 为折射球面的像方焦距
折射平面	$\boldsymbol{M}=\begin{bmatrix}1 & 0\\ 0 & \dfrac{n}{n'}\end{bmatrix}$	n 为物方折射率； n' 为像方折射率
球面反射镜	$\boldsymbol{M}=\begin{bmatrix}1 & 0\\ -\dfrac{2}{r} & -1\end{bmatrix}$	r 为球面的曲率半径
平面镜	$\boldsymbol{M}=\begin{bmatrix}1 & 0\\ 0 & -1\end{bmatrix}$	
薄透镜	$\boldsymbol{M}=\begin{bmatrix}1 & 0\\ -\dfrac{1}{f'} & 1\end{bmatrix}$	f' 为薄透镜的像方焦距
理想光学系统两个主平面间	$\boldsymbol{M}=\begin{bmatrix}1 & 0\\ -\dfrac{1}{f'} & \dfrac{n}{n'}\end{bmatrix}$	n 和 n' 为物方和像方折射率； f' 为系统的像方焦距
光学系统两个共轭面间	$\boldsymbol{M}=\begin{bmatrix}\beta & 0\\ -\dfrac{1}{f'} & \gamma\end{bmatrix}$	β 和 γ 为两个共轭面间的垂轴放大率和角放大率； f' 为系统的像方焦距

　　光线在光学系统中的传播可以看作光线经过包括在均匀介质中传播在内的各个基本光学元件的传播，这时从物空间任一个平面传播到像空间任一个平面的高斯矩阵可以看作是各个基本光学元件的高斯矩阵的连乘。如图 8 − 4 所示，由 N 个光学元件构成的光学系统，各个光学元件的特征传递矩阵依次为 $\boldsymbol{M}_1$、$\boldsymbol{M}_2\cdots\boldsymbol{M}_N$，相邻两个光学元件间空气间隔的传递矩阵依次为 $\boldsymbol{N}_1$、$\boldsymbol{N}_2\cdots\boldsymbol{N}_{N-1}$，光线从物方平面 π_1 传播到像方平面 π_2 的传递矩阵可以表示为

$$\boldsymbol{M} = \boldsymbol{N}_N\boldsymbol{M}_N\cdots\boldsymbol{N}_2\boldsymbol{M}_2\boldsymbol{N}_1\boldsymbol{M}_1\boldsymbol{N}_0$$

式中，$\boldsymbol{N}_0$ 为 π_1 平面到第一个光学元件间的均匀介质传递矩阵；$\boldsymbol{N}_N$ 为最后一个光学元件到 π_2 平面间的均匀介质传递矩阵。

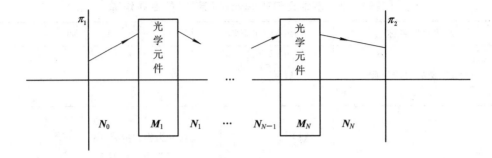

图 8-4 光学系统光线矢量关系

2) 矩阵法确定理想光学系统基点和基面

如果光学系统物方任一个平面 π_1 到像方任一个平面 π_2 的传递矩阵为

$$\boldsymbol{M} = \begin{bmatrix} M_{11} & M_{12} \\ M_{21} & M_{22} \end{bmatrix}$$

则在像方,像方焦距 f' 和像方焦点到 π_2 平面的轴向线度 s_F' 可以表示为

$$f' = -\frac{1}{M_{21}}, \qquad s_F' = -\frac{M_{11}}{M_{21}}$$

在物方,物方焦距 f 和物方焦点到 π_1 平面的轴向线度 s_F 可以表示为

$$f = \frac{|\boldsymbol{M}|}{M_{21}}, \qquad s_F = \frac{M_{22}}{M_{21}}$$

3) 高斯光束传播的 ABCD 法则

基模高斯光束在空间传播时,波面曲率半径的大小、曲率中心和光斑半径都随波面位置的不同而发生变化;基模高斯光束经过几何光学元件后,其束腰的位置也将发生变化。如果基模高斯光束沿传播方向不同,则横截面上的复曲率半径 $q(z)$ 定义为

$$\frac{1}{q(z)} = \frac{1}{R(z)} + i\frac{\lambda}{\pi w^2(z)}$$

式中,$R(z)$ 为横截面处波面的曲率半径;$w(z)$ 为横截面处光斑半径。高斯光束从平面 π_1 传播到平面 π_2 时,在平面 π_1 和平面 π_2 上的复曲率半径依次为 q_1 和 q_2。如果从平面 π_1 到平面 π_2 间光波传播的高斯矩阵为 $\boldsymbol{M} = \begin{bmatrix} A & B \\ C & D \end{bmatrix}$,则该二平面上的高斯光束复曲率半径满足:

$$q_2 = \frac{Aq_1 + B}{Cq_1 + D}$$

上式称为高斯光束传播的 ABCD 法则。

8.3 典 型 例 题

例题 8-1 图解法确定例题 8-1 图所示理想光学系统的物像关系或基点,

(1) 如图(a),已知 F、F'、H 和 H',确定 J 和 J';

（2）如图（b），试用作图法确定实物 AB 的像；

（3）如图（c），试用作图法确定虚物 AB 的像；

（4）如图（d），试用作图法由实像 $A'B'$ 确定物；

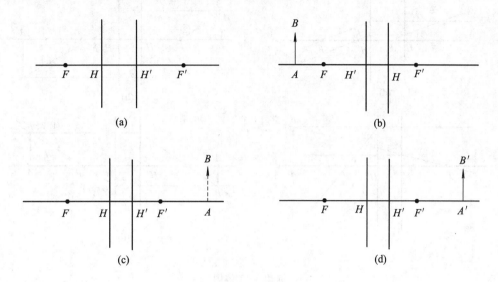

例题 8－1 图

解：图解法确定理想光学系统的物像关系，主要是根据理想光学系统基点的性质，来确定光路。一般需要画出本章基本概念和公式中第二部分，即图解法确定理想光学系统的物像关系中提到的三条光路中的两条。

（1）首先根据 H' 和 F' 作出第一条光路，如例题 8－1 解图（a），第一条光路（光路①）和物方焦平面有一个交点 A，根据焦平面的性质，通过 A 点的入射光线，经过光学系统后出射光线互相平行，过 A 作与第一条光线的出射光线平行的入射光线，结合主平面的性质可以作出出射光线，即第二条光路（光路②），则该光路的角放大倍率为 1，所以该光路的入射光线与光轴的交点即为 J，出射光线与光轴的交点即为 J'。

（2）如例题 8－1 解图（b）所示，过 B 点作两条光路，根据 H' 和 F' 作出一条入射光线平行光轴的光路（光路①），另一条光路（光路②）根据 H 和 F 作出，这时入射光线经过 B 和 F，出射光线平行光轴。两条光路的交点即为 B 的像点 B'，根据物面和像面垂直光轴的关系，过 B' 作垂直光轴的垂线得到 A 的像点 A'，A' 和 B' 的连线即为 AB 的像。

（3）虚物成像关键是正确地作出两条入射光线，这时选择的两条光线和（2）一样，如例题 8－1 解图（c）所示，不过这时两条入射光线的延长线经过 B 点，即第一条入射光线平行光轴，延长线经过 B 点，根据主平面性质和 F' 的性质，可以作出出射光线（对应光路①）；第二条入射光线经过物方焦点，同样延长线经过 B，根据主平面性质和 F 的性质可以作出出射光线（对应光路②）。两条光路出射光线的交点均为 B 的像点 B'，和（2）类似，可以作出 AB 的像 $A'B'$。

（4）已知像确定物时，光路仍然从左向右，不过这时是首先确定两条光路的出射光线，然后再确定相应的入射光线。如例题 8－1 解图（d）所示，首先作出延长线相交于像点 B' 的两条特殊的出射光线，即一条经过像方焦点（对应光路②），另一条平行于光轴（对应光路

①），根据主平面和焦点的性质如图可以作出相应的入射光线，两条入射光线的交点即为物点 B，过 B 作光轴垂线与光轴的交点均为物点 A。

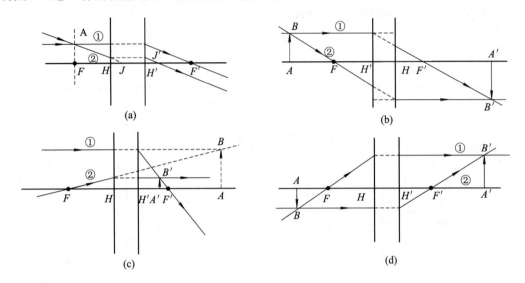

例题 8-1 解图

例题 8-2 试从基点的定义确定反射球面镜的等效理想光学系统的基点。

解：简单光学系统的基点和基面可以由基点的定义来确定。由球面镜的焦距公式 $f=f'=\dfrac{r}{2}$ 知道物方焦点 F 和像方焦点 F' 重合，位于球面镜顶点和球心的中点处，如例题 8-2 解图。

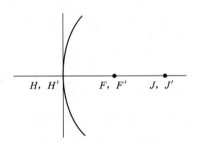

例题 8-2 解图

当 $\beta=-\dfrac{l'}{l}=1$ 时，联立成像公式 $\dfrac{1}{l'}+\dfrac{1}{l}=\dfrac{2}{r}$，可得 $l=l'=0$，即物方主点 H 和像方主点 H' 与球面镜顶点重合。

当 $\gamma=\dfrac{l}{l'}=1$ 时，联立成像公式可得 $l=l'=r$，即物方节点 J 和像方节点 J' 与球面镜曲率中心重合。

例题 8-3 两个焦距均为 f' 的薄透镜，空间间隔 $d=3f'$，构成同轴光学系统，试根据定义确定其基点。

解：确定焦点。第一个和第二个透镜的参数分别用下标 1 和 2 表示，令 $l_1=\infty$，采用逐

次成像法，可得
$$l_2' = 2f'$$
所以系统像方焦点位于第二个透镜后 $2f'$ 处；令 $l_2' = \infty$，采用逐次成像法，可得
$$l_1 = -2f'$$
所以系统物方焦点位于第一个透镜前 $2f'$ 处。

确定主点。由 $\beta = \beta_1\beta_2 = \left(-\dfrac{x_1'}{f'}\right) \cdot \left(\dfrac{f'}{x_2}\right) = 1$ 可得
$$x_2 = -x_1'$$
由于两透镜的光学间隔满足 $\Delta = x_1' - x_2 = f'$，所以
$$x_2 = -x_1' = -\frac{f'}{2}$$

由牛顿公式可得
$$x_1 = -2f', \quad x_2' = 2f'$$
所以物方主平面位于第一个透镜前 $3f'$ 处，像方主平面位于第二个透镜后 $3f'$ 处。

确定节点。由于系统物空间和像空间的折射率相同，所以节点和主点重合。基点的相对位置见例题 8-3 解图。

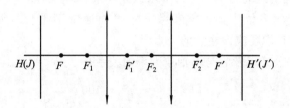

例题 8-3 解图

例题 8-4 已知一个理想光学系统的四个基点 F、H、J 和 H'，相对位置如例题 8-4 图所示，在物方焦点以前有一个高 10 mm 的物体，试确定该物体像的位置和大小。

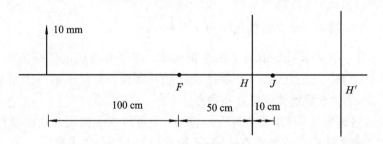

例题 8-4 图

解： 本题的关键是要熟悉理想光学系统基点间的相对位置关系，其中有三组不变关系，即 $HJ = H'J'$，$FJ = H'F'$ 和 $FH = J'F'$。根据上面的关系和焦距的定义，从图可见系统的焦距分别为
$$f = -50 \text{ cm}, \quad f' = 60 \text{ cm}$$

解法一 由牛顿公式求解。从图可见 $x = -100$ cm，由牛顿成像公式 $xx' = ff'$，可得

$$x' = 30 \text{ cm}$$

再由 $\beta = -f/x$，可得

$$\beta = -0.5$$

所以像高为

$$y' = \beta y = -0.5 \times 10 = -5 \text{ mm}$$

即成一个缩小 1/2 倒立的实像，像高 -5 mm，像位于像方焦点以后 30 cm，或像方主平面以后 90 cm。

解法二　由高斯公式求解。这时 $l = -150$ cm，由高斯成像公式 $\dfrac{f'}{l'} + \dfrac{f}{l} = 1$，可得

$$l' = 90 \text{ cm}$$

由 $\beta = \dfrac{nl'}{n'l} = -\dfrac{fl'}{f'l}$，可得

$$\beta = -0.5$$

则像高 $y' = \beta y = -0.5 \times 10 = -5$ mm，和方法一结果相同。

例题 8-5　一个光学系统处于空气中，两焦点距离为 1140 mm，对实物成像时，$\beta = -10$，物面到像面的距离为 7200 mm，求该光学系统的焦距。

解：在一般的光学系统中，物方和像方主平面通常不重合，所以不一定存在关系 $l' - l = 7200$ mm，这是本题应该注意的一点。

根据轴向放大率公式以及它与垂轴放大率的关系有

$$\alpha = -\frac{x'}{x} = \beta^2 = 100$$

同时根据物像间距和焦距间距可以得到

$$x' - x + 1140 = 7200$$

联立以上两式可得

$$x = -60 \text{ mm}, \quad x' = 6000 \text{ mm}$$

由 $\beta = -\dfrac{x'}{f'} = -10$，可得光学系统的焦距为 $f' = 600$ mm。

例题 8-6　一个光学系统由两个薄透镜构成，两个薄透镜的焦距依次为 60 mm 和 40 mm，两者相距 150 mm，已知一个物体成正立的实像，像位于第二个透镜后 168 mm 处，像高为 5 mm，试计算物体的位置和物高。

解：这是双透镜成像，可以采用逐次成像法，也可以首先采用光组组合的方法，得到等效理想光学系统，然后求解物像关系。现采取这两种方法分别求解。

解法一　逐次成像法。由第二个透镜成的像，首先求解物体经过第一个透镜所成的像。由题意，$l_2' = 168$ mm，$f_2' = 40$ mm，由薄透镜成像公式和放大率公式可得

$$l_2 = -52.5 \text{ mm}, \quad \beta_2 = -\frac{16}{5}$$

由转面公式 $l_2 = l_1' - d$，以及 $d = 150$ mm，可得物体经过第一个透镜成像的像距为

$$l_1' = 97.5 \text{ mm}$$

又 $f_1' = 60$ mm，由薄透镜成像公式和放大率公式，可得

$$l_1 = -156 \text{ mm}, \quad \beta_1 = -\frac{5}{8}$$

总的放大率 $\beta = \beta_1 \beta_2 = 2$，所以物高 $y = \dfrac{y'}{\beta} = \dfrac{5}{2} = 2.5 \text{ mm}$，因此物高为 2.5 mm，位于第一个透镜前 156 mm 处。

　　解法二　光组组合法。将两个薄透镜看作两个光组，由题中已知条件有

$$f'_1 = -f_1 = 60 \text{ mm}, \quad f'_2 = -f_2 = 40 \text{ mm}, \ d = 150 \text{ mm}$$

光学间隔

$$\Delta = d - f'_1 + f_2 = 150 - 60 - 40 = 50 \text{ mm}$$

由双光组组合公式，有

$$f' = -\frac{f'_1 f'_2}{\Delta} = -\frac{60 \times 40}{50} = -48 = -f$$

$$l'_H = \frac{d f'_2}{\Delta} = \frac{150 \times 40}{50} = 120$$

$$l_H = \frac{d f_1}{\Delta} = \frac{150 \times (-60)}{50} = -180$$

基点关系如例题 8-6 解图，图中也画出了像 y'，可见在等效光组中，像距 $l' = 48 \text{ mm}$，结合 $f' = -48 \text{ mm}$，根据理想光学系统高斯公式和垂轴放大率公式，可得

$$l = 24 \text{ mm}, \quad \beta = 2$$

所以物体位于主点以后 24 mm 处，即第一个透镜以前 $180 - 24 = 156 \text{ mm}$ 处，物高为

$$y = \frac{y'}{\beta} = \frac{5}{2} = 2.5 \text{ mm}$$

与解法一结果相同。

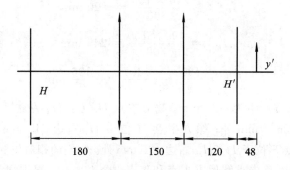

例题 8-6 解图

　　例题 8-7　三个薄透镜构成一个光学系统，三个薄透镜的焦距依次为 40 mm，300 mm 和 100 mm，空间间隔依次为 190 mm 和 200 mm，试确定该光学系统的基点。

　　解：分别采用双光组组合的方法、截距法和矩阵法求解。

　　解法一　双光组组合法。首先求解第二个和第三个透镜组合的基点。这时基本参数为

$$f_2 = -300 \text{ mm}, \quad f'_2 = 300 \text{ mm}$$

$$f_3 = -100 \text{ mm}, \quad f'_3 = 100 \text{ mm}$$

$$d_{23} = 200 \text{ mm}$$

第二个和第三个透镜组合时的光学间隔为

$$\Delta_{23} = d_{23} - f'_2 + f_3 = 200 - 300 - 100 = -200 \text{ mm}$$

根据双光组组合基点公式可得

$$f'_4 = -\frac{300 \times 100}{-200} = 150 \text{ mm}$$

$$l'_{H_4} = \frac{200 \times 100}{-200} = -100 \text{ mm}$$

$$l_{H_4} = \frac{200 \times (-300)}{-200} = 300 \text{ mm}$$

组合光组的基点的相对位置如例题 8-7 解图所示。然后将第二个和第三个透镜组合光组与第一个薄透镜组合，这时的基本参数为

$$f_1 = -40 \text{ mm}, \quad f'_1 = 40 \text{ mm}$$

$$f_4 = -150 \text{ mm}, \quad f'_4 = 150 \text{ mm}$$

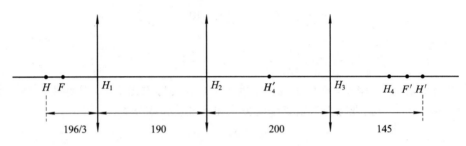

例题 8-7 解图

这时组合两个光组的空间间隔为 H_4 相对 H_1 的线度，即 $d_{14} = 490 \text{ mm}$，光学间隔为 $\Delta_{14} = 490 - 40 - 150 = 300 \text{ mm}$，根据双光组组合基点公式，可得

$$f' = -\frac{40 \times 150}{300} = -20 \text{ mm}$$

$$l'_{H_{14}} = \frac{490 \times 150}{300} = 245 \text{ mm}$$

$$l_{H_{14}} = \frac{490 \times (-40)}{300} = -\frac{196}{3} \text{ mm}$$

所以组合后光组的像方焦距为 -20 mm，物方主点 H 位于 H_1 左边 196/3 mm 处，物方焦点 F 位于 H_1 左边 136/3 mm 处；像方主点 H' 位于 H'_4 右边 245 mm 处，即 $H_3(H'_3)$ 右边 145 mm 处，像方焦点 F' 位于 $H_3(H'_3)$ 右边 125 mm 处。它们的相对位置见例题 8-7 解图。

解法二 截距法。首先求解像方主点和焦点。令 $l_1 = \infty$，根据薄透镜成像公式和转面公式，可得

$$l'_1 = 40 \text{ mm}, \quad l_2 = -150 \text{ mm}, \quad l'_2 = -300 \text{ mm}$$

$$l_3 = -500 \text{ mm}, \quad l'_3 = 125 \text{ mm}$$

即光学系统像方焦点位于第三个透镜后 125 mm 处。像方焦距为

$$f' = \frac{40 \times (-300) \times 125}{(-150) \times (-500)} = -20 \text{ mm}$$

像方主点位于第三个透镜后 145 mm 处。

然后求物方主点和焦点。令 $l'_3 = \infty$，根据薄透镜成像公式和转面公式，可得

$$l_3 = -100 \text{ mm}, \quad l'_2 = 100 \text{ mm}, \quad l_2 = 150 \text{ mm}$$

$$l_1' = 340 \text{ mm}, \quad l_1 = -\frac{136}{3} \text{ mm}$$

即光学系统物方焦点位于第一个透镜前 136/3 mm 处。物方焦距为

$$f = \frac{-100 \times 150 \times (-136/3)}{100 \times 340} = 20 \text{ mm}$$

物方主点位于第一个透镜前 196/3 mm 处。

解法三　矩阵法。三个薄透镜的特征传递矩阵依次为

$$M_1 = \begin{bmatrix} 1 & 0 \\ -\dfrac{1}{40} & 1 \end{bmatrix}$$

$$M_2 = \begin{bmatrix} 1 & 0 \\ -\dfrac{1}{300} & 1 \end{bmatrix}$$

$$M_3 = \begin{bmatrix} 1 & 0 \\ -\dfrac{1}{100} & 1 \end{bmatrix}$$

第一个薄透镜与第二个薄透镜间空气的传递矩阵 N_1 和第二个薄透镜与第三个薄透镜间空气的传递矩阵 N_2 为

$$N_1 = \begin{bmatrix} 1 & 190 \\ 0 & 1 \end{bmatrix}$$

$$N_2 = \begin{bmatrix} 1 & 200 \\ 0 & 1 \end{bmatrix}$$

如果选择物方平面 π_1 为第一个薄透镜的前表面，像方平面 π_2 为第三个薄透镜的后表面，则 π_1 到 π_2 的传递矩阵 M 为

$$M = M_3 N_2 M_2 N_1 M_1 = \begin{bmatrix} -\dfrac{25}{4} & \dfrac{790}{3} \\ 0.05 & -\dfrac{68}{30} \end{bmatrix}$$

根据矩阵法确定理想光学系统基点和基面公式，可得

$$f' = -20 \text{ mm}, \quad s_F' = \frac{25/4}{0.05} = 125 \text{ mm}$$

$$f = 20 \text{ mm}, \quad s_F = \frac{-68/30}{0.05} = -\frac{136}{3} \text{ mm}$$

所以物方焦点位于 π_1 平面即第一个薄透镜前 136/3 mm 处，物方主点位于第一个薄透镜前 196/3 mm 处；像方焦点位于 π_2 平面即第三个薄透镜后 125 mm 处，像方主点位于第三个薄透镜后 145 mm 处。

例题 8-8　由两个同心的反射球面(两球面的球心重合)构成的光学系统，按照光线的反射顺序，第一个反射球面为凹面，其曲率半径的大小为 120 cm，第二个反射球面为凸面，若两个球面间隔为 40 cm，试确定该系统的焦距和像方焦点。

解：根据题意画出例题 8-8 解图所示的结构图，由题意基本参数为 $r_1 = -120$ cm，$r_2 = -80$ cm，$d = -40$ cm，这时第二个反射镜位于第一个反射镜的左边，所以空间间隔为

负。该光学系统有两个反射光学元件,确定其物像关系和基点位置同样可以采用透射式光学系统的方法。现在分别采用双光组组合的方法、截距法和矩阵法求解。

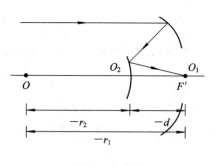

例题 8-8 解图

解法一 双光组组合法。按照题意及球面反射镜基点位置关系有

$$f_1 = f_1' = -60 \text{ cm}$$
$$f_2 = f_2' = -40 \text{ cm}$$
$$d = -40 \text{ cm}$$

两个光组的光学间隔为

$$\Delta = d - f_1' + f_2 = -40 + 60 - 40 = -20 \text{ cm}$$

根据双光组组合基点公式可得

$$f' = -\frac{(-60) \times (-40)}{-20} = 120 \text{ cm}$$

$$l_H' = \frac{-40 \times (-40)}{-20} = -80 \text{ cm}$$

$$l_H = \frac{-40 \times (-60)}{-20} = -120 \text{ cm}$$

可见,该系统物方主点位于 O_1 以左 120 cm 处,即球面的曲率中心处;像方主点位于 O_2 以左 80 cm 处,也位于球面的曲率中心处,和物方主点重合;而焦点位于像方主点即 O 点以右 120 cm,即 O_1。

解法二 截距法。令 $l_1 = \infty$,首先考虑第一个反射球面镜的成像,由成像公式可得

$$l_1' = f_1' = -60 \text{ cm}$$

由转面公式可得第二个球面镜成像的物距为

$$l_2 = l_1' - d = -60 + 40 = -20 \text{ cm}$$

由第二个球面镜成像关系为 $\frac{1}{l_2'} + \frac{1}{l_2} = \frac{2}{r_2}$,可得

$$l_2' = 40 \text{ cm}$$

此时的像点即为像方焦点,即像方焦点位于 O_2 以右 40 cm 处,即 O_1。

系统的焦距为

$$f' = \frac{(-60) \times 40}{-20} = 120 \text{ cm}$$

解法三 矩阵法。两个球面反射镜的特征传递矩阵依次为

$$\boldsymbol{M}_1 = \begin{bmatrix} 1 & 0 \\ 1/60 & -1 \end{bmatrix}, \qquad \boldsymbol{M}_2 = \begin{bmatrix} 1 & 0 \\ 1/40 & -1 \end{bmatrix}$$

两个反射镜间的传递矩阵 $\boldsymbol{N}$ 为

$$\boldsymbol{N} = \begin{bmatrix} 1 & -40 \\ 0 & 1 \end{bmatrix}$$

则从第一个反射镜顶点的物方到第二个反射镜顶点的像方传递矩阵 $\boldsymbol{M}$ 为

$$M = M_2 N M_1 = \begin{bmatrix} 1/3 & 40 \\ -1/120 & 2 \end{bmatrix} = \begin{bmatrix} M_{11} & M_{12} \\ M_{21} & M_{22} \end{bmatrix}$$

根据传递矩阵与焦距和焦点到传递矩阵出射面间的关系，有

$$f' = -\frac{1}{M_{21}} = 120 \text{ cm}$$

$$s'_F = -\frac{M_{11}}{M_{21}} = 40 \text{ cm}$$

即像方焦点位于 O_2 以右 40 cm 处，即 O_1。

8.4 习 题 选 解

8-1 作图（见教材 415 页习题 8-1）。

解：（1）作轴上虚物点 A 的像 A'，如题 8-1 解图（一）所示。

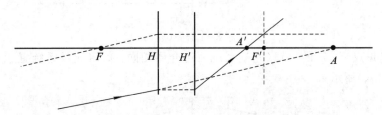

题 8-1 解图（一）

（2）作轴上实物点 A 的像 A'，如题 8-1 解图（二）所示。

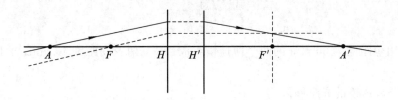

题 8-1 解图（二）

（3）作垂轴虚物 AB 的像 $A'B'$，如题 8-1 解图（三）所示。

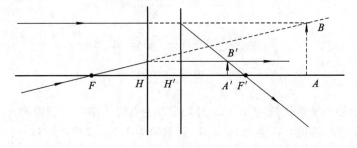

题 8-1 解图（三）

(4) 作垂轴实物 AB 的像 $A'B'$,如题 8-1 解图(四)所示。

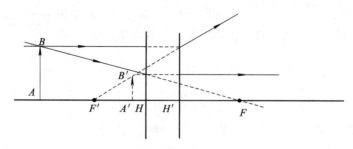

题 8-1 解图(四)

(5) 画出焦点 F 和 F' 的位置,如题 8-1 解图(五)所示。

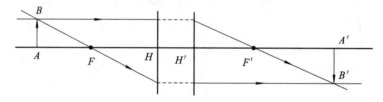

题 8-1 解图(五)

(6) 画出焦点 F、F' 的位置(光学系统两边介质相同,如将光学系统置于空气中),如题 8-1 解图(六)所示。

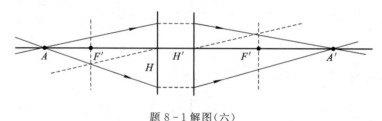

题 8-1 解图(六)

8-5 用焦距同为 60 mm 的两个薄透镜组成目镜,两者间距为 40 mm,求目镜的焦距和主点位置。

解:两个薄透镜的光学间隔为

$$\Delta = d - f_1' + f_2 = 40 - 60 - 60 = -80$$

由双光组组合公式有

$$f' = -\frac{f_1' f_2'}{\Delta} = -\frac{60 \times 60}{-80} = 45 \text{ mm}$$

$$l_H' = \frac{d f_2'}{\Delta} = \frac{40 \times 60}{-80} = -30 \text{ mm}$$

$$l_H = \frac{d f_1}{\Delta} = \frac{40 \times (-60)}{-80} = 30 \text{ mm}$$

即物方主点位于第一个薄透镜后 30 mm 处,像方主点位于第二个透镜前 30 mm 处。

8-8 一个球形透镜,直径为 40 mm,折射率为 1.5。求其焦距和主点位置。

解:将透镜成像系统看作由它的两个折射面组成,它的基点位置的求解可以由两个折射球面对应的等效光组的组合来确定。由折射球面的焦距公式可以得到透镜前后两个折射

面等效光组的焦距，即

$$f_1 = -40 \text{ mm}, \quad f_1' = 60 \text{ mm}$$

$$f_2 = -60 \text{ mm}, \quad f_2' = 40 \text{ mm}$$

组合光组的空间间隔就是透镜的厚度，即 $d = 40$ mm，这时光学间隔为

$$\Delta = -80 \text{ mm}$$

根据双光组组合公式可得

$$f' = 30 \text{ mm}$$

$$l_H = 20 \text{ mm}, \quad l_H' = -20 \text{ mm}$$

即球形透镜的焦距为 30 mm，物方主点和像方主点重合在球心的位置。

8-10　一个透镜位于空气中，已知该透镜的参数为 $r_1 = -200$ mm，$r_2 = -300$ mm，$d = 50$ mm，$n = 1.5$。求透镜的物方主平面之前 100 mm 处的物点，经透镜后所成的像点位置。

解： 首先确定该厚透镜像方主点和焦距。将厚透镜看作两个折射面的等效光组的组合，根据折射球面焦距的公式和题意可得光组组合的基本参数为

$$f_1 = 400 \text{ mm}, \quad f_1' = -600 \text{ mm}$$

$$f_2 = -900 \text{ mm}, \quad f_2' = 600 \text{ mm}$$

$$d = 50 \text{ mm}$$

光学间隔为

$$\Delta = 50 + 600 - 900 = -250 \text{ mm}$$

根据双光组组合公式可得

$$f' = -1440 \text{ mm}$$

$$l_H' = -120 \text{ mm}$$

然后确定像点的位置。由题意，物距 $l = -100$ mm，根据理想光学系统的成像高斯公式可得

$$l' = -\frac{7200}{77} \approx -93.5065 \text{ mm}$$

所以像点位于透镜后顶点前，即 $s' = -120 - 93.5065 = -213.5065$ mm 处。

8-11　有一双薄透镜系统，$f_1' = 100$ mm，$f_2' = -50$ mm，要求总长度（第一个透镜至系统像方焦点的距离）为系统焦距的 7/10。求二透镜的间距和系统焦距。

解： 系统的总长度可以表示为

$$d + l_H' + f' = 0.7 f'$$

由公式

$$f' = -\frac{f_1' f_2'}{d - f_1' + f_2'}$$

$$l_H' = \frac{d f_2'}{d - f_1' + f_2'}$$

可得关于 d 的方程，

$$d^2 - 100d + 1500 = 0$$

求解得

$$d = 81.62 \text{ mm}, d = 18.38 \text{ mm}（舍去，因为焦距为负）$$

由公式 $f' = -\dfrac{f_1' f_2'}{d - f_1' + f_2}$，得焦距为

$$f' = 158.1 \text{ mm}$$

8-13 两个相同的双凸厚透镜位于同一直线上，相距 26 mm。构成透镜的两个球面的半径分别为 60 mm 和 40 mm，厚度为 20 mm，折射率为 1.5163。试求透镜组的焦距和基点的位置。设透镜位于空气中。

解： 首先确定单个厚透镜的基点。

厚透镜两个折射面的焦距分别为

$$f_{01} \approx -116.212, \quad f_{01}' \approx 176.212$$

$$f_{02} \approx -117.474, \quad f_{02}' \approx 77.474$$

空间间隔为 $d_0 = 20$ mm，根据双光组组合公式，可得

$$f_0' \approx 49.881\,53 \text{ mm}$$

$$l_{0H} \approx 8.492\,329 \text{ mm}, \quad l_{0H}' \approx -5.661\,552 \text{ mm}$$

当上述相同的两个厚透镜组合时，双光组组合的基本参数为

$$f_1 \approx -49.881\,53, \quad f_1' \approx 49.881\,53$$

$$f_2 \approx -49.881\,53, \quad f_2' \approx 49.881\,53$$

$$d = 26 + 8.492\,33 + 5.661\,552 = 40.1539$$

根据双光组组合公式可得整个系统的基点相对位置，即

$$f' \approx 41.7413 \text{ mm}$$

$$l_H \approx 33.6011 \text{ mm}, \quad l_H' \approx -33.6011 \text{ mm}$$

所以整个系统的像方焦距约为 41.7413 mm，物方主点约位于第一个透镜前顶点以后 $l_H + l_{0H} = 42.0934$ mm 处，物方焦点约位于第一个透镜前顶点以后 0.3521 mm 处；像方主点约位于第二个透镜后顶点以前 39.2627 mm 处（因 $l_{0H}' + l_H' = -39.2627$ mm），像方焦点约位于第二个透镜后顶点以后 2.4786 mm 处。

8-15 由位于空气中的两个薄透镜所组成的系统，其中 $f_1' = 20$ mm，$f_2' = -10$ mm，$d = 8$ mm，又知物高 $y = 10$ mm，$l_1 = -40$ mm，求第一个透镜到最后一个透镜间的特性矩阵，以及像的位置和大小。

解： 第一个透镜到最后一个透镜间的特性矩阵可以表示为

$$\boldsymbol{M} = \begin{bmatrix} 1 & 0 \\ \dfrac{1}{10} & 1 \end{bmatrix} \begin{bmatrix} 1 & 8 \\ 0 & 1 \end{bmatrix} \begin{bmatrix} 1 & 0 \\ -\dfrac{1}{20} & 1 \end{bmatrix} = \begin{bmatrix} 0.6 & 8 \\ 0.01 & 1.8 \end{bmatrix}$$

假如像面相对最后一个透镜的像距为 s'，从物面到第一薄透镜的传递矩阵 $\boldsymbol{N}_0$，以及最后一个透镜到像面的传递矩阵 $\boldsymbol{N}_2$ 分别为

$$\boldsymbol{N}_0 = \begin{bmatrix} 1 & 40 \\ 0 & 1 \end{bmatrix}$$

$$\boldsymbol{N}_2 = \begin{bmatrix} 1 & s' \\ 0 & 1 \end{bmatrix}$$

所以从物面到像面的传递矩阵为

$$\boldsymbol{M}_A = \boldsymbol{N}_2 \boldsymbol{M} \boldsymbol{N}_0 = \begin{bmatrix} 0.6 + 0.01s' & 32 + 2.2s' \\ 0.01 & 2.2 \end{bmatrix}$$

将上面的传递矩阵与光学系统物面到像面的传递矩阵对比，可得

$$32 + 2.2s' = 0$$
$$\beta = 0.6 + 0.01s'$$

所以

$$s' = -\frac{160}{11} \text{ mm}$$

$$\beta = \frac{5}{11}$$

所以像位于第二个透镜以前 $\frac{160}{11}$ mm 处，像高为 $\frac{50}{11}$ mm。

8－17　有一凹面反射镜和一凸面反射镜，半径都为 10 cm，现将它们面对面地放置在相距 20 cm 的同一轴线上，并在它们顶点的中点放置一高 3 cm 的物体。试用矩阵方法求物体先经过凸面反射镜再经过凹面反射镜所成的像面位置和大小。

解：假如凸面反射镜在左，凹面反射镜在右，设物体经过系统成像后，像面相对凹面反射镜的像距为 s'，则从物面到像面的传递矩阵为

$$\boldsymbol{M} = \boldsymbol{N}_2 \boldsymbol{M}_2 \boldsymbol{N}_1 \boldsymbol{M}_1 \boldsymbol{N}_0$$

$$= \begin{bmatrix} 1 & s' \\ 0 & 1 \end{bmatrix} \begin{bmatrix} 1 & 0 \\ \dfrac{1}{5} & -1 \end{bmatrix} \begin{bmatrix} 1 & 20 \\ 0 & 1 \end{bmatrix} \begin{bmatrix} 1 & 0 \\ \dfrac{1}{5} & -1 \end{bmatrix} \begin{bmatrix} 1 & -10 \\ 0 & 1 \end{bmatrix}$$

$$= \begin{bmatrix} 5 + 0.8s' & -70 - 11s' \\ 0.8 & -11 \end{bmatrix}$$

与光学系统物面到像面的传递矩阵对比，可得

$$70 + 11s' = 0$$
$$\beta = 5 + 0.8s'$$

求解上式，可得

$$s' = -\frac{70}{11} \text{ mm}$$

$$\beta = -\frac{1}{11}$$

即像面位于凹面反射镜以左 $\frac{70}{11}$ mm 处，像高为 $-\frac{3}{11}$ mm。

假如凹面反射镜在左，凸面反射镜在右，设物体经过系统成像后，像面相对凹面反射镜的像距为 s'，则从物面到像面的传递矩阵为

$$\boldsymbol{M} = \boldsymbol{N}_2 \boldsymbol{M}_2 \boldsymbol{N}_1 \boldsymbol{M}_1 \boldsymbol{N}_0$$

$$= \begin{bmatrix} 1 & s' \\ 0 & 1 \end{bmatrix} \begin{bmatrix} 1 & 0 \\ -\dfrac{1}{5} & -1 \end{bmatrix} \begin{bmatrix} 1 & -20 \\ 0 & 1 \end{bmatrix} \begin{bmatrix} 1 & 0 \\ -\dfrac{1}{5} & -1 \end{bmatrix} \begin{bmatrix} 1 & 10 \\ 0 & 1 \end{bmatrix}$$

$$= \begin{bmatrix} 5 - 0.8s' & 70 - 11s' \\ -0.8 & -11 \end{bmatrix}$$

与光学系统物面到像面的传递矩阵对比，可得

$$70 - 11s' = 0$$

$$\beta = 5 - 0.8s'$$

求解上式，可得

$$s' = \frac{70}{11} \text{ mm}$$

$$\beta = -\frac{1}{11}$$

即像面位于凹面反射镜以右 70/11 mm 处，像高为 −3/11 mm。这时实际为前面求解的系统旋转 180°的系统，物像相对关系相同。

第 9 章　光学系统像差基础和光路计算

9.1　基 本 要 求

1. 基本要求

（1）了解光学系统光阑的基本概念和光阑的种类，以及光阑对光学系统成像的影响和作用；

（2）掌握光学系统孔径光阑和视场光阑的确定方法，以及与孔径光阑和视场光阑有关的基本概念；

（3）了解光学系统中的渐晕、景深和焦深及对光学系统成像质量的影响；

（4）了解光学系统中像差的基本概念和像差的分类及其对成像的影响；

（5）了解光学系统中几何像差分析的基本方法和主要的光路计算方法。

（6）以 ZEMAX 为例，了解光学系统设计软件的概况和使用。

2. 重点、难点

（1）重点：孔径光阑和视场光阑，像差。

（2）难点：孔径光阑和视场光阑的确定方法，像差及对成像的影响。

9.2　基本概念和公式

前面讨论了理想光学系统的成像关系。一个实际光学系统所成的像与在近轴区近似下成像等效的理想光学系统所成的像有一定差异，这就是光学系统的像差。像差与光学系统和参与成像的光束有关。

在光学系统的设计中，除了考虑光学元件的成像关系外，还应考虑光学元件通光孔径的大小对于成像光束的限制，或者专门设置一定的带孔金属板，用于选择成像质量比较好的光束，限制成像质量比较差的光束，以改善光学系统的成像质量。因此在光学系统的设计中，光束的限制和像差的分析是非常重要的环节。

本章首先介绍光学系统中光阑的基本概念，孔径光阑和视场光阑的作用、确定方法以及相关的基本概念；然后介绍光学系统中像差的基本概念和分类，以及各种像差对于成像的影响；最后简单介绍几何像差分析的基本光路计算方法。

1. 光学系统的光束限制

1）光阑

光学系统中可以限制光束的光学元件的边框，或者带孔的金属薄片通称为光阑。

（1）孔径光阑：光学系统中对光轴上物点发出的成像光束起主要限制作用的光阑。

（2）视场光阑：光学系统中对物面上成像范围起主要限制作用的光阑。

光学系统的孔径光阑和视场光阑不仅和光学系统有关，还和物面的位置有关。

2）入瞳和出瞳及入窗和出窗

（1）入瞳和出瞳。孔径光阑关于其前面的光学系统在物空间的共轭物称为入瞳，孔径光阑经过其后面的光学系统在像空间的共轭像称为出瞳，入瞳和出瞳关于整个光学系统共轭。

物点对入瞳的半张角称为物方孔径角，像点对出瞳的半张角称为像方孔径角。轴外物点发出的经过入瞳中心的光线称为该物点的主光线。入瞳直径 D 和系统像方焦距 f' 的比值 D/f' 称为相对孔径。

（2）入窗和出窗。视场光阑关于其前面的光学系统在物空间的共轭物称为入窗，视场光阑经过其后面的光学系统在像空间的共轭像称为出窗，入窗和出窗关于整个光学系统共轭。

入瞳中心对入窗的半张角称为物方半视场角，出瞳中心对出窗的半张角称为像方半视场角。

3）渐晕

渐晕是轴外物点发出的充满入瞳的光束被别的光阑部分遮挡的现象，它表征了光学系统的光束限制对垂直光轴平面上的点的成像影响。

（1）线渐晕系数（K_D）。线渐晕系数是轴外物点发出的成像光束在入瞳面上光束的宽度和入瞳直径的比值。

（2）面渐晕系数（K_S）。面渐晕系数是轴外物点发出的成像光束在入瞳面上光束的截面积和入瞳截面积的比值。

4）景深

光学系统中在像面上能够获得足够清晰像的物空间的深度，称为景深，它表征了光学系统的光束限制对一定空间的物点成像在一个像平面上的影响。景深与光学系统像面上有限的分辨率有关。如果对应物面上的空间分辨率为 Z_0，则远景深度 Δ_1 和近景深度 Δ_2 如图 9-1 所示，可以表示为

$$\Delta_1 = \frac{-pZ_0}{D - Z_0}$$

$$\Delta_2 = \frac{-pZ_0}{D + Z_0}$$

其中，D 为入瞳直径，p 为对准平面相对入瞳间隔，光学系统的景深 Δ 为

$$\Delta = \Delta_1 + \Delta_2 = \frac{-2pZ_0 D}{D^2 - Z_0{}^2}$$

可见，光学系统的入瞳越小，景深越大。

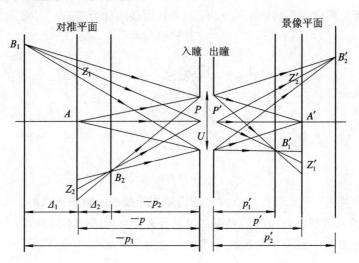

图 9 - 1　光学系统的景深

2. 光学系统的像差

1）色差

（1）轴向色差。轴向色差是不同颜色光线形成的像点沿光轴方向的位置之差，通常用 F、C 两种色光的像点位置之差来代表光学系统的轴向色差，即 $\Delta l'_{FC} = l'_F - l'_C$。

（2）垂轴色差。垂轴色差是不同颜色光线形成的像的大小的差异，表示为 $\Delta y'_{FC} = y'_F - y'_C$，$y'_F$ 和 y'_C 表示 F、C 光主光线与同一像平面的交点高度。

2）单色像差

单色像差包括为球差、彗差、场曲、像散和畸变。

（1）球差。光轴上的物点只存在球差。光轴上的物点发出的不同孔径角的同心单色光束，经过系统后不再是同心光束，与近轴区的理想像有不同的偏离，这种成像的缺陷称为球差。球差的结果是光轴上的一个物点在理想像面上的像为一个弥散斑。对于特定的一条光路，以出射光束偏离高斯像的轴向或横向线度来度量球差，分别称为轴向球差 $\delta L'$ 和横向球差 $\delta T'$，如图 9 - 2 所示。

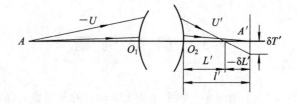

图 9 - 2　轴上点的球差

（2）彗差。彗差是轴外物点宽光束成像所产生的像差，它与视场和孔径均有关。轴外物点发出的宽光束中，与主光线夹角相同的圆锥面上的光束在像方将成像为一个圆环，与主光线夹角不同的圆锥面的光束在像方形成的圆环大小和中心位置不同,如图 9-3 所示,结果在物点的高斯像面上形成一个彗星状的光斑,这种成像缺陷称为彗差。

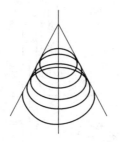

图 9-3 彗差

(3) 像散和场曲。考虑轴外物点发出的沿着主光线的一束细光束时,可以不考虑彗差,这时子午面内的光束和弧矢面内的光束在像方会近似会聚两个不同的点,这种成像的缺陷称为像散。当考虑有一定大小的物面成像时,这时像面不是一个平面,而是弯曲的曲面,称为场曲。

(4) 畸变。轴外物点发出的主光线经过系统后会偏离其高斯像面上高斯像点,称这种成像的缺陷为畸变。

3. 光学系统中的光路计算

光学系统设计中一般要研究物面上不同位置的物点发出的不同成像光线对于成像质量的影响关系,根据研究的光线的光路不同,光学系统的光路计算主要可以分为下四类:

1) 近轴光线的光路计算

近轴光线的光路主要是计算高斯像面和像点。

2) 子午面内光路的计算

子午面内的光路是分析色差和单色像差中球差、子午彗差、宽光束子午场曲、像散和畸变计算都需要计算的光路。

3) 沿主光线的细光束光路计算

沿主光线的细光束光路计算是分析细光束像散和场曲所必须进行的光路计算。

4) 空间光路的计算

空间光路计算是分析弧矢彗差、宽光束弧矢场曲和宽光束像散及对像质作出全面了解和判断所必须进行的光路计算。

9.3 典型例题

例题 9-1 如例题 9-1 图所示,焦距 $f'=100$ mm 的薄透镜,直径 $D_0=20$ mm,在透镜后 150 mm 处有一个光孔,直径 $D_p=5$ mm。

(1) 当物体 A 位于透镜前 450 mm 时,指出孔径光阑和视场光阑,计算入瞳和入窗的大小和位置,并计算这时的物方孔径角和视场角;

(2) 当物体 B 位于无穷远时,指出孔径光阑和视场光阑,并确定入瞳、出瞳、入窗和出窗的位置和大小。

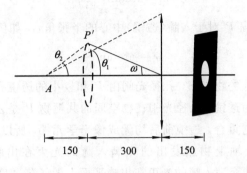

例题 9－1 图

解：光学系统的孔径光阑和视场光阑与物体的位置有关，由光路的可逆性，光阑的确定可以在物空间进行，也可以在像空间进行。现在在物空间确定系统的孔径光阑和视场光阑。

在分析以前，首先应该计算出光学系统各个光阑经它前面的光学系统沿逆光路方向在原系统物空间成的像（或经它前面的光学系统沿正光路方向在系统物空间的"共轭物"）。系统有两个光阑，一个为透镜的边框，另外一个为光孔。透镜前面没有光学元件，在系统物空间的共轭物就是它自身；光孔前面有成像光学元件——透镜，首先将光孔对透镜成像。采用正光路计算，将光孔看做透镜的像，在物空间求光孔的"共轭物"，这时，$l' = 150$ mm，$f' = 100$ mm，由薄透镜成像公式有

$$l = -300 \text{ mm}$$

又

$$\beta = \frac{l'}{l} = -0.5$$

所以

$$y = \frac{y'}{|\beta|} = \frac{5}{0.5} = 10 \text{ mm}$$

即光孔在系统物空间的共轭物 P' 位于透镜前 300 mm，大小为 10 mm，如例题 9－1 图所示。

下面根据物体的位置确定具体的光阑。

(1) 当物点 A 位于透镜前 450 mm 处时，透镜边框和 P' 对物点 A 的半张角为 θ_1 和 θ_2，有

$$\tan\theta_1 = \frac{10}{450} = \frac{1}{45}$$

$$\tan\theta_2 = \frac{5}{150} = \frac{1}{30}$$

可见 $\theta_1 < \theta_2$，所以透镜为孔径光阑，由于只有两个光阑，光孔为视场光阑。

透镜以前没有成像光学元件，所以自身的边框也为入瞳，直径为 20 mm，光孔在物空间的共轭物，即 P' 为入窗，位于透镜前 300 mm 处，直径为 10 mm。

物方孔径角就是 θ_1，大小为

$$\theta_1 = \arctan\left(\frac{1}{45}\right)$$

物方半视场角为入窗 P' 对于入瞳(透镜)中心的半张角 ω，如例题 9-1 图所示，大小为

$$\omega = \arctan\frac{1}{60}$$

(2) 对于位于无穷远的物点 B，孔径光阑由 P' 和较小的透镜孔径决定，即孔径光阑为光孔，相应的视场光阑为透镜。孔径光阑在物空间的共轭物 P' 是入瞳，而它后面没有成像光学元件，所以出瞳与它重合。透镜前后均无成像光学元件，所以入窗和出窗与透镜重合。

例题 9-2 已知光轴上物点发出的充满入瞳的光束在出瞳平面上的光束半径为 11 mm，轴外物点发出的充满入瞳的光束在出瞳平面上的子午宽度为 17.5 mm。试求光束在出瞳面上的弧矢宽度，以及子午平面和弧矢平面上的线渐晕系数。

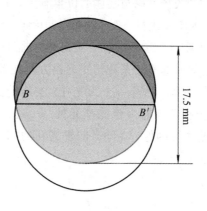

例题 9-2 解图

解：根据题意，轴外物点的成像光束在出瞳面上的截面为出瞳在出瞳面上平移 22−17.5=4.5 mm 与实际出瞳面相重叠的部分，如例题9-2解图所示。该截面在子午面上的长度为 17.5 mm，而在弧矢平面上的长度即光束的弧矢宽度，为图中 BB' 线段的长度。显然，弧矢宽度是半径为 11 mm 的圆中距离圆心 4.5 mm 的弦的长度，即

$$BB' = 2\sqrt{11^2 - 4.5^2} \approx 20.075 \text{ mm}$$

所以所求物点发出的光束在出瞳面上的弧矢宽度约为 20.075 mm。

根据线渐晕系数的定义，可得子午平面和弧矢平面上的线渐晕系数分别约为

$$K_{DT} = \frac{17.5}{22} \approx 0.795$$

$$K_{DS} = \frac{20.075}{22} \approx 0.912$$

例题 9-3 现有一个照相机，其物镜 $f'=75$ mm，现以常摄距离 $p=-3$ m 进行拍摄，相对孔径采用 1/8，试求景深。如果要使对准平面以后的整个空间都能在景像平面上成清晰的像，则对准平面应该在什么位置，这时的近景深度为多少？

解：照相机的景深不仅仅与照相机自身的成像有关，还与观察者的眼睛的分辨率有关，我们取人眼的角分辨率 ε 为 1′。为了使得人观察照片和直接观察物体有相同的空间感觉而不发生出现像弯曲现象，则允许对准平面(物面)上可以分辨的两点的最小距离对入瞳张角 ε 也等于 1′，则物面上的线分辨率 $Z_0 = -\varepsilon p$。照相机成像系统的入瞳直径 D 等于相对

孔径和物镜焦距的乘积，当相对孔径为 1/8 时，入瞳的直径为 75/8 mm，根据照相机景深公式

$$\Delta_1 = \frac{-pZ_0}{D - Z_0}$$

$$\Delta_2 = \frac{-pZ_0}{D + Z_0}$$

可得，$\Delta_1 \approx 0.308$ m，$\Delta_2 \approx 0.255$ m，所以景深约为 0.563 m。

要使远景深度为无穷大，需要 $D = -\varepsilon p$，则对准平面位置为

$$p = -\frac{D}{\varepsilon} = -\frac{75/8 \text{ mm}}{1'} \approx -32.2 \text{ m}$$

这时的近景深度为

$$\Delta_2 = \frac{-pZ_0}{D + Z_0} = -\frac{p}{2} = 16.1 \text{ m}$$

例题 9-4　使用 Zemax 设计一个由两个厚透镜、两个平面反射镜和一个薄透镜构成的光学系统。

解：首先，在 Zemax 开发环境下新建一个文件。进入 System|General 界面，在 Units 下进行透镜参数长度单位的设置，默认为 mm，在 Aperture 下选择光阑大小设置方式，默认为入瞳直径大小，选择 Float By Stop Size，即在透镜数据界面设置光阑的大小。

其次，在透镜数据编辑界面完成光学系统结构的设计。新建的文件，在透镜数据编辑界面有三个表面，依次为物面、孔径光阑和像面。物面的厚度参数设为 20，表示它到下一个表面(孔径光阑)的距离为 20 mm。孔径光阑的厚度参数设为 10，半孔径设为 1，表示光阑的半径为 1 mm。在透镜数据编辑界面中插入表面以添加光学元件，每种表面对应的光学元件的参数有确切的定义，可以参考 Zemax 手册。厚透镜由两个表面构成，这两个表面均为球面，其参数主要包括曲率半径、该表面到下一个表面间的空间间隔、材料、半孔径。在孔径光阑后添加两个表面，先设置要添加的第一个表面的参数：曲率半径为 30，即 30 mm；厚度为 5，表示该透镜的厚度为 5 mm；材料为 F7(通过键盘 F4 可以获得材料库以及各种材料的光学参数)；半孔径可以不设，系统会由孔径光阑的大小计算后自动设置，在此设为 6。然后设置要添加的第二个表面的参数：曲率半径为 −60，即 −60 mm；厚度为 7.5，表示该透镜距离下个表面的距离为 7.5 mm；材料空白，表示透镜到下一个表面的介质为空气；同样设置半孔径大小为 6。

接下来，设置平面镜。平面镜的设置可以通过主菜单 Tools|Modify|Add Fold Mirror 完成，这时会增加三个表面，其中，中间表面是一个材料为 MIRROR 的平面，增加的第一个表面和第三个表面的类型为 Coordinate Break，用于改变系统的光轴。将 Tilt X 的参数设为 −45，表明每次沿 x 轴方向旋转光轴 −45°。同理可以设置第二个厚透镜和平面镜。

最后，设置薄透镜。在第二个平面镜后添加表面，表面的类型设为 Paraxial，参数焦距为 20，表示添加的透镜是像方焦距为 20 mm 的薄透镜。薄透镜到系统像面的距离通过薄透镜的厚度参数给出，用鼠标双击薄透镜的厚度输入框，软件会出现一个对话框，在 Solve Type 中选择 Marginal Ray Height，设置 Height 为 0，Pupil Zone 为 0，这时系统会计算系统物面(OBJ 表面)的高斯像面位置，自动设置薄透镜的厚度参数，保证 IMA 表面(最后一个表面)为近轴区的高斯像面，同时薄透镜的厚度参数后出现一个字母"M"。至此，整个光

学系统的结构设计完成了,如例题 9-4 解图(一)所示。

Surf:Type		Comment	Radius	Thickness	Glass	Semi-Diameter	Conic	Par 0(unused)	Par 1(unused)	Par 2(unused)	Par 3(unused)
OBJ	Standard		Infinity	20.000		1.750	0.000				
STO	Standard		Infinity	10.000		1.000 U	0.000				
2*	Standard	Lens1	30.000	5.000	K7	6.000 U	0.000				
3*	Standard		-60.000	7.500		6.000 U	0.000				
4	Coordinat..			0.000	-	0.000		0.000	0.000	0.000	-45.000
5*	Standard	Mirror1	Infinity	0.000	MIRROR	5.000 U	0.000				
6	Coordinat..			-10.000	-	0.000		0.000	0.000	0.000	-45.000 P
7*	Standard	Lens2	-50.000	-4.000	K7	6.000 U	0.000				
8*	Standard		60.000	-10.000		6.000 U	0.000				
9	Coordinat..			-10.000	-	0.000		0.000	0.000	0.000	45.000
10*	Standard	Mirror2	Infinity	0.000	MIRROR	6.000 U	0.000				
11	Coordinat..			10.000	-	0.000		0.000	0.000	0.000	45.000 P
12	Paraxial			14.861 M		5.000 U		20.000	1		
IMA	Standard		Infinity	-		1.001	0.000				

例题 9-4 解图(一)

要观察系统的成像和光路,需要在 System|Fields 和 System|Wavelengths 下进行物点的设置和光波波长的设置。成像物点的设置可以在物面设置,也可以在像面设置,我们设置物面上高度分别为 1 mm 和 -1 mm 的两个物点,这时成像的光路如例题 9-4 解图(二)所示。

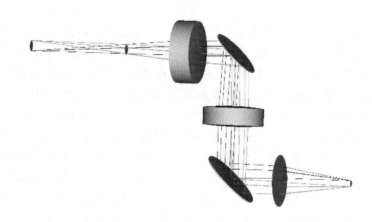

例题 9-4 解图(二)

例题 9-5 通过 Zemax 分析厚透镜的像差。

解:通过 Zemax 软件完成一个双凸厚透镜的光学系统结构设计。系统数据参数如例题 9-5 解图(一)所示,双凸透镜的厚度为 10 mm,前后的曲率半径大小为 20 mm 和 -30 mm,材料采用系统的 F2 介质材料。

Surf:Type		Comment	Radius	Thickness	Glass	Semi-Diameter	Conic
OBJ	Standard		Infinity	30.000		9.000	0.000
STO	Standard		Infinity	5.000		1.000 U	0.000
2*	Standard		20.000	10.000	F2	10.000 U	0.000
3*	Standard		-30.000	42.480 M		10.000 U	0.000
IMA	Standard		Infinity	-		10.911	0.000

例题 9-5 解图(一)

(1)分析光轴上物点成像的球差。例题 9-5 解图(二)给出了在成像面处及前后每间隔 10 μm 的横截面图,其中第一行为入瞳孔径为 1 mm 的截面图,第二行为入瞳孔径为 2 mm

的截面图。由图可以看出,光轴上的物点在各个横截面上成一个光斑,前后在离像面距离越大的横截面上,光斑越大;同时随着物方孔径角增大,像面上光斑的大小也增大。像面的光斑大小随物方孔径角大小增大而变大的原因是,物方孔径角越大时,出射的光束和光轴相交于相距高斯像面越远的位置,即球差越大。

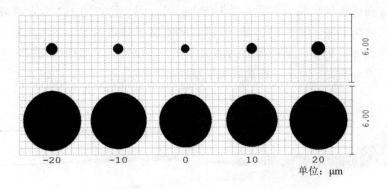

例题 9-5 解图(二)

　　减小孔径光阑大小,优化系统结构使得彗差比较小,这时可以观察到场曲。例题 9-5 解图(三)给出了物面上距离光轴分别为 0、3 mm、6 mm、9 mm 的四个物点在近轴区高斯像面及其向前离焦面上的光斑图,离焦面的间隔为 2 mm,可以看出光轴外物点的像点并不在高斯像面上,距离光轴越远的物点,光斑最小的像面离高斯像面越远。

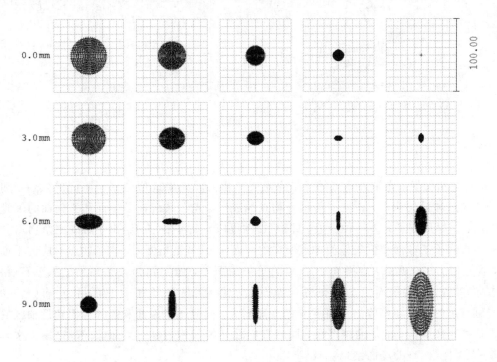

例题 9-5 解图(三)

　　(2) 分析子午场曲和弧氏场曲。例题 9-5 解图(四)(a)给出了子午面上光线的光路图,这时离光轴不同距离的物点发出的光线在子午面内并不相交于近轴区的高斯像面,而是近似相交于高斯像面前不同的位置。例题9-5解图(四)(b)给出了高斯像面前光束分布的局部放大图,其中的小圆点可以看作光束的近似会聚点,即子午像点。例题9-5解图(四)(c)给出了弧矢面上光线的光路图,类似子午面光束,不同物点发出的弧矢面光束也是近似相交于高斯像面前不同的位置,形成弧矢像点;同时同一物点的子午像点和弧矢像点到高斯像面的轴向距离不同。例题9-5解图(四)(d)给出了物点位于子午面光轴上方时,子午像点和弧矢像点相对近轴区高斯像面的轴向偏离,当物点遍及整个物面时,子午像点和弧矢像点将形成两个曲面,即子午场曲和弧矢场曲。

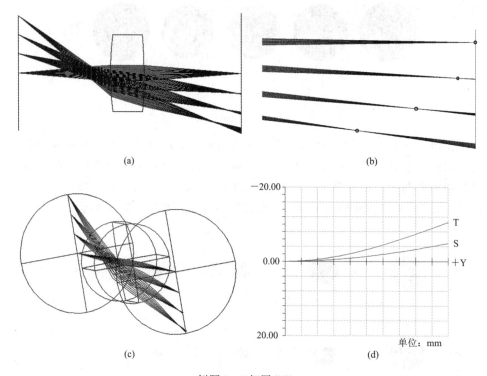

例题9-5解图(四)

(3) 分析像散。光轴外物点的子午面光束和弧矢面光束近似会聚于不同的点,分别形成子午像点和弧矢像点,说明对于轴外物点的成像,光学系统在子午面和弧矢面的聚光能力不同,这时形成了另外一种像差,即像散。例题9-5解图(五)给出了轴外三个物点分别相对各自的子午像面和弧矢像面中点所在的像面 P 的离焦光斑图。在各物点对应的平面 P 上,像近似为一个圆斑,在平面 P 以前的子午像面上,像实际为一条和子午面垂直(沿 x 轴方向)的线,而在平面 P 以后的弧矢像面上,像实际为一条在子午面(沿 y 轴)上的线。离光轴越远的物点在相应的平面 P 上的光斑越大,同时子午像面和弧矢像面到近轴区的高斯像面的距离越大,即场曲越严重,同时它们之间的间距也越大,即像散越严重,这与例题9-5解图(四)(d)场曲结果一致。

(4) 分析畸变。例题9-5解图(六)(a)为输入的棋盘状物;例题9-5解图(六)(b)为高斯像面上的输出图像,这时棋盘线出现了变形,即出现了桶形畸变;例题9-5解图(六)(c)给出了在高斯像面前一定离焦面上的像,这时仍然存在桶形畸变,但是像面边缘比中间清晰，而不同例题 9 - 5 解图（六）(b) 像的中间比边缘清晰，这是受场曲的影响。例题 9 - 5 解图（六）(d)给出了厚透镜的畸变像差。

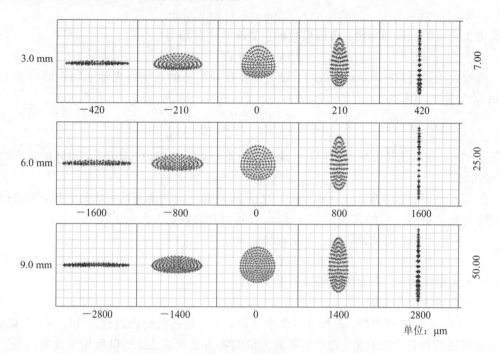

例题 9 - 5 解图（五）

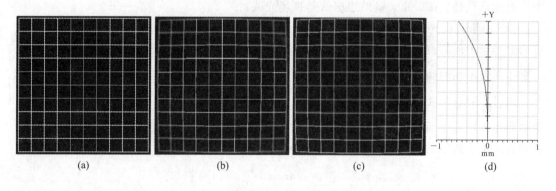

例题 9 - 5 解图（六）

9.4　习题选解

9 - 1　焦距 $f' = 100$ mm 的薄透镜，直径 $D_0 = 40$ mm，在透镜前 50 mm 处有一个光孔，直径 $D_p = 35$ mm。求物体在 $-\infty$ 和 -300 mm 时，孔径光阑、入瞳和出瞳的位置及大小。

解：由于两个光阑前均无成像光学元件，所以确定孔径光阑时只需直接比较它们对物的张角。

当 $l=-\infty$ 时，由于光孔的直径小于透镜，所以孔径光阑为光孔。相对透镜所在平面，入瞳的位置和大小分别为

$$l_p=-50\ \text{mm}, \quad D=35\ \text{mm}$$

光孔由透镜成的像即为出瞳，可得出瞳的位置和大小分别为

$$l_p'=-100\ \text{mm}, \quad D'=70\ \text{mm}$$

当物位于透镜前 -300 mm 处时，设透镜孔径和光孔的孔径对光轴上物点的张角大小分别为 θ_1 和 θ_2，则

$$\tan\theta_1=\frac{20}{300}, \quad \tan\theta_2=\frac{17.5}{250}$$

因为 $\theta_1<\theta_2$，所以孔径光阑为透镜，入瞳和出瞳重合，$l_p=l_p'=0$ mm，入、出瞳的大小均为 40 mm。

9-3 将一个像方焦距 $f'=40$ mm、直径 $D_1=30$ mm 的薄透镜做成放大镜，眼瞳位于透镜像方焦点 F' 上，眼瞳直径 $D_2=4$ mm，物面放在透镜物方焦点 F 上。试问：

(1) 哪一个是孔径光阑，哪一个是视场光阑？

(2) 入瞳在哪里，物方孔径角等于多少？

(3) 入窗在哪里，物方线视场等于多少？

(4) 视场边缘有无渐晕？

解：(1) 在像空间判断。系统存在两个光阑，一个是放大镜的边框，另外一个是眼瞳。首先将求解物在像空间的像。由于物在放大镜的物方焦平面上，所以像位于无穷远处，而在像空间，放大镜的边框和眼瞳的像就是它们自身，由于眼瞳的直径比放大镜的孔径小，所以眼瞳是孔径光阑，放大镜的边框就是视场光阑。

(2) 由于孔径光阑在物空间的共轭物在无穷远处，所以系统的入瞳在无穷远处。由于物面上光轴上的物点发出的光束，经过放大镜后，平行光轴，这时受到眼瞳的限制，光束的最大半宽度为眼瞳的半径，所以物方孔径角的大小为 $\arctan\left(\frac{1}{20}\right)=2.86°$。

(3) 由于视场光阑前面没有成像光学元件，所以放大镜的边框自身就是入窗。没有渐晕的物面范围最上面的位置由经过眼瞳上边沿和放大镜上边沿的光线决定，经过眼瞳上边沿和放大镜上边沿的光线与光轴夹角的大小 θ 为

$$\theta=\arctan\frac{13}{40}$$

由于物面位于放大镜的前焦面上，所以没有渐晕的物面的最上点对放大镜光心的夹角应等于 θ，假如物面的半线视场为 y，则

$$\theta=\arctan\frac{y}{40}$$

所以物面上没有渐晕的全线视场为 26 mm。

(4) 光学系统要消除渐晕，要么物面与入窗重合，要么入瞳与入窗重合。该光学系统光阑和物面的位置不满足光学系统消除渐晕的条件，所以存在渐晕现象。

9-4 一个望远镜光学系统由两个正薄透镜组成，已知物镜的焦距 $f_1'=1000$ mm，其通光口径 $D_1=50$ mm，物镜与目镜相隔 1200 mm，目镜的通光口径 $D_2=20$ mm。其光学间隔 $\Delta=0$。今在物镜的像方焦平面上设置一直径为 16 mm 的圆孔光阑，求此光学系统的孔

径光阑、视场光阑和物方视场角。

解：在物镜的像空间求解问题。物在物镜的像空间的像 A' 位于物镜的像方焦平面上，与专门设置的圆孔光阑中心重合，因此该圆孔光阑不可能为孔径光阑，现在比较望远镜物镜和目镜对 A' 的张角。由于整个系统为无焦系统，所以物镜与目镜的间隔 d 与物镜像方焦距 f'_0 和目镜像方焦距 f'_e 存在关系：

$$d = f'_0 + f'_e$$

根据题意 $d = 1200$ mm，$f'_0 = 1000$ mm，所以 $f'_e = 200$ mm。

设物镜和目镜对 A' 的张角大小分别为 θ_1 和 θ_2，如题 9-4 解图，则

$$\tan\theta_1 = \frac{1}{40}, \quad \tan\theta_2 = \frac{1}{20}$$

因为 $\theta_1 < \theta_2$，所以孔径光阑为物镜边框。对于物镜中心，假如附加设置的圆孔光阑和目镜边框的张角分别为 α_1 和 α_2，则

$$\tan\alpha_1 = \frac{1}{125}, \quad \tan\alpha_2 = \frac{1}{120}$$

显然，$\alpha_1 < \alpha_2$，所以视场光阑为专门设置的圆孔光阑。由于圆孔光阑在物空间的共轭物即入窗，位于无穷远处，与物面重合，所以该系统可以消除渐晕。

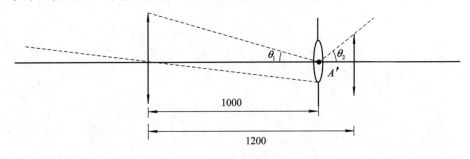

题 9-4 解图

由于物面位于无穷远，所以物面上任意物点发出的光束进入系统时可以看做平行光束，显然，当物点距离光轴越远，进入望远镜系统的平行光束与光轴夹角的大小就越大，这时在像方焦平面上像点距离光轴也越远。当物镜形成的像点正好位于圆孔光阑（视场光阑）的边缘时，这时物面上物点位于视场的边缘上，该物点进入系统的平行光束与光轴的夹角即为物方半视场角 ω，根据薄透镜光心的性质，显然，物方半视场角即为圆孔光阑与物镜光心的连线（图中经过物镜中心的虚线）与光轴的夹角，即

$$\tan\omega = \frac{1}{125}$$

所以物方视场角为

$$2\omega = 2\arctan\left(\frac{1}{125}\right) \approx 0.9167°$$

9-6　如果照相物镜的对准平面以后的整个空间都能在景像平面上成清晰像，物镜的焦距 $f' = 75$ mm，所用光圈数 $F = 16$，求对准平面位置和近景面的位置。如果调焦于无限远处，即 $p = \infty$，求近景位置。

解：根据照相机近景和远景深度关系知道，当要求对准平面以后的整个空间都能在景像平面上成清晰像时，对准平面对入瞳的张角为人眼的角分辨率 ε，$\varepsilon = 1'$，这时近景面对

入瞳的张角为 2ε。入瞳的直径为

$$D=\frac{f'}{F}=\frac{75}{16}\ \text{mm}$$

所以对准平面和近景面分别相对入瞳的距离 p 和 p_2 为

$$p=\frac{D}{\varepsilon}\approx 16.11\ \text{m},\quad p_2\approx\frac{D}{2\varepsilon}\approx 8.06\ \text{m}$$

当调焦于无限远处时,近景面对入瞳的张角为 ε,所以这时的近景面距离入瞳的距离为

$$p_2=\frac{D}{\varepsilon}\approx 16.11\ \text{m}$$

第 10 章　光学仪器的基本原理

10.1　基　本　要　求

1. 基本要求

(1) 了解光辐射和光度学的基本概念；

(2) 了解眼睛的基本结构和成像；

(3) 掌握基本助视光学仪器的结构，能完成成像关系和成像参数的分析和计算；

(4) 了解助视光学仪器设计的基本方法并能完成简单光学系统设计。

2. 重点、难点

(1) 重点：放大镜、显微镜、望远镜的结构及成像关系。

(2) 难点：视角放大率，助视光学仪器的设计。

10.2　基本概念和公式

光学仪器的种类繁多，应用广泛，本章以助视光学仪器为对象，首先介绍光辐射学的基本概念，然后介绍光学仪器的基本结构和成像特点，包括放大镜、显微镜和望远镜，同时介绍眼睛的有关基本知识。

1. 眼睛

1) 眼睛的调节能力

(1) 远点。当眼睛处于放松状态时，所能看清的最远的物点位置称为远点，远点相对于眼睛物方主点的线度一般表示为 r。

(2) 近点。当眼睛处于紧张状态时，所能看清的最近的物点位置称为近点，近点相对于眼睛物方主点的线度一般表示为 p。

(3) 折光度数。远点折光度数：

$$R = \frac{1}{r}$$

近点折光度数：

$$P = \frac{1}{p}$$

(4) 眼睛调节能力。眼睛调节能力为 $A=R-P$。

2) 眼睛的缺陷

(1) 近视眼。近视眼是指当眼睛处于放松状态时,无穷远的物点成像在视网膜以前。这时眼睛的远点变近,校正时需佩戴眼镜的光焦度为 $\varphi=R$。

(2) 远视眼。远视眼是指当眼睛处于放松状态时,无穷远的物点成像在视网膜以后。这时眼睛的近点变远,校正时需佩戴眼镜的光焦度为 $\varphi=4+P$。

3) 眼睛的分辨率

眼睛刚刚能分辨开两点对眼睛物方节点所张的角度,称为角分辨率。角分辨率值愈小,眼睛的分辨率愈高。

眼睛的角分辨极限为

$$\alpha_0 = 1.22\frac{\lambda}{D}$$

其中 D 为瞳孔直径。对于波长为 555 nm 的黄绿光,D 的单位选择为 mm,则 $\alpha_0 = \left(\frac{140}{D}\right)''$,通常取 $\alpha_0 = 60''$。

2. 放大镜

1) 视角放大率

(1) 定义:假如将物体放置在眼睛的明视距离处,即眼睛前面 250 mm 处,物体对于眼睛的张角为 ω,而使用了放大镜后,放大镜的像对眼睛的张角为 ω',视角放大率 Γ 定义为

$$\Gamma \stackrel{\text{def}}{=} \frac{\tan\omega'}{\tan\omega}$$

(2) 公式:

$$\Gamma = \frac{250}{f'}$$

2) 光束限制

物面线视场大小为 $y = \frac{250}{\Gamma}\frac{h}{d}$,像方的半视场角满足 $\tan\omega' = \frac{h}{d}$,其中 y 为半视场线度,h 为透镜的半径,d 为眼睛到透镜的距离。

3. 显微镜

1) 分辨率

显微镜刚好能够分辨的物平面上两点的最小距离称为显微镜的分辨率,即

$$\sigma = \frac{0.61\lambda}{n\,\sin U} = \frac{0.61\lambda}{\text{NA}}$$

其中,λ 为测量时所用光波的真空波长;n 为显微镜物空间的折射率;NA 为物镜的数值孔径,U 为显微镜的物方孔径角。不发光物体在斜照明时的分辨率为

$$\sigma = \frac{0.5\lambda}{\text{NA}}$$

2) 视角放大率

(1) 视角放大率公式:$\Gamma = \beta_0\Gamma_e \approx -\frac{250\Delta}{f'_0 f'_e} = \frac{250}{f'}$,即显微镜相当于一个高倍率的放

大镜。

（2）有效视角放大率：为了充分利用物镜的分辨率，使已被物镜分辨的物体细节能同时被人眼看清，显微镜必须有恰当的视角放大率，以便把物体细节放大到足够使人眼可以分辨的程度。一般情况下，应使分辨极限的线度通过显微镜成像后对人眼的张角在 $2'\sim4'$ 的范围之内，这样就得到显微镜的视角放大率与数值孔径 NA 的关系为

$$500\mathrm{NA}<\mathit{\Gamma}<1000\mathrm{NA}$$

3）光束限制

（1）孔径光阑。对于单组低倍物镜，其镜框即为孔径光阑；对于多组透镜构成的复杂物镜，通常以最后一组透镜框作为孔径光阑；在测量显微镜中于物镜的像方焦平面上设置专门的孔径光阑。

（2）视场光阑。显微镜的视场光阑通常设置于物镜的像平面上，这时入窗和物面重合，可以保证消除渐晕。视场光阑的大小 $2y'$ 等于物面的视场可见范围 $2y$ 与物镜的垂轴放大率的乘积，即 $y'=y\beta_0$。

4. 望远镜

1）结构

望远镜由物镜和目镜构成，依据目镜焦距正负不同，分为伽利略望远镜和开普勒望远镜。

（1）伽利略望远镜：物镜由正透镜构成，目镜由负透镜构成。结构紧凑，筒长短，成正立像；但是不能够设置分划板，只能够用来观察，不能够用来测量和瞄准。

（2）开普勒望远镜：物镜和目镜均由正透镜构成。成倒立像，需要倒像装置；能够设置分划板，可以用来测量和瞄准。

2）分辨率

望远镜中刚好能够分辨开的物镜的像方焦平面上两点的最小距离称为望远镜的分辨率，$\sigma=1.22\lambda F$，其中 $F=f_0'/D$ 称为 F 数，或光圈数。

3）视角放大率

（1）视角分辨率

$$\mathit{\Gamma}=\gamma=\frac{f_0}{f_\mathrm{e}'}=-\frac{D}{D'}$$

（2）有效视角放大率

$$\mathit{\Gamma}=0.5D$$

10.3 典 型 例 题

例题 10-1 一个人眼睛看不清楚 5 m 以外的物体，校正时应该佩戴眼镜的屈光度为多少？另外一个人佩戴了近视 400 度的眼镜，他的眼睛的远点为多少？

解： 校正眼睛缺陷时，关键是了解眼镜的作用，就是改变远点或近点的位置。眼睛看不清楚 5 m 外的物体，说明远点变为了 -5 m，这时眼镜镜片的作用就是将无穷远处的物点成像在眼睛的远点处，使得在佩戴眼镜后，眼睛能够看清楚无穷远处的物体，即校正后

的远点位于无穷远处。根据薄透镜成像公式 $\frac{1}{l'} - \frac{1}{l} = \frac{1}{f'}$，其中 $l = \infty$，$l' = -5\ \text{m}$，则眼镜的光焦度为

$$\varphi = \frac{1}{l'} = \frac{1}{r} = R = -0.2D$$

所以眼镜的屈光度应该为 $-0.2D$。

佩戴了近视 400 度的眼镜，说明眼睛的远点折光度数为 $-4D$，远点为 $-0.25\ \text{m}$。

例题 10-2　某照相机可拍摄的最近距离为 1 m，装上 2 个屈光度（$f' = 500\ \text{mm}$）的近拍镜后，能拍摄的最近距离是多少？（假设近拍镜和照相镜头密接。）

解： 解决本题的关键是要弄清近拍镜与照相镜头之间的成像关系。近拍镜可以使照相镜头的拍摄最小距离减小，与远视眼佩戴镜片可以减小近点的距离类似。为了拍摄更近距离的物体，首先照相镜头应调到拍摄最近距离的位置，然后再加上近拍镜，近拍镜则将更近距离的物体成像在照相镜头能拍摄的最近距离处，对近拍镜应用成像公式，选用高斯公式，这时 $f' = 500\ \text{mm}$，$l' = -1\ \text{m}$，代入公式 $\frac{1}{l'} - \frac{1}{l} = \frac{1}{f'}$，可得

$$l = \frac{f'l'}{f' - l'} = \frac{0.5 \times (-1)}{0.5 + 1} = -\frac{1}{3}\ \text{m}$$

即能拍摄的最近距离为 1/3 m。

例题 10-3　用两个焦距都是 50 mm 的正透镜组成一个 10 倍的显微镜，问物镜的倍率、目镜的倍率以及物镜和目镜之间的间隔各为多少。

解： 根据显微镜的视角放大率公式 $\Gamma = -\frac{250\Delta}{f_0'f_e'}$，以及 $\Gamma = -10\times$，$f_0' = f_e' = 50\ \text{mm}$，可得

$$\Delta = 100\ \text{mm}$$

所以物镜和目镜的间距为

$$L = f_0' + f_e' + \Delta = 200\ \text{mm}$$

物镜的垂直放大率为

$$\beta = -\frac{\Delta}{f_0'} = -\frac{100}{50} = -2\times$$

目镜的视角放大率为

$$\Gamma_e = \frac{250}{f_e'} = \frac{250}{50} = 5\times$$

或者

$$\Gamma_e = \frac{\Gamma}{\beta_0} = -\frac{10}{-2} = 5\times$$

例题 10-4　一生物显微镜的物镜倍率为 100 倍，视场光阑的大小为 12.5 mm，求线视场的大小。

解： 根据 $y' = y\beta_0$，以及 $\beta_0 = -100\times$，$2y' = 12.5\ \text{mm}$，有

$$2y = -0.125\ \text{mm}（负号表示成倒像）$$

即该显微镜的线视场为 0.125 mm。

例题 10-5　一显微镜的光学筒长为 150 mm。如果物镜的焦距为 20 mm，目镜的视

角放大率为 12.5×。

（1）求总的视放大率；

（2）求系统的焦距；

（3）如果物镜的数值孔径为 0.1，则该视放大率是否在适用范围内？

（4）求物体到物镜之间的距离。

解：（1）根据已知，$\Gamma_e=12.5\times$，$\Delta=150$ mm，代入显微镜的视角放大率公式中，先求出物镜垂轴放大率

$$\beta_0=-\frac{\Delta}{f_0'}=-\frac{150}{20}=-7.5\times$$

最后求出总的视角放大率

$$\Gamma=\beta_0\Gamma_e=-7.5\times12.5=-93.75\times$$

（2）由公式 $\Gamma=\dfrac{250}{f'}$，可得系统焦距

$$f'=\frac{250}{\Gamma}=\frac{250}{-93.75}=-\frac{8}{3}\text{ mm}$$

（3）将 NA=0.1 代入 500NA<Γ<1000NA 中，求得有效视角放大率的范围为

$$50<|\Gamma|<100$$

所以 $\Gamma=-93.75$，在有效放大率范围之内。

（4）物镜成像时，焦像距为 $x'=\Delta=150$ mm，由牛顿公式可得这时的焦物距为

$$x=\frac{f_0 f_0'}{x'}=\frac{-20\times20}{150}=-\frac{8}{3}\text{ mm}$$

即物距离物镜的距离为

$$|l|=|x+f_0|=20+\frac{8}{3}\approx22.67\text{ mm}$$

例题 10-6　有一架开普勒望远镜，目镜焦距为 100 mm，出瞳直径 $D'=4$ mm，求当望远镜视角放大率分别为 10× 和 20× 时，物镜和目镜之间的距离各为多少。假定入瞳为物镜框，物镜通光口径各为多大？（忽略透镜厚度）

解：由于望远镜的视角放大率

$$\Gamma=\frac{f_0}{f_e}=-\frac{f_0'}{f_e'}$$

因此开普勒望远镜的物镜和目镜之间距离为

$$L=f_0'+f_e'=f_e'(1-\Gamma)$$

将 $\Gamma=-10\times$，$f_e'=100$ mm 代入上式，可得

$$L=100(1+10)=1100\text{ mm}$$

物镜口径为

$$D=|\Gamma|D'=10\times4=40\text{ mm}$$

同理：$\Gamma=-20\times$ 时，有

$$L=100(1+20)=2100\text{ mm}$$

$$D=|\Gamma|D'=20\times4=80\text{ mm}$$

例题 10-7　有一架开普勒望远镜，视角放大率为 6×，物方视场角 $2\omega=8°$，出瞳直径

$D' = 5$ mm，物镜和目镜之间距离 $L = 140$ mm。假定孔径光阑与物镜框重合，系统无渐晕，求：

(1) 物镜焦距和目镜焦距；

(2) 物镜口径和目镜的口径；

(3) 分划板的直径；

(4) 出瞳的位置。

解：(1) 由 $L = f_0' + f_e' = 140$ mm 和 $\Gamma = -\dfrac{f_0'}{f_e'} = -6$，可得

$$f_0' = 120 \text{ mm}, \quad f_e' = 20 \text{ mm}$$

(2) 物镜通光口径也即入瞳直径，根据 $D = |\Gamma| D'$ 公式，可得

$$D = 6 \times 5 = 30 \text{ mm}$$

目镜的口径足够大，应该使视场边缘的光线(例题 10-7 解图中 a 光线)能够通过，相当于目镜的半径应该等于边缘光线在目镜主平面上的高度，可以采用光组组合正切公式求解。这时

$$h_1 = -15 \text{ mm}, \quad U_1 = -4°, \quad n_1 = n_1' = 1.0, \quad \varphi_1 = \frac{1}{120} \text{ mm}^{-1}$$

由公式 $n_k' \tan U_k' = h_k \varphi_k + n_k \tan U_k$ 可得

$$\tan U_1' = \tan(-4°) - \frac{15}{120} \approx 0.194\ 927$$

又由公式 $h_{k+1} = h_k - d_k \tan U_k'$，可得

$$h_2 = -15 + 140 \times 0.194\ 927 \approx 12.29 \text{ mm}$$

所以目镜口径的尺寸为 24.58 mm。

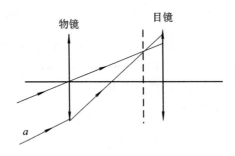

例题 10-7 解图

(3) 无限远物面上视场边缘物点在物镜像面上的像的高度为分划板的半径，所以分划板的直径 D_F 为

$$D_F = 2f_0' \tan 4° = 2 \times 120 \times \tan 4° \approx 16.78 \text{ mm}$$

(4) 物镜框为孔径光阑，出瞳实际上是物镜框由目镜所成的像。这时 $l = -140$ mm，$f' = f_e' = 20$ mm，由薄透镜成像公式，可得

$$l' = \frac{lf'}{l + f'} = \frac{-140 \times 20}{-140 + 20} = \frac{70}{3} \text{ mm}$$

即出瞳位于目镜后 70/3 mm 处。

例题 10-8 一台显微镜有 4 个物镜，其垂轴放大率 β 分别为 $-1\times$、$-1.5\times$、$-3\times$

和 $-5\times$，以适应不同需要，但物面和像面之间的距离对不同物镜都要求为常数 200 mm，试求 4 个物镜的焦距 f' 和物距 l（假设物方主面和像方主面重合）。

解：显微镜物镜的成像为实物成实像，如果物距和像距为 l 和 l'，根据题意有

$$l' - l = 200 \text{ mm}$$

同时考虑到垂轴放大率为

$$\beta = \frac{l'}{l}$$

对于不同垂轴放大率解以上两个方程，求得不同垂轴放大率时的物距 l 和像距 l'，然后根据薄透镜成像公式可求得物镜的焦距。计算结果如下：

$$\beta = -1, \quad l = -100 \text{ mm}, \quad f' = 50 \text{ mm}$$
$$\beta = -1.5, \quad l = -80 \text{ mm}, \quad f' = 48 \text{ mm}$$
$$\beta = -3, \quad l = -50 \text{ mm}, \quad f' \approx 37.5 \text{ mm}$$
$$\beta = -5, \quad l = -\frac{100}{3} \text{ mm}, \quad f' \approx 27.7 \text{ mm}$$

10.4 习 题 选 解

10 - 2 某人看不清在其眼前 2.5 m 远的物，问需要佩戴怎样光焦度的眼镜才能使眼睛视力恢复正常。另一个人看不清在其眼前 1 m 内的物，问需要佩戴什么样光焦度的眼镜才能使眼睛视力恢复正常。

解：看不清眼前 2.5 m 远的物，说明眼睛的远点为 -2.5 m，则 $R = -\frac{1}{2.5} = -0.4D$，应该佩戴近视 $0.4D$ 的眼镜；

当看不清眼前 1 m 内的物，说明眼睛的近点为 -1 m，则 $P = -1D$，应该佩戴远视 $3D$ 的眼镜。

10 - 3 有一焦距为 50 mm，口径为 50 mm 的放大镜，眼睛到它的距离为 125 mm，求放大镜的视角放大率和视场。

解：根据放大镜的视角放大率公式有

$$\Gamma = \frac{250}{f'} = 5\times$$

由放大镜的光束限制 $\tan\omega' = \frac{h}{d}$，可得视场角大小为

$$\omega = 2 \arctan \frac{25}{125} = 22.62°$$

10 - 4 已知显微镜目镜 $\Gamma_e = 15$，它的焦距为多少？物镜 $\beta = -2.5\times$，共轭距 $L = 180$ mm，求其焦距及物方和像方截距。问显微镜总放大率为多少，总焦距为多少。

解：根据目镜的视角放大率公式可得

$$f'_e = \frac{250}{\Gamma_e} \approx 16.67 \text{ mm}$$

将物镜看作单个薄透镜，由题意可得

$$\beta=\frac{l'}{l}=-2.5\times, \quad l'-l=180 \text{ mm}$$

求解得

$$l\approx-51.43 \text{ mm}, \quad l'\approx128.57 \text{ mm}$$

根据薄透镜成像公式可得物镜的焦距为

$$f_0'=36.73 \text{ mm}$$

显微镜的视角放大率为

$$\Gamma=\beta_0\Gamma_e=-2.5\times15=-37.5\times$$

所以系统焦距为

$$f'=\frac{250}{\Gamma}\approx-6.67 \text{ mm}$$

10-6 有一架显微镜，视角放大率 $\Gamma=-1000\times$，目镜焦距为 25 mm，显微物镜的数值孔径为 1.3，求系统在物平面上能分辨的两物点的最小间隔以及在物镜像平面上能分辨的最小间隔（照明波长为 555 nm）。

解： 根据显微镜分辨率公式，可得物面上刚好能够分辨的两点的最小间隔为

$$\sigma=\frac{0.61\lambda}{\text{NA}}=\frac{0.61\times0.555}{1.3}\approx0.26 \ \mu\text{m}$$

目镜的放大率为

$$\Gamma_e=\frac{250}{f_e'}=\frac{250}{25}=10\times$$

所以物镜的垂轴放大率为

$$\beta_0=\frac{\Gamma}{\Gamma_e}=-\frac{1000}{10}=-100\times$$

物镜像平面上刚好能够分辨的最小间隔 σ' 为物镜的垂直放大率 β_0 的大小乘以 σ，即

$$\sigma'=\sigma|\beta_0|=0.26\times100=26 \ \mu\text{m}$$

10-8 一望远镜物镜焦距为 1 m，相对孔径为 1:12，测出出瞳直径为 4 mm，试求望远镜的放大率和目镜焦距。

解： 根据相对孔径的定义有 $\frac{D}{f_0'}=\frac{1}{12}$，又 $f_0'=1$ m，所以入瞳直径为

$$D=\frac{1}{12} \text{ m}$$

根据望远镜视角放大率公式 $\Gamma=-\frac{f_0'}{f_e'}=-\frac{D}{D'}$，可得

$$\Gamma=-20.83\times$$

$$f_e'=48 \text{ mm}$$

10-11 一台天文望远镜通光口径为 4 m，求能被它分辨的双星最小夹角（$\lambda=555$ nm）。与人眼相比，分辨率提高了多少倍？

解：该望远镜能够分辨的最小夹角，即角分辨率为

$$\alpha_0 = \frac{1.22\lambda}{D} = \frac{1.22 \times 0.555}{4 \times 10^6} \approx 1.69 \times 10^{-7}\ \text{rad} \approx 0.035''$$

而人眼的角分辨率一般为 $60''$，所以分辨率提高的倍率为

$$\frac{60}{0.035} \approx 1700\times$$

10-12　拟制一个 10 倍的惠更斯目镜，若两片都用 $n=1.5163$ 的 K9 玻璃，且 $f_1':f_2'=2:1$，满足校正倍率色差。试求两片目镜各面的曲率半径和它们的间隔。

解：根据目镜放大率计算公式，可得该目镜的焦距为

$$f' = \frac{250}{\Gamma} = \frac{250}{10} = 25\ \text{mm}$$

为了校正倍率色差，间隔满足 $d = \frac{f_1'+f_2'}{2}$，由 $f_1':f_2'=2:1$，根据双光组组合焦距公式有

$$f' = -\frac{f_1'f_2'}{\Delta} = -\frac{f_1'f_2'}{d-f_1'+f_2'} = 25\ \text{mm}$$

可得

$$f_1' = 37.5\ \text{mm}$$
$$f_2' = 18.75\ \text{mm}$$

则两个镜片的间距为 $d=28.13\ \text{mm}$。

构成惠更斯目镜的两镜片均为平凸透镜，根据薄透镜焦距和结构参数公式 $f'=-f=\frac{n}{n_0-n}\left(\frac{1}{r_1}-\frac{1}{r_2}\right)^{-1}$，可得两个镜片各面的曲率半径依次为

$$19.36\ \text{mm},\ \infty,\ 9.68\ \text{mm},\ \infty$$

10-14　试根据以下数据：$\Gamma=-6\times$，$2\omega=7°$，$L=175\ \text{mm}$，$D_1'=4\ \text{mm}$，确定开普勒望远镜相关参数，即物镜和目镜的焦距、物镜的通光孔径、视场光阑的直径及目镜的视场角。

解：求物镜和目镜的焦距。根据开普勒望远镜的结构和视角放大率公式，可得
$$L = f_0' + f_e' = 175\ \text{mm}$$
$$\Gamma = -\frac{f_0'}{f_e'} = -6\times$$

求解可得

$$f_0' = 150\ \text{mm},\quad f_e' = 25\ \text{mm}$$

物镜的通光孔径 D_1 为

$$D_1 = D_1'|\Gamma| = 4 \times 6 = 24\ \text{mm}$$

视场光阑一般设置在物镜的焦平面上来消除渐晕，它的大小由物镜的焦距和物方视场角决定，它的大小为

$$D_v = 2f_0'\tan\omega = 2 \times 150 \times 0.0612 \approx 18.4\ \text{mm}$$

目镜的物方视场角即为视场光阑对目镜光心的张角，其大小为

$$2\omega_e = 2\arctan\frac{9.15}{25} \approx 40.3°$$

10-15　在由一正一负两薄透镜组构成的摄远型望远物镜的正负透镜之间加入一个直

角边长为 30 mm、折射率为 1.5 的直角棱镜,使光轴折转 90°。直角棱镜入射面距正透镜组 18 mm,出射面距负透镜组 12 mm,正透镜组的像方焦点位于负透镜组后 50 mm 处,摄远物镜的总焦距为 150 mm。试问正透镜组和负透镜组的焦距各为多少。

解:实际上两组透镜的空间间隔为

$$18 + 12 + 30 = 60 \text{ mm}$$

考虑到直角棱镜可以展开为厚度为 30 mm 的平板,这时在平板的像空间考虑问题。根据平板近轴区成像的性质,即将物沿光轴平移 $\Delta l' = d\left(1 - \dfrac{1}{n}\right)$ 距离,所以首先考虑平板对整个物镜中正透镜的影响,即将透镜沿光轴平移

$$\Delta l' = 30 \times \left(1 - \frac{1}{1.5}\right) = 10 \text{ mm}$$

所以在平板像空间的等效光路中,两组透镜的空间间隔 d 为 50 mm,其中正透镜组的像方焦点位于负透镜组后 50 mm 处,即正透镜组的像方焦距 f_1' 为 100 mm,根据双光组组合的焦距公式

$$150 = -\frac{f_1' f_2'}{d - f_1' - f_2'} = \frac{100 f_2'}{50 + f_2'}$$

所以

$$f_2' = -150 \text{ mm}$$